A MONOGRAPH OF ROCK ART RESEARCH AND PROTECTION

中外岩画保护论文集

张亚莎　主编

中国藏学出版社

图书在版编目（CIP）数据

中外岩画保护论文集 ：中文、英文 ／ 张亚莎主编．
-- 北京 ：中国藏学出版社，2014.7
ISBN 978-7-80253-743-9

Ⅰ．①中… Ⅱ．①张… Ⅲ．①岩画－文物保护－世界
－文集－汉、英 Ⅳ．① K869.42-53

中国版本图书馆 CIP 数据核字 (2014) 第 139750 号

A MONOGRAPH OF
ROCK ART RESEARCH AND PROTECTION

中外岩画保护论文集 张亚莎 主编

出版：中国藏学出版社
发行：中国藏学出版社
责任编辑：杜冰梅
装帧设计：李建雄
印刷：中国电影出版社印刷厂
开本：787×1092 1/16
印张：18.5
印次：2014年7月第1版第1次
字数：275千字
书号：ISBN 978-7-80253-743-9/K · 385
定价：34.00元

目 录

序

王 建 平

亚莎教授十分谦和地给了我一个十分紧迫的任务，只三天时间，为即将付梓的《中外岩画保护论文集》作序，因为只有论文集的目录，实感无从下手，好在其选题是中外岩画保护，我们也正致力于这方面的工作，可以说是不谋而合，也就斗胆承接下来，说些想法，发些感慨，对张亚莎教授等所做出的努力给予肯定与支持。

亚莎老师在 2010 年～ 2014 年申请到的国家社科基金项目“中国西部岩画资源的保护、利用与开发研究”的课题，是基于我国岩画濒危程度的文化自觉。这本论文集是这个项目中期的一个成果。2012 年开始组稿时，也曾邀请我投稿。时因我的工作变动，没有及时寄去稿件，也只能为此书的出版以序致意了，更何况按照主编的意图，这本论文集的出版实际上也是向 2014 年国际岩画组织联合会中国年会、中国岩画学会年会的一个献礼。

岩画是什么？是没有民族之分、没有国家之分、没有文字传导前的图形语言，是人类的共同母语。为了尚留存的母语去努力工作、努力保护，是我们这一代，乃至代代相传的历史担当。中国岩画更急需要将保护工作放到国家和民族的重任之中。从其在世界岩画的地位来讲，迄今在世界五大洲有 69 个国家、148 个地区均发现有岩画的存在，据估计其岩画单体图像在 5000 万个左右，最早发现也只在 19 世纪。中国是岩画大国，在全国范围内几乎遍布岩画的痕迹，目前，除了上海市、天津市和海南省没有发现岩画之外，29 个省市自治区和港澳台地区都有发现。而且就内蒙古一个省区，岩画单体图像就超过了 10 万个。

中国还是岩画的最早发现国。早在公元前 3 世纪的战国著作《韩非子》当中就有关于岩画的记载，到北魏郦道元所著的《水经注》等文献里有更多的岩画发现记录和岩画描述，距今至少有 2000 多年。从其文化传承来讲，中华文化上下五千年，其中岩画是迄今发现的最早的文化记忆，是中国智人的独特杰作，是史前文明的突出代表，是国人最能引发文化自信的文化始祖；从其濒危程度来讲，在国家的国保单位当中，在我国的史前文明当中，在工业化挺进的飞速发展时期，在环境巨变危及遗存的现状之下，因岩画大多是露天的、无遮拦、不宜呵护、易被盗损，属濒临消失的文物；从其共建人类文化资源共享的乐园来讲，在当今世界非常注重文化交流、争相进行遗产展示的时代，近 900 处世界文化遗产当中，有 26 处岩画类遗产进入了世界文化遗产或双遗产名录，但中国目前仍是空白国。

从世界范围岩画的保护来看，国外的保护措施和力度也不是很平衡，在欧洲的西班牙、法国、意大利、俄罗斯等国，对于这一远古时期的遗存珍爱有加；北美以美国为首的国家也十分重视岩画的保护，他们至今所成立的岩画组织占有世界几大洲的绝对比重；南美墨西哥和阿根廷的发现与保护，特别是申报世界文化遗产很是积极，成效显著；大洋洲的澳大利亚是岩画类世界文化遗产较多的国家，同时，它的岩画组织和活动都比较活跃，这也充分体现了其重视的程度；非洲以南非为代表，十分重视岩画的研究与保护，世界上唯一的岩画类专门的大学就在南非，而且还有实力非常雄厚的岩画研究机构；在中亚和西亚地区，对于岩画的保护研究也具有一定的历史和成效，而且已经有两处遗址进入世界文化遗产名录。唯有东亚地区，岩画的保护和研究明显落后。

在我国，岩画的研究与保护工作起步虽近百年，但认知的程度、普及的范围，推广和保护的推进却步履艰难。中国岩画的分布、遗存时间与历史文化价值，特别是中国有数千年的岩画发现史，都让国人感到自豪。有的省市自治区也有不少好的研究团队和好的保护举措，包括香港特别行政区也比较重视岩画的保护工作，有的还出台了专门的地方法规用以约束民众的行为。国家的一些学院和研究院所也在岩画领域有所作为。

此外国家文化部已经将 19 处岩画点列为国家文保单位，并且在 2014 年为多地岩画的抢救性保护投入了巨资；岩画拥有地的地方政府也做出了很大努力，有 88 处岩画点被列为省级文保单位，有 199 处岩画点被列为县级文保单位。

然而目前我国的岩画保护现状却还不能令人满意，或者叫缺憾甚多。毕竟在全国（没有统计港澳台地区）已经发现的1226处岩画点当中，还有75%未被定级，也就是没有进入三级文保单位当中。通过我们大量的调查走访和查阅资料看到，由于气候变化、山体滑落岩石崩塌、矿产开发、基础设施建设的破坏，再加上文物盗抢者的偷盗破坏，先民的智慧与留存危在旦夕。为此，国人，特别是岩画界的同仁，很有必要群起疾呼，勇于担当。此书的出版也让我们看到，更多的有识有为之士正在积极自觉地投身于中国岩画的保护与研究工作中，他们的努力将和中国岩画一起，深深地刻在中国历史文化的传承进程中，发挥出应有的引导作用。

琢磨再三，还是以文化部部长蔡武先生的话作为此序的结尾，他说："岩画是中华文化的重要组成部分，是极其珍贵和重要的文化资源。中国岩画学会的成立，将继承和发扬民族文化精神，建立国内岩画研究和保护的平台，整合社会文化资源，进而促进我国岩画文化与国际文化领域有效对接，树立良好的古代文明大国形象，并唤起全民全社会保护珍贵遗产的意识。希望中国岩画学会，担当历史的重任，进一步推动国内岩画保护和研究，实现中国岩画早日申遗成功的目标。"

部长的话是一种态度，更是一种嘱托。我们会以中国岩画人的家、会以岩画研究保护工作者的支点去履职尽责，也会积极搭建桥梁、沟通国内外岩画学者去为了人类母语的留存而努力。

王建平

2014年6月16日于阴山之麓

拉达克阿契寺虎与塔岩画

西藏索县军雄鸟岩画

西藏岩画的发现与保护

张 亚 莎

一、西藏岩画的发现历程

1. 西藏岩画的早期发现史（1904—1950）

西藏岩画的发现可追溯到一个多世纪之前，最早在公开出版物中涉及与西藏岩画相关的考古发现信息是德国考古学家 A.H. 弗兰克，他曾在今印控区克什米尔首府的列城及拉达克一带发现过动物岩画，这些发现成果披露在 1904 年出版的拉达克地区考古学报告中[1]，这应该是目前所知最早的关于西藏岩画的报告（图 1）。

20 世纪 30 ~ 40 年代，意大利藏学家 G. 杜齐也在其西藏古代艺术考古旅途中发现过岩壁上的早期石刻画[2]。江孜一带路边岩壁上敲凿的动物与骑马武士的图案，让杜齐意识到它们与西藏佛教摩崖石刻有很大区别，其年代应该更为古老。杜齐认为这些岩画与藏北游牧民族文化遗存相关，显然，来自北部的游牧人曾在雅鲁藏布江中游的河谷地带留下其活动痕迹。杜齐在当时便已经将雅鲁藏布江流域农耕兼营牧业的社会经济模式与北方游牧部族的文化划分开来，即西藏历史文献中“蕃巴”与“卓巴”的区分，显示出他对西藏文明结构

【1】 Francke A.H.Notes on Rock Carvings from Lower Ladakh.The Indian Antiquary,Oct,1902.pp.398-401. 又 Francke A.H.Some more Rock Carvings from Lower Ladakh.The Indian Antiquary,Sept,1903.pp.361-363. 另外，Francke A.H.1904.A History of Ladakh.Delhi,reprint 1981.

【2】（意）G·杜齐：《江孜与江孜一带的寺院》，《印度—西藏》第四卷，1945 年。

图 1：动物与塔，拉达克岩画

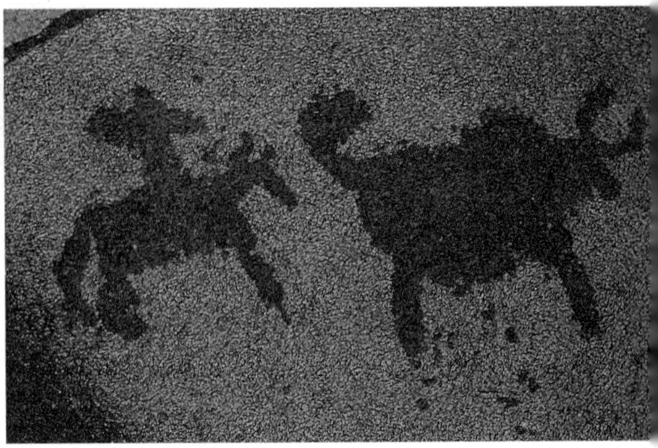

图 2：狩猎野牦牛，藏北加林山岩画

的解释独具匠心[1]。杜齐后来在1967年出版的《穿越喜马拉雅》（中译本《西藏考古》，1989）里也曾提到了他在拉达克、西部阿里、后藏和藏东地区发现的古代岩画，在巨大花岗岩石上的岩刻“一般是动物，经常出现的是大角野山羊，还有骑在马背上的人，进行战斗的武士，后期还有塔的雕刻物”[2]。

20世纪中期，另一位意大利人彼得·奥夫施莱特（Peter Aufshnaiter）也在他的考古报告里提到拉萨附近有刻画在大圆石上的动物图案[3]，他也认为这些石刻图案属于西藏古代的岩画。

2. 西藏岩画发现的黄金时期（1983—1995）

西藏岩画的早期发现集中在20世纪前40年，所有岩画发现者都是在西藏境内考察的外国学者，而我国对西藏岩画的考古发现，直到20世纪80年代中

【1】 意大利藏学家G·杜齐教授是一位在西藏文化与艺术的研究上作出极为突出贡献的伟大学者。笔者尤其钦佩杜齐教授敏锐而准确的观察力，“读杜齐的东西有种享受，他的直觉极其细腻和敏锐，还有种难得的客观性。也许正因为如此，杜齐的研究和观点可能有些细节需要修改或补充，但在大的判断和结论上，即使半个世纪过去了，他的高瞻远瞩仍然闪烁着理性与智慧的光芒。”转引自拙著《11世纪西藏的佛教美术——从扎塘寺壁画研究出发》之序文，中国藏学出版社，2008年。

【2】（意）G·杜齐著，向红笳译：《西藏考古》，西藏人民出版社，1987年。

【3】（意）P·奥夫施莱特著，杨元芳、陈宗林译：《西藏居民区的史前遗址发掘报告》，四川省文物管理委员会、四川省文物考古研究所编《石棺葬译文资料集》，1985年。

期以后才逐渐拉开帷幕。

上个世纪 80 年代最早接触到岩画发现的并不是考古学家，而是活跃于西藏的艺术家们。人烟罕至的荒山野岭之中默默无闻存在着的岩画由艺术家们发现，这样的现象在其他省区未必常见，但却是西藏 80 年代文化生活的一个独特现象。大凡能够只身赴西藏工作的艺术家（主要是画家们），骨子里往往更具冒险精神和浪漫情怀，他们不仅对野外采风情有独钟，更对游历西藏的山山水水，寻找西藏的古迹有浓厚兴趣。大约在 1983 年，一些艺术家居然深入到藏北“无人区”，在文部的双湖地区发现了著名的加林山岩画点（图 2）。80 年代后期，又是艺术家在藏西最西端的班公湖畔发现了阿里日土的塔康巴岩画点。这两个岩画点一个在最西端，另一处则在最北端，相距一千公里以上，成为藏西与藏北两处具有经典性的岩画遗存。

当然，西藏岩画发现的生力军一定是那些常年在山水间奔波的考古工作者们，而西藏岩画发现的黄金时期与他们辛苦的工作密不可分。

今天我们已经清楚地知道西藏岩画的大发现出现在上个世纪 80 年代中期～ 90 年代中期的背景与原因。直接的原因是上个世纪 80 年代全国的文物普查。当时援藏的内地考古队最早的是陕西考古队，藏西日土岩画调查与记录便由这支文物普查队完成，以后陆续进藏工作的还有四川、湖南考古队，他们与当地考古工作者精诚合作，在后来的文物普查工作中发现不少岩画。间接的背景是中国岩画界也在是在这个时间段迎来了全国性岩画发现热，祖国各地不断传来岩画被发现的喜讯，岩画作为一种文化现象首次引起人们强烈关注，这样一个文化热潮，自然会影响到西藏。

1985 年，西藏文物普查队在藏西日土县境发现鲁日朗卡、任姆栋、阿垄沟 3 处岩画点（图 3）。《西藏日土县古代岩画调查报告》发表在《文物》1987 年第 2 期[1]。西藏高原岩画点的发现让中国岩画界兴奋，国内的研究者认为中国北方猎牧人岩画经由青海又向西延伸到祖国的最西端——藏西阿里的日土，至此，中国北方岩画长廊囊括整个中国北部地区。而国外研究欧亚草原岩画的学者们发现，藏西日土岩画与早年弗兰克在拉达克发现的岩画，风格上如此相似，似说明北方欧亚草原岩画的风格又因为西藏西部岩画的发现而向东南

【1】西藏文管会文物普查队：《西藏日土县古代岩画调查报告》，《文物》1987 年第 2 期。

有了延续，填补了欧亚北方草原岩画青藏高原大陆架上一个重要缺环[1]。

西藏岩画更多的发现还是20世纪90年代以后。1990年，西藏文物普查队在藏南定日发现两处岩画点[2]，1991年考古队在藏南贡嘎县昌果沟也发现一处岩画点。然而，那段时间最重要的岩画发现首推藏北纳木措岩画。文物普查队在当雄县北部的纳木措湖沿岸，发现数个岩画点，其中大部分集中在纳木措湖东岸扎西岛上，另一部分则分布在纳木措湖西岸。纳木措湖是藏北著名神湖，东岸在拉萨市西北当雄县境内，西岸在行政区划分上归属藏北那曲班戈县境。纳木措湖岩画与以往发现的西藏岩画不同：它们属于湖滨沿岸洞穴岩画；所有岩画均为红色涂绘。这批洞穴红色涂绘岩画在制作技术上与中国西南诸省区红色涂绘岩画似有更多联系（图4）。

1992年是西藏岩画点发现最多的一年，西部阿里的日土、革吉、改则诸县；藏北那曲的文部、申扎、班戈、那曲、索县诸县；藏东南的八宿、墨脱等县境内，均有岩画点发现[3]。1994年，西藏考古工作者在西部阿里的札达盆地发现两个岩画点，这样截止到1994年年底，西藏高原岩画共发现古代岩画点60余处，其分布区域几乎遍及整个高原。1994年西藏自治区文物管理委员会编著、四川人民出版社出版的《西藏岩画艺术》大型画册，应是截至1994年西藏岩画发现的一个总结，其中披露了西藏境内的25个重要岩画点236幅图像资料。

3. 西藏岩画的后续发现（1996—2013）

1995年以后西藏岩画的发现者已由文物普查队转向个人的调查。西藏大学教师张虎生在1995～2000年间，多次赴藏西及藏北考察早期石刻文化遗存，仅他个人搜集的西藏岩画资料数量已相当可观，不过资料一直未公布。

也就在这一段时间里，一位名叫温森特·贝莱萨的外国人的考古调查却在藏北与藏西悄然展开。1996年～1998年，他行车约4万公里，步行约5000公里，

【1】 Henri-Paul Francfort, Daniel Klodzinski& Georges Mascle :Archaic Petroglyphs of Ladakh and Zanskar , 1992. pp 147-155. Rock Art in the Old World.Edited by Michel Lorblanchet.

【2】西藏文管会文物普查队：《西藏定日古代岩画调查报告》，《南方民族考古》，1992年第4辑。

【3】西藏自治区文物管理委员会编：《西藏岩画艺术》，四川人民出版社，1994年，第4页。

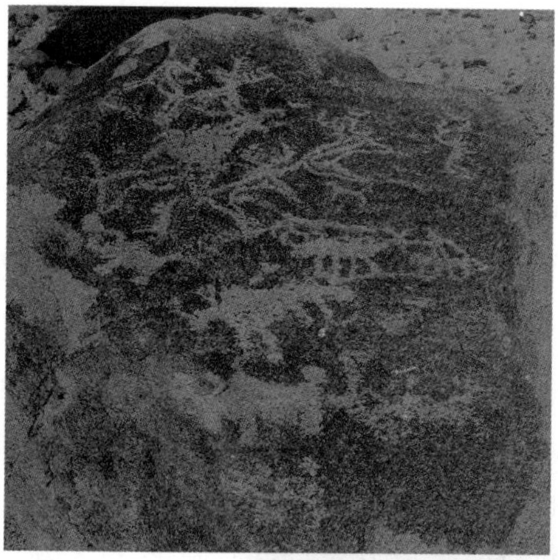

图 3：牦牛与骑猎者，藏西日土阿垄沟岩画

图 4：藏北纳木措湖东岸扎西岛洞穴涂绘岩画

采访当地居民的资料多达 5000 人次[1]，积累了相当丰富的早期高原文化遗址资料，其中岩画点的资料，占据相当比重（图 5）。从贝莱萨所披露的资料看，他提到的近百个岩画点中，相当部分是 1995 年以前由西藏文物普查队发现的岩画点，但确实也有新的发现。根据笔者不完全的统计，由贝莱萨首次发表的新岩画点，有 20 余个，这个数量已相当可观，他新发现的岩画点主要集中在

【1】约翰·温森特·贝莱萨著，谭秀华译，汤惠生校：《找寻失落的文化——西部西藏前佛教时期重要考古遗迹调查报告（1992—2002）》，《西藏考古与艺术——国际学术讨论会论文集》，四川人民出版社，2004 年，第 1 页。

藏西的日土、改则和藏北湖滨区[1]，岩画分布范围与先前文物普查队发现的岩画分布区没有大的区别，说明西藏岩画分布区域依然是那个东西长千余公里、南北只有数十公里的狭长地带。贝莱萨分别出版于2001年、2002年的两部英文藏北考古调查报告[2]，对所发现的岩画地点的基本情况、岩画的分布状态以及岩画的图像，有相当完整的记录，并提供了比较详尽的图片资料。这两部英文考古报告应该是20世纪末至21世纪初较为完整与规范的岩画调查与记录的报告，遗憾的是至今尚未译成汉文。

21世纪之后，西藏自治区曾组织过两次藏北“无人区”科考项目，这期间也发现过一些新的岩画。西藏大学艺术学院的洛桑扎西参加过藏北无人区科考队，在藏北申扎县发现几处洞穴岩画。2005年～2009年期间，陕西省文物考古研究院副院长张建林因连续若干年在阿里与日喀则西部进行考古调查，其间也发现过一些新的岩画地点。上述这些零星发现通常出现在研究者发表的论文里。显然，进入到21世纪之后的前10年，大规模的岩画发现已基本不见，但零星的发现却一直断断续续存在。

2013年，西藏岩画发现突显“井喷效应”，阿里地区日土县境又一次成为岩画发现的热点地带。2013年底，笔者所在中国岩画研究中心收到一部《日土岩画世界》（内部资料），由河北省张家口市张北县副县长方士武编撰而成，其中收录了方士武2010年～2013年作为河北省对口援藏干部在日土县工作期间利用休息时间考察并拍摄的日土岩画图片800余幅（图6）。方士武在日土援藏期间新发现近20个岩画点，日土县境内岩画点的数量增加到48个。他在

【1】John Vincent Bellezza: ANTIQUITIES OF NORTHERN TIBET: Pre-Buddhist Archaeological Discoveries on the High Plateau (Findings of the Changthang Circuit Expedition,1999), Adroit Publishers, Delhi-110 053, 2001. John Vincent Bellezza: ANTIQUITIES OF UPPER TIBET: An Inventory of Pre-Buddhist Archaeological Sites on the High Plateau (Findings of the Upper Tibet Circumnavigation Expedition,2000), Adroit Publishers, Delhi-110 053, 2002.

【2】温森特·贝莱萨的两部英文考古调查报告的书名分别是《藏北考古——高原前佛教文化时期的考古学发现，1999年度环羌塘探险发现》和《藏北考古——高原前佛教时期考古遗址清单，2000年度环绕上部西藏探险发现》。这里出现的几个地理名词需要解释。“藏北”、“羌塘”与“上部西藏”实际上在西藏地理上的意思大致相同。藏北是藏语“羌塘”的汉译，即北部西藏之意，但这个“藏北”不是今天西藏行政区狭义的藏北概念，而是包括了阿里行政区绝大部分、整个那曲行政区及拉萨市北部当雄等县的藏北高原，而这个区域便是藏语“羌塘”原有的意思，也是“上部西藏”的地理概念，因为这个广袤的区域是青藏高原最大也是最高的高原面（东西长2400公里，南北宽700公里，平均海拔在4500米以上）。

图 5：苯教的塔祭坛，藏西日土扎洞岩画（贝莱萨发现的岩画）。

图 6：西藏日土县热邦乡洛布措湖新发现岩画

撰文中特别指出日土县“热帮乡现查到岩画点有 25 个处，岩画众多，堪称中国岩画之乡，其中龙门卡村有 21 处，也堪称中国岩画之村。”他认为这一带岩画分布的基本特点是“环一湖走两线”，“环一湖”指的是环洛布湖的岩画群；而“走两线”是从龙卡门村向丁则村和七巧交通线伸出的两条岩画带[1]。

无独有偶，2013 年 7 月，陕西省考古研究院与西藏自治区文物保护研究所联合组队，在阿里地区日土热帮乡洛布湖区进行的全面考古调查，此次调查在洛布湖周边发现的各类遗迹密集分布在临湖岩壁以及湖滨山坡上，可分为四个遗迹区。其中共计发现岩画 618 组，仅新发现的岩画数量就多达 529 组，加之以往发现的 89 组，该地区的岩画数量已是目前经科学调查记录所知的西藏境内岩画数量最多的地点。洛布湖岩画题材包括牦牛、鹿、马、狗、飞禽、鱼、人物、塔形图案、日、月、卐字符号等。除大量岩画的发现外，还发现墓葬 57 座、祭祀坑 24 座、大型石片图案 1 组、石构遗迹 4 组、石墙 4 道等。洛布湖岩画与不同时代祭祀坑、石构遗迹、墓葬等遗迹共存，为人们提供了更为丰富的古代文化信息。

如此数量庞大的岩画群的发现，不要说是在西藏，即使是在中国，也是近

【1】方士武：《日土岩画世界》。

年极为罕见的事件。然而在笔者看来，这个发现并不偶然，它证实笔者在21世纪初在国家艺术课题项目《西藏岩画研究》中的一个推测：青藏高原将会是新世纪岩画有重大发现的地区之一。

“在今天的中国，什么地方才是中国境内真正人烟罕至、人口密度最小的地方？什么样的地方曾在古代是游牧民族驰骋的疆场，但现如今却只留下断壁残垣的地区？什么样的地方仍是考古发现相对薄弱，但却有可能孕育着重大考古发现的地区？什么样的地方是人们心目中犹如秘境一般，仍披着厚厚的神秘面纱的地区？很显然，青藏高原可能是唯一的选择，而正是这样的地区，很有可能也是早期岩画资源相对比较丰富的地区。”【1】

二、关于岩画保护

岩画保护与岩画考古断代一直是世界性的两大难题，比较而言，岩画资源的保护在二者中更具紧迫性。原因很简单，这些极为宝贵且不可再生的史前文化资源一旦损毁或消失，将是人类永远的痛。岩画年代的测定问题目前解决不了，完全可以搁置，留存到能够解决时再做，但如果岩画资源一旦不存，皮之不存，毛将焉附？近年国际岩画学术研讨会上，学者们讨论、呼吁最多的话题仍然是岩画保护，这是一个全世界岩画界都极为关注的问题，

目前整个世界范围内，岩画资源保护方面相当成功的案例集中在法国，法国旧石器时代晚期洞穴岩画的保护居世界领先位置，而法国的成功亦有原因可寻。首先，法国旧石器时代晚期洞穴岩画发现的时间最早，研究工作也最为深入。早在19世纪后期，一批著名的洞穴岩画已被发现，虽然发现工作一直持续到20世纪中后期，但其洞穴岩画（包括岩壁绘画与岩壁刻画）的研究至少已历经一个多世纪，一批批杰出的法国史前考古学家便被吸引到冰河时代史前艺术品的研究领域，其研究成果不仅仅成为最早也是最具有理论价值的岩画学术研究精品（甚至在相当长的时期内成为世界岩画研究学界的一种理论模式），对于西方考古学的学科理论建设，尤其是方法论的建设也同样具有重要意义。正是在不断深化研究的过程中，岩画保护的理念与措施才不断得以完善，特别需要

【1】见拙著《西藏的岩画》，青海人民出版社，2006年，第32页。

指出的是洞穴岩画的保护措施中融入大量科技手段，而不单纯是一般性的保护措施。当然，由于这类岩画属于洞穴壁画类型，所有遗存集中在洞穴内，保护起来范围不大，界限清晰，能够较好控制人员出入。法国也是最早采用原址复原的方法，将一些重要洞穴岩画连同洞穴本身都完整复制下来，让观光客参观复制品，这样既能严格控制进洞观看岩画的人数，同时也能够让一般公众真实地观赏到伟大的史前艺术品的风采，应该是岩画的开发利用与保护管理同时兼得的一种模式。

作为世界上岩画分布最为密集、岩画数量也极为庞大的大陆——澳大利亚，其岩画保护事业不仅起步早，也取得非常丰硕的成果。正如当今最大的国际岩画组织——世界岩画组织联合会（IFRAO）的召集人罗伯特．贝纳里克回忆得那样，早在上个世纪 80 年代后期，澳大利亚的岩画研究者们便率先发起、建立岩画学界自己的“联合国”组织。“1988 年 9 月 3 日在澳大利亚达尔文市召开那次会议，既是首届澳大利亚岩画组织会议，也是首届大型国际岩画会议。那是一个值得纪念的会议，来自世界各地的数以百计的岩画学者们聚集在这里，他们中的大多数人甚至彼此从未见过面。”[1] 世界岩画组织联合会成立之后，积极致力于在世界各地岩画遗产的保护与保存。他们经常会面临利益集团的阻挠与反对，却一直坚持与岩画所在地地方政府进行交涉，为争取获得地方政府与国家的支持而不懈努力。有时这种沟通与坚持十分困难，甚至代表岩画保护方的 IFRAP 会因此与利益方发生十分激烈的冲突，但人类在保护文化遗产理念与实践上，良知会带来最终的成功。澳大利亚成功的经验是通过建立国家岩画公园、岩画遗址保护机构等各种方式，有效地让遍布澳洲全境的岩画资源得以保存。与此同时，澳大利亚岩画保护事业，还依赖于澳大利亚高等学府内关注岩画事业发展的专家学者们，在澳大利亚国立大学、格里菲斯大学、西澳大利亚大学等多家高校内，先后创建了岩画研究与保护机构，他们积极呼吁民间的力量实地保护岩画，也投入更多的力量调查记录澳大利亚的岩画资源。

非洲大陆也是世界范围内岩画资源极其丰富的大陆，当今 36 个进入世界文化遗产名录的岩画遗址中，非洲大陆就有 9 个，占获得世界岩画文化遗产殊

【1】罗伯特．贝纳里克为《岩画学论丛》创刊号撰写的“序二”，载张亚莎主编《岩画学论丛》第 1 辑，中央民族大学出版社，2014 年，第 10 页。

荣的四分之一，这个数据足以说明非洲大陆岩画保护事业的长足发展和辉煌成就。我们知道联合国教科文组织世界文化遗产评选标准中，对遗产保护的理念、管理实践都有非常严格的要求，能够达标，本身说明这一岩画遗址的管理与保护已经做得相当优秀。非洲岩画保护事业在数十年的发展过程中逐渐形成自己的模式——岩画的调查与研究与当地社区文化密切结合的模式——这是高端研究机构与土著民间力量结合的模式，也是理论与实践密切结合的模式，其中南非约翰内斯堡金山大学在这方面取得的成就令人瞩目。早在上个世纪 80 年代，南非著名岩画学家刘易斯 . 威廉姆斯便创建了南非金山大学岩画研究所，而他开创的人类学田野调查与当代民族志研究方法结合研究岩画的理论与方法，在后来国际岩画学界自成一派。南非岩画学家们意识到当地土著民族的岩画制作仍与其宗教信仰与风俗习惯密切相关，因此，岩画的研究与解读不仅要从当地民族社会生活中寻找答案，同时岩画遗址的管理与保护也一定要让当地土著居民积极参与，岩画的保护成为当地社区生活的一个组成部分，丰富而特色鲜明的岩画资源已成为令非洲各地不同民族引以为自豪的宝贵文化财富。

意大利卡莫尼卡山谷岩画群早在 1979 年便进入世界文化遗产名录，她的岩画保护也成为当今世界岩画界的一个典范。笔者在 2012 年、2013 年两度来到这个因著名的世界岩画遗产而闻名的山谷，这里岩画发现与研究、岩画保护与管理、岩画文化资源的开发与利用，尤其是岩画的教育与宣传等全套系列的成功设立，给我留下极为深刻的印象。卡莫尼卡山谷位于欧洲阿尔卑斯山麓，在这个狭长的山谷里有 4 个岩画密集分布区，山谷岩画数量个体图像至少在 5 万个以上。20 世纪初叶个别意大利学者开始注意到这些刻画在地表岩石上的奇异图案，但真正的发现是在 20 世纪中叶，1956 年，年轻的艾曼纽尔 . 阿纳蒂对这个山谷的岩画发生浓厚兴趣，导致他第二年率领一个岩画调查工作组在山谷开始了长达 8 年的岩画调查与记录的工作。从那时开始，对卡莫尼卡山谷岩画长达半个多世纪的调查、记录、建档、研究与保护工程便正式启动，并推出一系列的丰硕成果，其中包括：

1. 60 年代在山谷里建立了一所史前艺术研究所，这个史前艺术研究中心至少在 20 世纪 80 年代～21 世纪前 10 年至少在近 30 年的时间里是世界岩画名副其实的中心。全世界各地的岩画研究者要到这里来学习，这些年的国际交流活动中，我们惊异地发现，几乎所有主要以岩画学为专攻的不同大洲的学者，都几乎与阿纳蒂教授有过交往，或者曾经到这里学习、进修过。中国的学者或留学生到这所史前艺术中心学习过的一共有 5 位，其中 4 位来自中央民族大学中国岩画研究中心，其中陈兆复教授与笔者都是两度到过这个以岩画而闻名世界的山谷。创建这所史前艺术研究中心的艾曼纽尔．阿纳蒂教授被世界岩画学界公认为“岩画之父”。

2．1979 年卡莫尼卡山谷岩画成功地拿到了意大利国家的第一个世界文化遗产头衔，无论是卡莫尼卡山谷岩画群（图 7），还是为之辛勤工作的阿纳蒂教授因为这一重大事件而为意大利国家做出重大贡献。

3．以“卡莫尼卡国际岩画论坛”命名的这个欧洲乃至世界岩画的国际学术会议已经成功举办了 25 届（隔年一届，意味着这个会议的历史已经走过 50 年），并使这个论坛成功地成为世界性岩画学术研究论坛的一个品牌。

4．建立了世界岩画资料图书馆（当然也包括创建了数量庞大的卡莫尼卡山谷岩画档案库）。我们知道，绝大多数国家的岩画研究机构或组织都以研究

图 7：意大利卡莫尼卡山谷岩画

图 8：意大利卡莫尼卡山谷岩画是吸引参观者的圣迹之一

本土岩画资源为主，而真正研究世界各地岩画的机构目前所知可能只有这一家。正如阿纳蒂教授在其已再版三次、且每次再版都是应联合国教科文组织世界岩画委员会的邀请重新修订的《世界岩画——一种原始语言》中所提到的，卡莫诺史前艺术中心早在上个世纪 80 年代便开始从整个世界的角度研究岩画，并负责统计全世界岩画资源的基本数据。

5．数量相当可观的岩画研究著作与论文集，据笔者粗略的估计，除了阿纳蒂教授本人丰硕的个人研究著作之外，卡莫诺史前艺术研究所每年都至少会出版一部学术质量上乘的学术论文集和一部会议专有论文集（这个会议专有论文集分属于两个系列，每隔一年的“卡莫尼卡国际岩画论坛”和每隔一年由“国际史前科学研究协会”召开的国际岩画会议，两个会议每隔一年，而两个系列便让这个研究所每年都有一个国际岩画会议）。

6．持续性的学校岩画教育基地。这个山谷相当安静的生活总会被不断到这里参观、学习的孩子们喧闹、热烈的声音所打破，这里定期会有来自意大利全国各地青少年学生的参观、学习，岩画不仅已经进入教科书，也成为青年们与青少年们了解史前文化的重要基地。

7．创建国家岩画公园的岩画管理与保护模式。这个国家岩画公园统领了岩画的调查、建档、研究、管理、保护、宣传、开发、利用等一系列系统工程，今天这个山谷还在不断地有新发现岩画的信息公布，将新的岩画资料归档，不断吸引着青年学者加入岩画研究队伍，深化卡莫尼卡岩画研究，以参观岩画地点观看岩画图像、参观史前艺术博物馆、在当地公园以实地亲手制作岩画的观摩过程等各种方式，让参观者，尤其是让孩子们去思考早期人类的生存方式及思维模式，拓宽人们的知识视野的同时，也是一种别开生面的美育教育（图 8)。

三、西藏的岩画保护

一个奇怪的悖论是在整个世界范围内，20 世纪 60 年代至 21 世纪前 10 年的这半个多世纪里，既是各国岩画的大发现时期，同时也是各国岩画资源损毁与消失最为严重的时期，很难理解的现象是似乎相当长的历史时期内，人们对“岩画”这种东西并不太知晓，不了解其文化价值，当然也就无所谓重视，然而这种无知者而无为的状态，似乎成为岩画这种早期人类的历史文化资源得到保护的重要原因。恰恰是在今天，人们逐渐知道了这种东西，开始关注它，更清晰地了解到它的价值时，才突然发现在当代工业化、信息化的社会环境中，它们正以飞快的速度在消失，工业化造成的严重污染是岩画受到威胁的直接原因（例如酸雨），而恶劣的气候与自然灾害的频发对深山大漠、草原戈壁中岩画资源的威胁也同样令人担忧；城市化的扩展与开发趋势，让以前处于边远地区的岩画区域距离人们的社区更近，而只要是人能够到达的区域，有意或恶意的人为破坏便不可避免，事实上，中国不少珍贵的岩画资源往往直接损毁于各地开山炸石、修桥建路，以及普通民众盖房搭圈。类似的情况在中国北方诸省，例如内蒙古、宁夏、新疆、甘肃等省多有报道，西藏岩画也遭遇过相似的命运。

早在上个世纪90年代初，藏西阿里日土任姆栋岩画点那幅著名的“血祭图”便莫名其妙地消失掉（图9），而这幅保留了大量早期文明信息岩画的消失对于早期藏族史的研究所造成的损失，是难以言喻的。2006年正当笔者乘坐的长途汽车刚刚进入日土县境时，任姆栋岩画点的几幅珍贵岩画因为当地修建公路的炸山采石而永远地消失了。我是在抵达日土县委后才听说的这个消息，当时沉重的心情真是难以言表——我是专程为它们而来的，却如此遗憾地失之交臂！

当今社会，信息化能让各种信息以极快的速度传播，然而可悲的事实是一旦岩画的发现信息公布于众，岩画的保护措施一定是永远跟不上岩画资源的破坏速度，随着文化产业的开发、观光业的进展，游客们被直接推到了岩画跟前，“某某到此一游”，岩画画面上不断出现当代人的签名或对图像拙劣地模仿，这些东西无疑是对重大历史文化资源最直接而迅速的亵渎与破坏。我们知道，西藏岩画集中分布在藏语传统上称作“羌塘”（直译为“北部草原”，确切地说是“藏北高原”）的南缘，以今天的行政区划是阿里地区的北部及整个那曲地区。这个巨大的高原的平均海拔在4500米左右，绝大部分为“无人区”。正是因为其岩画分布区域人烟稀少以及地理上的偏僻遥远，客观上一直有种天然保护的条件。即使是21世纪之后西藏旅游已愈来愈热，因为交通不便和高原缺氧等多种客观原因，旅游业的展开也主要在雅鲁藏布江中下游流域（传统称作“卫藏”的拉萨、山南、日喀则等地以及林芝地区）。然而，随着青藏铁路的通车，尤其是青藏线在西藏自治区内的延伸，特别是自治区各个地区级城市正在修建机场，高原的现代化交通正以极快速度发展，用不了太长时间，这个充满神秘遐想秘境般的高原的许多角落便会游客满满。如果我们的岩画遗产管理与保护的措施仍然没能跟上，那么，前述的那种岩画遗产的损伤与消失便不再只是偶然，而完全可能更为严重。

“岩画保护”是一个大的概念，是一个系统工程，其中包括三个大的子项目：一是岩画资源的保存；二是岩画资源的管理；三是当地岩画资源的研究。简言之，就是保存、管理与研究，三者如三足鼎立，缺一不可。

岩画的保存是一个系列工程，包括岩画前期田野调查记录与后期岩画资料的整理与建档。然而严格说来，所谓前期后期只是一个泛称，因为调查记录在前，整理与建档在后，但事实上调查记录通常并不是一次性的，建档之后还会有不

图 9：西藏阿里日土县任姆栋岩画

断的跟踪调查与记录，田野工作始终是岩画研究的重要伴随状态。“保存”的概念是指这一系列中的所有工作，都是为了尽可能全面地保存下每一个岩画地点的所有资料，这些资料包括：一、岩画地点所在地的地理、自然、生态环境，甚至人文环境的图像与文字记录资料；二、岩画地点岩画所在位置的岩石及山体的地质资料；三、岩画画面及所有个体图像的各种数据资料，这里又包括岩画图像的拍摄图片、绘制图片。岩画资料提取的完整性取决于田野调查工作的细致与深入，当然也依赖于岩画调查时记录的准确与全面，因此国际岩画学界强烈呼吁参与岩画田野调查的人员最好是经过培训的专业人员。如前所述，田野调查记录工作并非一次性的，所以岩画资料的整理与建档也只能看成是一个过程，这个工作的复杂程度一般人可能并不了解，有时几个月，有时需要更长的时间，由于资料整理本身已经具有研究性质，对于某些研究者而言，整理可能是一个庞大的工程。岩画资料建档的重要性除了一些已经有数十年实践摸索的著名的岩画省区外，几乎在中国岩画学界，还没能引起充分的重视，但这项工作是岩画资料保存极为重要的环节，是岩画资料真正能够被保存下来的重要保证，当然也是岩画资料真正能够被后来的关注者及研究者检索与访问的基础。我们知道岩画资源的部分消失几乎是不可避免的，国际上一些资深岩画学家认为，到本世纪结束时，世界上的岩画遗产至少三分之一会消亡殆尽。这是一个残酷但又必须面对的事实，因此，在这些珍贵的遗产资源尚未消失之前保存下它们的资料档案，实在是人类必须认真考虑并付诸实践的工作。西藏岩画保护的当务之急便是岩画资源的调查记录与岩画资料的整理与建档，从自治区角度统一计划与安排，让这个工作尽早落到实处。

岩画的管理通常会被人们直接与岩画保护挂钩，可见这一子系统的重要。所谓“管理”，的确更多的与地方政府对当地岩画资源的管理、保护、开发与利用等系列工程相关。当本地岩画资源的家底大致清楚之后，如何管理与保护的真正矛盾更多地表现在管理保护与开发利用上，事实上，积极地利用与开发又何尝不是一种保护？然而如果没有真正的保护意识与措施，一味地强调开发利用，完全可能加快岩画资源的破坏，因此首先从法律层面设定严格的保护标准，形成真正有效的保护机制，尤其是大量的群众宣传工作的展开，至少让当地的人民意识到这些岩画资源的宝贵以及它们对于提升当地古代文化资源价值的重要性，才可能让当地的岩画保护不仅仅是一纸空文或一个响亮的口号。宣传教育在岩画保护系统工程中的重要性还远远没有被人们了解，我们的地方政府如果都不了解岩画，何谈岩画的管理与保护。

The Discovery and Preservation of Tibetan Rock Art

Zhang Yasha

All the rock art sites are located in the north and west of the Tibet Autonomous Region, which is called "Changthang" in Tibet.The Tibetan rock arts were discovered originally by some foreign scholars who came into Tibetan for investigation, A.H. Frank, a German scholar who first found the Ladakh rock art as the earliest discovery at the end of the 19th century; in the 1930s Italian scholars such as G. Tucci found the nomads rock art in Gangze, etc. The discovery of the Tibetan rock art by our Chinese archaeologists began in the early 1980s, Taking opportunities that the second State Cultural Relics Census was organized by Chinese government, and then from 1985 to 1994, a golden age of Tibetan rock art discovery was coming before long.

From 1995 to 2005, after the country's cultural relics census had been finished, the silence of the rock art exploration and discovery at one time was broken by an archaeological investigation, which was conducted by an American anthropologist, John Vincent Bellezza. He found a lot of new rock art sites in the north and the west of Tibet. From 2011 to 2013, some exciting news came from the Rutog county, the most west of Tibet, where hundreds of rock paintings were found along the bank of the Luobucuo Lake, and more than 90% of them are the new discoveries. Based on the author's experience on working in Tibet for many years, the discovery of the Tibetan rock art in China was supposed to have a fairly optimistic and promising prospect.

In the wake of the Qinghai-Tibet railway putting into use in 2006, and especially the establishment of local airport across Tibet plateau in recent years, traffic in this area developed at a fast pace, and the booming of tourist industry at Tibetan plateau is just around the corner. Although the general tourists may not probably have access to the rock art sites, but there have already been some visitors coming in the western and northern rock sites, so the conservation and protection of Tibetan rock art is extremely urgent. At present, the most important and the most fundamental work is to work out an inventory of the rock art resources and to set up the files.Though there is a large number of the Tibetan rock arts having already been found, but the systematic investigation and record on the rock art sites, especially statistics and finishing work on the rock art survey data from the perspective of the autonomous region, have not been done yet. These work will be the first step for the Tibetan rock art conservation and protection. What's more, this were also an important task we need to recommend to the cultural department of the Tibet Autonomous Region Government and even urge them to make effort.

2013 年中国岩画研究中心工作坊在内蒙古阿拉善右旗考察曼德拉山岩画点。

宁明花山岩画加固工程
与对中国涂绘类岩画保护的意义

朱秋平

岩画是人类早期社会的一种普遍文化现象，广布于世界五大洲，存在于石山体表、洞窟内壁或江岸峭壁之上。

通观世界岩画，按其绘制方式大致可分为凿刻和涂绘两大类。我国的岩画北方多为凿刻类，如贺兰山、阴山岩画；南方多为涂绘类，如左江岩画、沧源岩画等。

岩画大多处于野外，长时风吹日晒雨淋，生成各种病害。为了保护这类珍贵文化遗产，世界各地也在进行治理这些病害的探索。宁明花山岩画自2001年以来，开展了一系列岩画保护课题研究，并将研究成果应用于岩画本体加固保护，取得了较好的效果。现叙述该项实践，或可对我国涂绘类岩画的保护提供借鉴。

一、宁明花山岩画及其病害

崇左市境内左江沿岸山崖及其附近峰丛断崖峭壁上迄今发现82处岩画，为战国至东汉时期壮族先民所绘制，学术界统称为“左江岩画”。其中位于宁明县城中镇耀达村明江东岸拐弯处的花山岩画是左江岩画中最杰出的代表（图

1）。

花山岩画画面长 172 米，高约 50 米，面积为 8000 多平方米，现遗存各种图像 1900 多个，均为朱红色，包括人、马、兽、铜鼓、刀剑、羊角钮钟、船、道路等，构成岩画主体的人像皆作曲肘腿半蹲式，有正、侧身两种，大小不一，一般为 60 厘米～ 150 厘米，小者高仅 20 厘米，大者高达 3.6 米，正身人像有的腰挂环手刀，脚下绘有兽（类狗），造型古朴粗犷，整个画面各种图像可分成 111 组神秘的图画，以其画面大、图像多、分布密集、场面险绝壮观而著称于世（图 2）。

调查发现，宁明花山岩画历经两千年的风雨沧桑，已存在多种危害岩画的病害，主要表现为：

1. 崖壁面出现平行的片层状开裂和剥落 (图 3)。
2. 石钟乳、石帘及碳酸钙沉积物覆盖。
3. 粉沙尘覆盖。
4. 强光照射，岩画褪色。
5. 其他特殊破坏形式

1）苔藓、地衣、植物生长破坏画面。

图 1：广西左江流域花山岩画

图 3：岩画风化剥落病害现象

图 2：宁明花山岩画的巨大画幅

图 4：4–1（左）. 石钟乳覆盖病害。4–2（中）. 粉尘覆盖病害。4–3（右）. 苔藓地衣覆盖病害。

2）小鸟、蚂蜂筑巢污垢覆盖（图 4）。

经过研究，花山岩画上述病害中，有些破坏是微小而缓慢的，而岩石风化开裂造成岩画大面积剥落，是非常严重而且是致命性的毁损，对其进行保护加固与防范迫在眉睫。故此，对岩画风化开裂病害进行详细的研究分析，以寻找有效的治理办法为当务之急。

二、花山岩画加固工程粘结材料的选择与实施加固

花山岩画岩石风化开裂病害主要是由于光、温、水、大气，以及地球引力等多种因素共同作用所造成，成因及地理条件都很复杂，治理难度大。宁明县文物管理所邀请了中国文化遗产研究院、中国地质大学、上海德赛堡建筑材料有限公司等专业技术部门开展岩画保护前期勘察、病害治理试验和现场会诊，研究花山岩画病害治理办法与策略，最终确定以抢救性加固保护和长期治理相结合的保护方案。岩画加固保护分实验室试验、现场试验、岩画本体开裂点加固、岩画本体开裂整体加固四步进行，以确保花山岩画保护的科学性。

加固的关键是粘结材料的选择，它不仅要与石灰岩存在兼容性，同时也要与不能清洁掉的钙质泥质沉积、铁质充填物存在兼容性。通过对岩画裂缝病害的分析可以看出，对花山岩画本体的裂缝变化的环境影响因素以温差变化为主，干湿变化为辅，这种裂缝的长度和宽度会随温差及干湿交替变化而轻微变化。由于无法控制花山岩画本体的温湿度，因此病因无法得到根除或缓解，裂缝会继续发展，直到表层岩片与基岩完全分离为止。因此，必须采取一定的干预手段将开裂的石材粘结起来，缓解开裂分解的程度和速度。

根据这一指导原则，现在使用的材料和工艺必须为将来的加固与维修在可持续性方面提供可能性。

（一）加固粘结材料的比较与筛选

目前对于石材等无机材料的加固粘结，国际上采用过的材料有很多种，可大致分为无机和有机材料及其改性材料两大类。

有机合成树脂及其改性材料包括：1）环氧树脂；2）丙烯酸树脂；3）聚氨酯；4）有机硅树脂；5）正癸酸乙酯及其软化衍生材料；6）聚酯（PE）。

无机粘结加固材料及其改性材料包括：1）水泥；2）硅酸盐（水玻璃）（包括甲基／锂基硅酸盐）；3）纯石灰（CL）及分散石灰（DHL）；4）水硬性石灰（NHL）。使用过的传统无机有机复合材料还包括桐油石灰、糯米石灰等。

环氧树脂粘结强度太高，常常是加固粘结好的裂缝本身不开裂，在其周边

的位置重新出现开裂。同时环氧树脂不耐紫外线，在很短的时间内就会变色老化；不透气，仅适合没有水的裂缝的粘结；而且环氧树脂的热膨胀性比石材高约10倍，可施工性差，流淌的部位只有在很短时间内用溶剂清洁，固化后只能采用机械的方法清洁，这会对岩画本身造成极大伤害。花山岩壁全年均有形成凝结水的条件，使溶剂型树脂类的粘结材料的使用受到限制。

丙烯酸树脂耐紫外线的能力虽好于环氧树脂，变色老化程度相对要小，但是由于其透气性差，热膨胀系数高，使得其在文物修复中的应用越来越受到限制。

硅橡胶具有非常好的耐候性，但是不吸水，不透气，在岩画本体上的可操作性差，不适合花山本体开裂的加固粘结。

水泥在文物建筑的混凝土结构砖石砌体等加固中广泛应用，其强度可以通过添加各种助剂来进行调整，但含的水溶盐量高，在文物和历史建筑修缮中的应用越来越少。

目前常规的粘结加固材料，环氧树脂、丙烯酸树脂或者水泥，均不合适花山岩画本体开裂岩体的加固粘结。通过对现场的调研及国际上类似案例的最新成果，优化的天然水硬性石灰是目前比较适合的材料。

花山开裂岩体粘结加固材料可分成两类：一类是填充粘结材料，二类是灌注粘结材料。前者主要是将已经开裂的岩片粘结住，放置脱落并且防止灌注粘结料的流失。后者是注射到裂隙中，起到粘结和填充的作用。从材料技术要求角度看，两者具有相似性，即很好的粘结性、耐久性及韧性。但是在施工方面，要求前者具有很好的湿粘性和很好的操作时间，后者具有很高的流动性，使材料可以流到裂纹的各个角落。因此要根据裂缝的类型需要，采用不同粘度、不同粒径的灌注粘结材料以满足不同的要求。

天然水硬石灰（Natural Hydraulic Lime，缩写为NHL），是采用不纯的含杂质的石灰石经过烧制（温度900℃～1100℃）、粉碎、消解而成，是一类有别于传统石灰与水泥的天然无机材料，与水泥不同的是在消解的过程中不添加任何外来的材料。

天然水硬石灰成分主要由二钙硅石（2CaO · SiO2，简写成C2S）、熟石灰Ca(OH)2、部分生石灰CaO、部分没有烧透的生石灰CaCO3及少量的粘土矿物、石英等组成，兼有石灰和水泥的优点，低收缩、耐盐、适中的抗压与抗折强度，但是由于其生产过程中无任何外来添加物，其水溶盐的含量很低。

在我国目前还缺乏对石灰材料的水硬性组分的系统研究，缺乏对石灰固化的物理、化学机理，使用条件等问题的科学阐述，很多传统石灰工艺也面临失传。

（二）水硬性石灰在岩画本体加固保护中的应用。

在实验室试验过程中，根据花山崖壁的特点，进行多种配方调试，模拟岩石开裂情况做裂隙封堵和灌注试验，并进行耐高温、耐酸、耐老化及拉拔强度、抗压、抗折、抗崩解等多项材料性能测试，收集提取每组试验的数据进行研究分析后，对试验方案再作调整与完善，以求取最佳粘结加固效果（图 5)。

现场试验是水硬性石灰应用于花山岩画本体加固的必要环节，是进一步验证所选择的配方是否最优配方的手段，同时，在现场试验中可依据加固对象的具体情况，对粘结与灌注加固方法与步骤进一步细化与微调（图 6）。

1、脱落岩画的归位粘贴

岩片的脱落是花山岩画最普遍而且危害十分严重的病害，其基本步骤为：

1）揭取，编号。

2）清洁。采用铜丝刷及不锈钢刷刷掉灰土等，再采用高压空气吹掉表面灰尘。

3）根据裂隙宽度选择粘结剂。

4）粘结剂的准备：加水到归位粘结剂中，搅拌均匀；严格控制添加的水量，添加水量少会有空气排不尽，添加水量多会影响附着力。

5）核对编号及部位。

6）抹粘合剂，涂抹的时候要在垂直裂缝的方向做出锯齿状的纹，以在粘结时排出空气；涂抹量要适当，以平均 4 毫米～ 5 毫米为宜；

7）压到原位；

8）轻轻敲击，排出多余的粘结剂，以全部饱满为佳。

9）用不滴水的湿毛巾擦掉多余的粘结剂后将氧化铁调到清水中，拼色造旧（图 7）。

图 5（左）：现场配料。图 6（右）：现场实验。

图 7：现场的实验工作

2. 开裂岩体的填充再注射粘结试验

大部分岩片与岩体之间存在裂隙，但局部仍然相连。本方法适合已经开裂，但是开裂的岩片仍然与岩体粘结的开裂岩体。具体施工随开口方向的不同再进行调整。

注浆粘结材料的配比参照裂缝的宽度分成两类：一类为 <3 毫米细缝需要用细骨料，增加流动性；第二类为超过 3 毫米的缝，骨料粗，以降低收缩，增

加粘合性。注浆材料的配比采用室内试验筛选出的最优配比。

施工的工艺流程如下：

1）用毛刷清除浮灰；

2）预粘结；

3）等预填充粘结材料干后（至少 24 小时后），采用高压空气清洁，同时采用薄刀片辅助清洁；

4）根据裂缝的大小选择注浆头，间隔 50 毫米左右埋设注浆头；

5）埋设注浆头后采用填充粘结材料填充；

6）24 小时后从底部开始注射制备好的注浆料；

图 8：现场加固工作

7）流出的多余的注浆料用毛巾清洁后，用填充粘结材料及时封堵；

8）注射达到饱和；

9）5 分钟后补注；

10）再补注一次，敲击无空鼓为合格；

11） 隔天清理，24 小时后拔掉注浆管；

12) 除掉多余的填充粘结材料；

13) 清洁后表面拼色（图 8）。

3. 岩画本体开裂部位注浆粘接试验

通过在非岩画区域的注浆粘接试验，对材料和工具使用以及现场操作工艺都有了一定经验，在此基础上进行了岩画区域注浆试验。选取有代表性的剥落病害区域作为试验区。其中试验区一面积 26 × 36 厘米，裂隙长度 65 厘米，处于开裂状态的石片厚约 3 毫米～ 5 毫米，裂隙开口宽度 5 毫米～ 8 毫米，裂隙开口朝下。试验区二面积 50×50 厘米，裂隙长度 140 厘米，开裂状态的石片边缘较薄，厚约 2 毫米～3 毫米，中间部位较厚，20 毫米～30 毫米，裂隙宽度 5 毫米～8 毫米，裂隙开口为向上和单侧向左，另两侧有连接。

在材料使用上两处所用配方不同，试验区一使用了细注浆材料和填充材料，试验区二裂隙宽，使用了粗填充材料和注浆材料。操作的主要过程：

1）采用高压空气清洁裂隙内部，并用水润湿；

2）12 小时～24 小时后对裂隙边缘进行封闭，并在裂隙较高位置处留出相应的注浆开口；

3）24 小时～48 小时后开始注射制备好的注浆料；

4）填充由于封口不严造成的漏浆，流出的多余的注浆料用毛巾清洁，表面污染的浆液及时清洗；

5）5 分钟～10 分钟后再补注，敲击无空鼓为完成；

6）24 小时后用填充粘结材料填充裂隙开口处；

7）清洁裂隙边缘和表面的多余填充材料。

水硬性石灰在花山岩画岩体风化开裂试验中取得了很好效果，在 2009 年 8 月专家评审验收会上，试验成果得到了专家首肯，并同意在花山岩画第一期抢救性加固工程中应用。

三、花山岩画加固工程对中国涂绘类岩画保护的意义。

（一）项目工程的典范作用

1. 清晰的保护思路

花山岩画病害复杂多样，对它进行保护治理，必须有一个正确的保护思路。经过多年的对花山岩画的调查研究分析，基本掌握了岩画病害的不同特点和成因，最终确定以抢救性加固与长期治理相结合的保护思路。

第一期保护项目的性质是抢救性保护，保护工作的重点是花山岩画本体保护，保护工作的核心是岩画粘结加固材料的研究。从花山岩画的病害特点入手，分析岩画对保护材料的要求，通过广泛的调研筛选，进行了大量的室内室外试验，有针对性地筛选出适合花山岩画岩片开裂的粘结材料。以对文物本体“最

图 9：多学科参与研究。图为西澳大利亚岩画专家在现场工作

小干预”为原则，实施岩画开裂部位的抢救性加固，使岩画在一定时期内不再发生剥落，并且确保这种加固措施对岩画造成的影响最小。对抢救加固后的长期治理目标则通过《花山岩画保护规划》作出明确规定，其中包括山顶落水洞、山体裂隙渗水的治理；崖壁生长的石钟乳、碳酸钙沉积物的清理，以及周边环境的整治等。

2. 科学的实施方案

1）多学科多部门参与。对岩画的保护，是世界文化遗产保护中的重大难题。花山岩画规模宏大，两千多年的历史风霜逐渐积聚而成的岩画病害现状使得保护工作非常严峻与巨大。目前在同类岩画保护中，无成熟的经验可以借鉴，因此，花山岩画的调查研究、保护技术研究需要一个较长的时间过程（图 9）。

针对各种病害还需要分轻重缓急，有计划，分步骤实施，而且此类文物保护工程的不可逆性，文物的珍贵性、稀缺性和不可复制性，要求保护技术必须有绝对的可靠性，以最大限度地避免保护性破坏。花山岩画保护是一项较为复杂艰巨的工程，需要长期艰苦的努力工作，需要集中力量联合公关。至目前为止，邀请包括中国科学院院士袁道先、中国工程院院士葛修润等在内，在岩溶地质、岩画保护及文物规划方面的知名专家到花山岩画现场进行现场勘察，对岩画病害问题进行专家会诊：联合了西北大学文博学院、中国文化遗产研究院、中国地质大学、首都师范大学、上海同济大学、上海德赛堡建筑材料有限公司、广州白云文物保护有限公司、河北省文物保护中心、中央民族大学中国岩画研究中心等部门开展岩画保护前期调查研究。

2）多项目技术研究支撑。为了给花山岩画保护提供强有力的技术支撑，自 2001 年以来，相继开展并完成了《花山岩画本体病害详细勘察》、《花山岩画本体开裂岩体粘结加固材料试验》、《花山岩画微环境气体监测》、《花山岩画岩体开裂剥落病害机理研究》、《花山岩画环境监测和评估设计》、《花山岩画第一期抢救性加固设计》、《花山岩画本体开裂岩体加固系统试验研究》等数十个项目课题。而这些课题的完成，从理论和技术层面上解决了长期以来花山岩画保护面临的许多难题，为花山岩画保护工程的实施提供了科学的技术支撑。

3）保护措施的调整与完善

2009 年 12 月 8 日，花山岩画保护工程正式开工。鉴于花山岩画保护工程是一项专业性强、难度较大的文物保护工程，为使花山岩画保护工作的连贯性和文物保护学术性得到好的发挥，根据国内文物保护专家意见，保护方案设计单位直接参与方案实施，便于在施工过程中及时发现和解决新的问题。每个项目的实施严格履行报批手续，并且接受专家组中途检查评审和竣工验收，在充分听取专家的意见和建议后，对原设计方案进行及时调整和完善，确保各项技术性能的安全可靠和岩画的绝对安全。

（二）对我国图绘类岩画保护的意义

目前，世界各地的岩画面临一个共同的难题就是保护问题。在中国，对岩画的保护研究很多还处在对岩画的调查、统计、年代断定、内容解读等层面上。各地岩画存在的不同程度病害毁损，大多因为或技术或资金或人员等方面原因，暂时都还任由其自然的生老病死。对各种病害造成的岩画毁损，甚至是岩画即将消失现状还是无可奈何。

图 10：为花山岩画保护搭建的巨大脚手架

图 11：花山岩画保护一期工程

花山岩画因其特殊的地理环境以及特殊的病害形式，目前，也没有可以借鉴的成功保护经验，在近十年的前期的勘察、研究、分析、试验中，逐步摸索出的一种特殊的保护方式，是岩画发展进程中的一个过程，同时也是岩画人积极面对困难，勇于探索，为保护我们人类历史文明的一个壮举。可以说花山岩画一期保护工程是摸着石头过河，其可圈点之处在于它具有创造性，不管是在陡峭且负倾角很大的狭窄河岸悬崖搭设高耸的脚手架（图 10），不需打一个墙孔，还是在加固材料的选择、配比，最后到保护方案的具体实施，都是一次大的挑战。花山岩画一期保护工程是广西左江岩画保护的转折点，它揭开了中国岩画大规模实施保护维修新的一页，是中国岩画保护史上的里程碑（图 11）。

花山岩画保护工程可圈点处还在于它具有典范性。在我国南方岩画中，云南、贵州、四川等省的岩画与广西左江花山岩画同属涂绘岩画，都是以红色颜料直接涂绘于洞窟或野外的岩壁之上，它们所处环境有许多相同或相似之处，同样面临岩石风化致使岩画受损等病害，花山岩画保护工程作为一个成功案例得到我国岩画界认可，可以作为它们今后实施保护的一种参照。对我国北方岩画而言，尽管北方岩画的情况与花山岩画有很大不同，但从同类文物的保护思路、保护方法去思考，也可起到借鉴作用。

【朱秋平】 广西宁明县文物管理所所长

The Maintenance Works of Huashan Rock-art and the Protection of Rock Painting in South China

Zhu Qiuping

Rock art is a common cultural phenomenon in our society in ancient time. The typical "painting rock art"---Huashan rock art in Ningming, Guangxi, has now been seriously damaged. The rock art was cracked easily under the air-slake. Since 2001, our management has promoted a protective research, the research achievement was successfully applied in our stabilization works. This safeguarding protection not only helps us solve the air-slake problems but also gives us new ideas to protect the rock art in our country. It can be an important reference.

Zhu Qiuping: Director of the Cultural Relics Management of Ningming County, the Guangxi Zhuang Autonomous Region

金沙江岩画的现状与保护思考

李　钢

金沙江岩画于上个世纪 80 年代末在流经滇西北的金沙江流域发现，经过 20 多年的调查，特别是第三次全国文物普查，发现并记录了大量的古代岩画遗存。金沙江岩画的发现极大地丰富了滇、川、藏结合部和滇西北地区史前文化的面貌。目前，这些岩画的价值正逐步得到重视，同时岩画的现状也令人担忧。在此，本文试图通过分析金沙江岩画的保护现状，对下一步岩画的保护工作提出一些建议。

一、金沙江岩画的现状

（一）岩画的分布区域

金沙江从青藏高原奔流南下，在流经滇西北地区后形成了一个倒 N 字形的峡谷地貌，金沙江岩画就分布在这一区域内。该区域包括了云南省迪庆藏族自治州香格里拉县金江镇、三坝乡、洛吉乡，丽江市玉龙县的大具乡、奉科乡、宝山乡、鸣音乡，古城区的大东乡，宁蒗县的翠玉乡、金棉乡，永胜县的东山乡等金沙江流域和支流沿岸。另外，云南省迪庆州德钦县羊拉乡、楚雄州永仁县，四川省甘孜州稻城县和凉山州木里县，西藏自治区芒康县的金沙江及其支流沿岸也有零星分布，其最东和最南点为云南省楚雄州永仁县永兴乡的白马河岩画，最西点为德钦县羊拉乡里农岩画，最北点为四川省甘孜州稻城县桑堆岩画。分布范围在东经 99°72′ ～ 101°32′，北纬 26°55′ ～ 28°09′ 的区域内。这一地带最高海拔 3200 米，最低海拔 1342 米。

（二）岩画的集中分布点

金沙江岩画发现25年来，已经调查记录了74处岩画点，记录统计的总面积1900多平方米，有近万个单体图像，同时了解到10多处新岩画点的线索，目前发现还在继续中。在此，仅将几个密集分布的岩画点简要介绍如下：

1. 渣日岩画

位于香格里拉县三坝乡东坝村民委员会渣日上村和下村的金沙江北岸。经调查核实的岩画共有13处，66组，约1000多幅图像，岩画面积400多平方米。这里的岩画内容多为野牛、鹿、野羊、猴子等野生动物，另有少量的符号和图案。均为彩绘，除有一组部分使用白色颜料外，均用红色描绘。

2. 洛吉岩画

主要分布在香格里拉县洛吉乡金沙江支流洛吉河沿岸。经核实记录的岩画点共有10处，45组，约200多幅图像，岩画面积160多平方米。岩画使用彩绘和凿刻两种技法，彩绘颜料为红、黄、白三色。彩绘岩画内容以野牛、野羊、野猪、猴子等野生动物为主，凿刻岩画内容则以人物、符号和图案为主。

3. 车轴岩画

位于香格里拉县金江镇车轴村关门山。岩画共有6组图像，面积8平方米，内容有人物狩猎、麂子、手印、符号等，均用红色描绘和涂绘而成。

4. 虎跳峡岩画

位于玉龙县大具乡金沙江南岸。现已记录的岩画点共有3处，7组，约70平方米。3处岩画点均为红色颜料描绘，因剥蚀严重，已无完整的图像，只有一幅似人手印的图像尚可辨认。

5. 宝山岩画

分布在玉龙县宝山乡的花依、林当可、达可、乌木等村的金沙江及其支流沿岸。目前已核实记录的岩画点共有12处，28组，1000多幅图像，约900平方米。岩画内容多为野牛、鹿、野羊、野猪、猴子等野生动物，还有人物、狩猎工具、符号和图案等，均为红色颜料描绘。

6. 鸣音岩画

分布在玉龙县鸣音乡江凹村、东联村、洪门村等地的金沙江沿岸。共发现岩画点 5 处，13 组，300 多幅图像，约 100 平方米。其内容以鹿、野羊、野牛等野生动物为主，都用红色颜料描绘而成。

7. 奉科岩画

分布在玉龙县奉科乡梨园和太子关等地的金沙江沿岸。目前只核实记录了 2 处岩画点，共有图像 15 幅，约 10 平方米。因画面剥蚀严重，能勉强辨识的只有鹿和野羊等野生动物，用红色颜料描绘而成。

8. 翠玉岩画

分布在宁蒗县翠玉乡牛克席、栋山坝、培德等地的金沙江及其支流沿岸。共发现记录岩画点 12 处，约 200 平方米。内容为野牛、野羊、猴子等野生动物，还有同心圆、波纹等图案和符号，用红、黄、白三种颜料进行描绘和涂绘。

9. 金棉岩画

分布在宁蒗县金棉乡拖脚、竹山等地的金沙江沿岸，共发现和记录岩画点 10 处，约 200 平方米，内容多为野羊、野牛、鹿等野生动物，另有少量的图案和符号。用红色颜料描绘而成。

由于金沙江岩画所处的区域环境险恶、交通不便、人迹罕至，给岩画的调查和记录带来了极大的困难。所以，据岩画研究者估计至今可能尚有众多的岩画遗存藏在山中人未识。

（三）岩画的内容

金沙江岩画由于年代久远，加之自然剥蚀和人为的破坏，已有相当一部分岩画图像模糊不清，只有少数岩画尚保留较完整清晰的画面，从中初步辨识的内容有：

1. 野生动物群

金沙江岩画几乎都是野生动物的世界，在笔者调查过的 50 多处岩画点 200 多幅画面中，97% 以上是野生动物，其中出现频率最高、绘画个体最大、最引人注目的是野牛和鹿。林当可村王家岩可岩画野牛身长 4.02 米，身高 3.88 米。岩画中频繁出现和体形巨大的动物还有鹿，白云湾岩画鹿的身长达 3.8 米，身高 2.8 米，鹿角长达 1 米多。上述大型动物多用夸张的手法绘成，有的用单线描绘，有的用粗 5 厘米～ 8 厘米的粗线条勾勒。

岩画中还描绘有众多的野羊、野猪、麂子、獐子、猴子、熊等，另外，少数岩画点还出现了疑似山驴、虎、貘、蛇等动物形象。这些动物大者身长2米～3米，小者身长只有3厘米～4厘米。花吉足、白云湾、夯桑科明可、奇古岩可等处的岩画，一处画面上竟重重叠叠、密密麻麻地绘有上百只动物形象。

2. 人物

金沙江岩画中人物所占的比例很小，目前，只有车轴村关门山、花依村明柯、林当可村补美洛、洛吉村孔家坪等几个岩画点发现有人物形象，在这些岩画中人物均处于次要的位置，与野生动物相比形象很小，至今在金沙江西岸的洛吉、渣日两地的彩绘岩画中尚未发现有人物形象。

3. 符号和图案

金沙江岩画中还有一些抽象的符号和图案，其中主要有正反的三角形、方形、圆形、小密点群、人手掌印、太阳、弓箭、交叉和平行的直线、似水流或道路的曲线等等。渣日村姆足吉岩画出现了10多个内有十字的圆圈；林当可村的补美洛岩画出现了一组长、高约3米的方框，框边宽20厘米～30厘米；洛吉村妖岩、渣日村白云湾、花吉足等岩画点多处出现小密点群。

4. 器物

金沙江岩画中现今能初步确定的工具有弓箭、石器、木棍、似旗幡的器具，以及似网和栅栏的器物。

（四）岩画的价值

“金沙江岩画以独特的风格、形式、主题等不同于中国乃至东亚、南亚、东南亚的任何一个地区的岩画类型，颜料绘制的少数图像与欧洲旧石器晚期的马格德林文化和南非的一些狩猎采集风格的岩画相似（Paul Tacon,Li Gang等，2010），反映其古老性与独特性”[1]， 我国著名的岩画学家、国际岩画团体联合会执行委员陈兆复教授认为：金沙江岩画“是云南境内目前发现的最为古老的岩画。岩画表现的几乎都是野生动物，很少有人类的形象。这些作品

【1】吉学平：《云南三江并流地区史前多元文化概貌》，载《历史源流与民族文化——“三江并流地区考古暨民族关系研究学术研讨会”论文集》，云南大学出版社，2011年，第104页。

很可能是云南艺术的创作原型”。“它具有旧石器时代崖壁画动物种类及造型方法上的诸多一致性”。“其绘制年代，我认为应上溯到早期的猎人时代”[1]；澳大利亚岩画学家保罗等学者认为金沙江岩画可能是旧石器晚期到新石器早期的遗存，它与欧洲马格德林艺术有许多的相似性[2]；云南大学教授李昆声等学者认为金沙江岩画是新石器时代的遗存[3]；云南省艺术考古专家杨天佑认为“金沙江岩画的发现将对云南岩画是一重大突破”。[4]

可以说，金沙江岩画中蕴藏有丰富的文化内涵，它不仅为中国乃至世界岩画的研究提供了新的范本，而且为研究滇西北地区远古先民的生产、生活和与环境的关系提供了翔实而形象的图形资料，对其研究，不仅可以了解当地史前艺术的发展，而且对社会学、历史学、考古学、文化学、宗教学、生态学等学科的研究均可提供原始的第一手材料。在这份形象化的图式文本中记录了岩画主人们丰富的信息，是一份弥足珍贵的文化遗产。

二、金沙江岩画的保护现状及面临的问题

（一）保护现状

1. 保护工作开展

金沙江岩画发现以来，迪庆、丽江两地的相关部门曾多次组织人员对岩画进行考察，同时有很多有识之士也不畏艰险自费考察金沙江岩画，发现记录了大量的岩画遗存。各级文物主管部门非常重视这一遗产的抢救保护工作，各级文物主管部门从金沙江岩画发现之日起，便主动介入岩画的调查保护工作，第三次全国文物普查启动后，云南省文物局将金沙江岩画作为相关州、市文物普查的重点项目，投入人力和资金开展金沙江岩画的调查工作。

【1】陈兆复：《古代岩画》，文物出版社，2002年。

【2】Paul S.C. Taçon, Li Gang, Yang Decong：Naturalism, Nature and Questions of Stylein Jinsha River Rock Art, rthwest Yunnan, China，CAMBRIDGE ARCHAEOLOGICAL JOURNAL，Volume 20 Number 1 February 2010, 67—86.

【3】文山壮族苗族自治州文化局：《文山岩画》，云南人民出版社，2005年。

【4】杨天佑：《西部岩画（2）》，载《中国岩画全集》，辽宁美术出版社，2006年。

1995年8月，云南省文化厅成立了滇西北岩画调查协调领导小组，由省文物处长担任组长，抽调省级相关单位和地州文物管理所人员组成办事机构，开展金沙江岩画的调查保护工作，并安排了相应的工作经费。

2004年以来，云南省文物考古研究所会同丽江、迪庆、楚雄等地的文物管理部门，组织人员对金沙江上游的金安桥、观音岩、阿海、梨园等水电站建设工程区域内的金沙江岩画遗存进行了调查，对建设区域内受影响的金沙江岩画制订了保护方案，并由业主方出资实施保护措施。

2008年初，云南省文物考古研究所与澳大利亚新南威尔士大学签订了金沙江岩画研究课题合作文件。三年多来，中澳学者合作开展了金沙江岩画5个点的记录，动物形状描述，动物种类鉴定和环境关系研究，并提取了两份岩画样品测年，在岩画风格和年代研究方面取得了重大进展。金沙江岩画成为目前国内首例采用铀系法测年的岩画，也是目前国内用有效方法测出年代最早的岩画，经综合研究断定金沙江岩画为牧猎时期的作品。

在云南省文物局的重视支持下，经过相关州、市的努力，2011年，金沙江岩画被国家文物局评选为“第三次全国文物普查百大新发现”，2013年，金沙江岩画被国务院公布为第七批全国重点文物保护单位。

2. 遗产家底不清，保存状况较差

由于金沙江岩画分布区工作环境恶劣，经费困难，并隶属多个行政区域等等因素的制约，给金沙江岩画的保护工作带来许多困难和问题。

一是对金沙江岩画至今还未能开展全面、系统、科学的考察，对岩画的分布情况、基本内容和价值还缺乏全面系统的了解。就目前的情况看，金沙江岩画的研究和保护工作尚处在起步阶段。由于这几年调查和研究金沙江岩画的多为迪庆、丽江两地东巴文化研究、文物博物、地方史等方面的人员，客观上出现了学科单一、专业知识欠缺、研究水平不高等问题。在岩画的年代学、生态学、美学、民族学、宗教学、历史学、动物学、植物学、符号学等等方面的研究几乎还是一片空白，同时也造成了多数已记录岩画点的数据和资料与开展保护工作的需要还有较大的差距。

二是从文化遗产保护的角度来讲，当地文物保护管理部门已经开展的工作仅仅是基础研究初级阶段的工作，金沙江岩画的保护还缺乏科学的理论支撑，缺乏有效的法律依据，保护管理、综合治理、合理利用等方面也缺乏统筹协调，尚未形成宏观视野下的总体保护规划，对保护对象和范围的认知和界定方面也存在较大差异。

3. 受基本建设工程的冲击

金沙江岩画虽然大多数处在人迹罕至的高山峡谷间，但是近年来其间的基本建设工程开展频繁，其中已在建设中的大型水电项目有金安桥电站、观音岩电站、阿海电站和梨园电站等，另外还有羊拉铜矿以及规划中的滇中调水和丽香铁路等大型工程建设项目。这些大型工程建设已经对部分岩画点造成了影响，并将不可避免地对岩画的环境风貌、生态环境产生较大的人为干扰。

4. 受自然和人为破坏

（1）因大气环境的变化和岩画周围生态的破坏，加之风霜雪雨的侵蚀，使得不少岩画变色脱落或被岩浆覆盖，部分绘有岩画的岩壁开裂崩塌。

（2）随着金沙江岩画知名度的提高，前来考察拍摄岩画的人越来越多，其中有些素质较差者随意对岩画进行添描、涂画和刻写，也加重了岩画的损毁。另外，岩画分布区的农村大多残留有野牧的习惯，有些岩画点原来是野生动物的住所，现多为当地村民围栏牲畜之地，动物的蹭擦也使得一些岩画面目全非。

（二）存在的问题

金沙江岩画的保护现状反映出保护工作中存在的问题，主要包括对岩画遗产缺乏系统的调查和研究支撑，以及缺少对具体保护对象的认定和保护重点的界定；缺乏统一的保护策略和分区域的保护规划；缺少国家和各级、各地区政府在保护和管理方面的协调机制。

由于金沙江岩画分布分散，跨越多个行政区域，加之岩画所处的环境山高坡陡，使得保护管理成本增大、现有管理队伍薄弱，导致保护管理力量分散并严重不足，造成综合整治、合理利用等缺乏统筹协调。

三、加强金沙江岩画保护工作

金沙江岩画是滇西北地区宝贵的文化遗产，是云南省历史文物中的一朵奇葩，它珍贵的价值已逐渐被各级领导和学术界所重视，它令人担忧的现状也已引起相关部门的关注，可以说随着金沙江岩画被公布为第七批全国重点文物保护单位，金沙江岩画的保护正在迎来一个千载难逢的机遇。在此，笔者结合工作实践就金沙江岩画的保护提出几点建议：

（一）加强基础工作

1. 对金沙江岩画开展一次全面、系统、科学的调查

建议整合迪庆、丽江两地文物博物和相关研究机构的专业技术力量，对金沙江岩画资源开展专题调查，对岩画进行全面、详细地勘察、测绘、记录、临摹和拍摄，进一步查清家底。

2. 开展多学科、多角度的综合研究

建议聘请省内外的专家学者，分别从岩画学、考古学、历史学、人类学、美术、宗教、动物、植物、地质、地貌、年代学等多角度综合的考察研究，多学科合作，获取真实、完整、科学的岩画信息资料，全面归纳金沙江岩画的价值，在此基础上进行专题研究，制定金沙江岩画整体保护的宏观战略，并为岩画的抢救保护工作提供科学的依据。

（二）制订保护规划

鉴于金沙江岩画分布区域广、数量多、内容丰富和保存现状较差，因此要抓紧编制金沙江岩画的保护规划。依据基础研究成果，对金沙江岩画的价值及真实性、完整性进行评估，确定岩画和环境景观的构成要素，确立保护对象，提出具有针对性的保护原则。建议根据金沙江岩画的规模及对保护管理的客观需要，由云南省文物局牵头先行编制金沙江岩画保护规划大纲，以此指导各地编制州、市级和县、区级的详细保护规划，科学规划岩画保护、管理、研究、展示、利用等方面内容，明确保护管理的主体、措施和要求，以及近期、中期和长期的目标和任务，分期实施的目标和工作步骤，为开展工作提供指导，保证金沙江岩画保护工作深入持续的开展。

（三）申报文物保护单位，制定专项法规

金沙江岩画虽然已经被公布为全国重点文物保护单位，但并非金沙江岩画整体纳入其中，目前其仅限于香格里拉县和玉龙县的数个集中分布区，而宁蒗、永胜等县区域内的岩画尚未包含其中。对此，要积极争取国家将金沙江岩画主要分布点都列为全国重点文物保护单位的范围，为国家加大对金沙江岩画保护人才、技术、经费等方面的支持提供保证。

建议有条件的地区制定并颁布金沙江岩画保护的地方性专项法规，进一步确立金沙江岩画的遗产地位，并依法对其有效保护。同时加强法律法规的宣传教育，提高公众的认识，规范岩画保护区域内的各种开发、建设活动，避免岩画及其环境遭受新的损害。

（四）落实机构与经费

1. 成立岩画研究保护机构

云南省是一个岩画遗存分布大省，境内目前发现的除金沙江岩画外，还有沧源岩画、文山岩画、怒江岩画、苍山岩画、元江岩画等岩画遗存，最近又传来普洱发现岩画的消息。可以说岩画是云南省最具特色、最珍贵的历史文化遗产之一，在此建议成立“云南岩画研究保护中心”，以便规划、指导、协调和组织全省的岩画保护与研究工作。迪庆、丽江等地也要成立金沙江岩画保护的协调机构，建立金沙江岩画保护的统一、协调机制。

2. 培养一支岩画研究与保护队伍

建议由云南省文物局牵头，与中央民族大学中国岩画研究中心和宁夏岩画研究院等岩画研究与保护力量较强的单位合作，培养云南省的岩画研究与保护

人才，还可以创造条件与国外的岩画研究和保护机构合作，采取请进来，送出去，以项目带人才的方法培养岩画研究与保护的人才队伍。

3. 落实岩画研究与保护专项经费

建议从云南省每年的文物保护经费中划出岩画研究与保护的专项经费，并向国家文物局、省政府和州市政府争取金沙江岩画研究与保护的专项资金，同时，积极吸纳社会和国外资金弥补岩画保护经费的不足。

（五）尽快出版金沙江岩画保护与研究成果

建议在完成金沙江岩画全面、系统、科学考察的基础上，召开“金沙江岩画保护与研究学术研讨会”，编辑出版《金沙江岩画保护与研究》文集和《金沙江岩画》画册，并充分利用电视和网络等现代传播手段宣传介绍金沙江岩画，以争取各级领导对金沙江岩画遗产保护工作的重视，吸引社会各界对金沙江岩画保护工作的关注和支持。

（六）启动申报世界文化遗产工作

申报世界文化遗产是向国际范围内宣传遗产价值、展示遗产保护成果、主动接受未来的国际监督的一种途径，成功申报世界遗产将大幅提升遗产的国际知名度，并能整体规范和完善相关各项保护管理工作。根据国外同类世界文化遗产的标准和《实施保护世界文化和自然遗产公约操作指南》的要求，金沙江岩画已具备了申报世界文化遗产预备名单的基本条件，建议迪庆和丽江两地政府积极向省政府汇报，争取省政府支持，适时启动金沙江岩画申报世界文化遗产工作。

【李钢】 男，纳西族，1960 年 8 月生，云南省迪庆藏族自治州文物管理所所长，迪庆红军长征博物馆馆长，文博副研究馆员。长期从事当地文物保护、考古和民族文化研究工作。

Present Status and Thoughts on Protections of the Rock Art Paintings at the Area of Jinsha River

Li Gang

The rock art at the area of Jinsha River was discovered in the late 1980s. After more than twenty years investigation, especially in third national survey of cultural artifacts, experts have discovered and documented numerous ancient rock art heritages. The discovery at the area of of Jinsha river rock art has greatly enriched the prehistoric culture in association with rock arts found in Yunnan, Sichuan and Tibet and the northwest region of Yunnan.

There are three main parts in the thesis. The first part introduces the current situation of rock art at the area of Jinsha river rock art. It includes the locations, characteristics, content and value of the Jinsha river rock art. The second part is about the protection of the present situation and some issues. In the third part ,the author suggests the government needs to strengthen protection efforts to solve those issues. Li Gang proposes that the Jinsha river rock art can apply for the World Cultural Heritage.

At present, the value of the rock art is progressively getting attention; however, its current situation worth to concern. This paper attempts to analyze the current situation of Jinsha river rock art, and then put forward some suggestions to protect Jinsha river rock art.

Li Gang, the author who is Naxi minroity, was born in August 1960. He is the director of Cultural Relics Administration of the Diqing Tibetan Autonomous Prefecture in Yunnan Province, the curator of Long March Museum, and associate researcher of Heritage Museum. He has been engaged in protecting local cultural relics, archaeological and national culture studies.

金沙江岩画所处环境。摄影－段志诚

金沙江岩画渣日村尼可见岩画。摄影－李钢

中、澳金沙江岩画考察队
摄影－李钢

从金沙江岩画看岩画的保护
——岩画保护三部曲

和 力 民

图 1：20 世纪 90 年代初笔者在虎跳峡考察金沙江岩画

岩画是远古时期人类在创造物质文明的同时，创造出来的第一件精神文明遗产。岩画是自人类有史以来第一次自觉地用自己的双手记述自己的语言、思想感情和生活场景，所以，岩画是人类文明的第一束曙光。岩画记录了所有历史文献和文学艺术所不能代替的哪一个时期的人类文明。正因如此，岩画的价值是无法用其他文字和艺术来替代和表达的。岩画的古老与人类现代工业文明不仅形成鲜明的反差，同时也存在着相当大的矛盾，岩画的保护存在着很多的困难。

笔者自 20 世纪 90 年代初涉足金沙江岩画的发现与研究，亲身经历金沙江岩画发现、记录和研究的全过程（图 1），本文依据金沙江岩画实际提出自己对岩画保护的一点看法。

就工作流程来说，古代岩画的研究实际上要经历发现、记录、研究的阶段。岩画保护工作也应该贯穿于发现、记录、研究这三个阶段，我们把它称之为岩画保护三部曲。

一、岩画的发现与岩画保护

岩画的保护，首先是以岩画这一对象的存在作为前提和条件的。如果没有岩画的现实遗存，那么，凭空是不能想象岩画的保护的。世界上有很多岩画的发现，中国从东北到西南、从西北到东南，遗存着相当多的岩画。比较成规模的岩画有阴山岩画、贺兰山岩画、花山岩画、沧源岩画等等。岩画的大量遗存给我们提出如何保护岩画的问题。

金沙江岩画发现得比较晚。自 20 世纪 80 年代末才开始在金沙江西面发现两个岩画点，1991 年 7 月笔者在金沙江东面的虎跳峡又发现一个岩画点，1992 年以来，笔者沿着金沙江在江两岸寻找发现了一系列岩画。由于所发现的岩画，基本上分布在金沙江两岸的山崖上和金沙江支流地区，所以笔者就把它统称为金沙江岩画。从 20 世纪 90 年代以来，20 多年来笔者先后多次到金沙江的悬崖峭壁间寻找岩画，在没有任何经费支持的情况下，冒着生命危险，攀登悬崖，风餐露宿，就是坚信岩画遗存对当今和未来人类史前史研究的价值，特别是坚信不同地区的岩画都有着自己的文化研究价值。尽管有的岩画发现得晚，但这不影响它的价值的存在。物美其美，各美其美。从 20 世纪 80 年代末到现在，金沙江岩画已经有 70 多个岩画点的发现，其中笔者亲自寻找或考察的岩画有 50 多个之多。这些岩画的发现为金沙江流域人类文明进化提供了重要的实证资料。

笔者曾在《金沙江岩画发现的历程》一文中说过："所谓金沙江岩画的发现，应该是指：在视觉上观察到金沙江岩画，又在主观上意识到它的文化属性，进而对它的内容进行描述、研究，并对它的文化价值进行评判的自觉性行为。"[1] 从金沙江岩画保护的角度看，只有真正意义上的岩画的发现，才有可能自觉地保护岩画。试想，仅仅是在肉眼上看到岩画的存在，没有意识到岩画的性质和重要性，一般不会特别地去保护它。相反，由于惧怕、神秘和误解，这种肉眼的"发现"，还会促使"发现者"对岩画采取破坏的行为。2013 年 7 月 24 日，

【1】和力民：《金沙江岩画发现的历程》，李钢、李志农主编：《历史源流与民族文化——"三江并流地区考古暨民族关系研究学术研讨会"论文集》，云南大学出版社，2011 年。

我们考察的金沙江岩画点巴去里岩画A点，就是当地傈僳族群众看到这岩画后，误以为是山鬼形象，家中牲畜生病和死亡时，以为是这山鬼所为，所以就用石头打击岩画的画面，致使本来还比较清楚完整的岩画画面遭到严重的破坏（图2）。这种例子在金沙江岩画的考察中，时有所见。还有一些岩画点被一些不了解岩画的人“发现”后，以为是藏宝符号或什么，被“发现者”挖掘破坏。

就金沙江岩画的破坏或者说损坏来说，可以分为自然损坏、人为无意损坏、人为有意损坏、人为建设损坏等几种。自然损坏是金沙江岩画最为常见的一种损坏现象。这主要是因为金沙江岩画年代久远和岩画所处的环境条件造成的。金沙江岩画一般不会绘制在很深的岩洞里，而是基本上绘制在崖厦处。我们发现，金沙江岩画的主人在绘制岩画时，基本上是利用自然的光线，很多岩画就绘制在很浅的岩厦处，有些岩画点的岩厦下有很深的岩洞，但是深处岩洞里却没有发现过岩画。所以，金沙江岩画不是严格意义上的洞穴岩画，而是岩厦岩画（图3）。

图2：这个岩画中岩羊的嘴巴图形被当地人用石头砸坏

图3：金沙江岩画大多数是绘画在岩厦下面石壁上

由于很多金沙江岩画都绘制在比较浅的岩厦下，很多岩画画面被长期日晒雨淋，石头表面脱壳或冲洗，致使画面损坏；还有的岩画虽然没有日晒雨淋但是却被岩浆水、钟乳石所侵

图 4：这个岩画点已经有人使用

蚀、覆盖，造成画面损坏，80%以上的金沙江岩画属于这种自然损坏。

有些金沙江岩画点，后来有人在这里居住或放牧或狩猎者在这里活动，画面被长期烧火的火烟熏黑覆盖。1992 年 9 月笔者在丽江鸣音乡界金沙江边发现一个岩画点，岩厦条件很好，没有岩浆水的侵蚀，雨水也淋不到岩厦处。但是岩厦大面积被火烟熏黑，只有边沿处还见得到一些岩画图像。然而天色灰暗不能照相，没有能对这个岩画点进行拍照。后来到村里调查，村民说，村中一户傈僳族人家在这个岩厦下生活居住了几十年。1994 年笔者在宁蒗县境的金沙江边考察岩画，发现有一个岩画点被当地的一户傈僳族当做房子使用，岩厦被熏有一层厚厚的烟子，我们只有在岩厦的边缘处隐约看到一些残缺的线条。（图 4）这种情况，是属于人为无意的行为造成的。

1991 年，笔者在丽江县界的金沙江边虎跳峡口发现一个岩画点，消息发布出去以后，有些人到达这里查看，其中一些人不知道岩画的内容，以为这是什么藏宝的符号等等，于是就拿着十字镐到岩画点挖掘。当我们第二次去考察的时候，这个岩画点的地面到处都被挖得一塌糊涂，这个岩画点的原始状态已经遭到破坏。这种情况，属于人为有意破坏的行为。

所以，岩画的损坏，有自然、人为等多种。古代岩画经历相当漫长的时期，多则上万年，少则几千年，能够遗存到今天已经是很不容易的了。因此，对古代岩画，自发现之日起，就要把保护放在第一位。如果我们没有这样的认识并采取有效措施，新岩画点的发现很难保证岩画的保护。事实上，有些岩画点在还没有人发现之时或许还依旧保持着千年原貌，一经发现之后，由于种种原因没有采取好保护措施，反而遭到人为的破坏，这是很痛心的事情。所以我们要明确地表述，保护岩画，时间上来说，要从岩画发现之时起开始。也就是说，古代岩画发现之时，我们就要对这岩画遗产实施保护的措施，或者退一步说，某一岩画发现时，我们就要有保护一这岩画的意识并提出保护的方法，实施保护的措施。

金沙江岩画还在发现之中。从岩画保护的角度看，在以前发现的基础上，需要进一步开拓岩画分布的区域。在原来发现岩画的地区，长江第一湾的上游地区和长江第二湾的下游地区，很有可能分布着同一系统的岩画。拓展金沙江岩画的分布区，寻找新的岩画点，本身也是岩画保护的一个积极行动。

二、岩画记录与岩画保护

岩画的记录就是在岩画发现和考察的过程中，对原始岩画的内容进行客观的描述记录。岩画的记录手段，在不同时期有不同的方法。我国历史上主要是用文字来记录描述。20 世纪下半叶，我国学者用临摹图，还用照相机、摄像机记录。21 世纪以来，数码技术的普遍应用，记录岩画方法更趋于精密。比如卫星定位的测试和碳 14 等技术应用，给岩画记录提供了科学的手段。

岩画记录与岩画保护的关系，就是要求岩画记录时能够全面、准确、细致地记录岩画的画面、场景、环境、居住或活动人群、地质、生态变化等情况。

从我国过去很多的岩画记录情况看，这样全面细致地记录的岩画点很少很少。我们往往是对岩画的地点和图像做一些简单记录，就认为是记录这一个岩画点了，没有考虑或者已经考虑但没有继续记录其他方面的资料。金沙江岩画发现了 70 多个点，但是，真正全面细致记录的岩画还几乎没有。大量的岩画发现之后没有人做长期、全面、细致的记录，以至于很多岩画是在发现之后才遭到严重的破坏乃至彻底的销毁。

在整个岩画的研究和保护中，岩画的记录是重中之重，是岩画研究和保护的核心。没有岩画的记录就没有岩画的研究，也就谈不上岩画的科学保护。积极的岩画保护就是要在岩画全面科学的记录基础上的保护。当然，要全面科学地记录，还要有人才、资金、队伍，乃至法规制度的保障。

谈到岩画的记录，除了要用现代化的各种手段的配合以外，我们特别要强调的是，客观记录与尽可能的弥补岩画图像的内容的关系。就在 2013 年 7 月 24 日，笔者去丽江市古城区的金沙江边考察岩画，在巴去里岩画的 A-7 组发现一个图像，在视觉和照片中看到的是头朝右的一只獐子。但是笔者发现这只獐子的耳朵上像是长有一个杈角，嘴巴好像是有一点上下唇间的唇线。如果杈角成立，那么这只野生动物就不是獐子而是鹿了。嘴巴上的一点是不是上下唇间的唇线，也难以确认。回到家里，笔者开始对这张照片进行细致的观察。现在可以用电脑来放大图像，很细致地观察图像的细部。观察的结果是发现那不是什么杈角，而是另一只盘羊的角，从图像中可以隐约看出这只弯曲的盘羊角。笔者再根据金沙江岩画中盘羊图像的形象和比例，用虚线构拟这只盘羊的图像，结果，那个獐子嘴巴上像是上下唇间的唇线的那一点，实际上不是什么唇线，而是它前面这只盘羊的耳朵。而且，构拟以后，还把原来没地方联系的动物的前脚的残缺线条给联系起来了。笔者举这个例子，就是要说明，岩画的记录，一方面要客观如实记录，另一方面还要尽可能地挖掘和发现隐藏在显性图像里面的一些不太明显的图像内容。试想，如果不是特别细致地去考察和耐心地去构拟，那么，一方面不能解决獐子图像上的疑点，可能还会把獐子误释为鹿，同时也就会遗漏对这只盘羊图像的记录了（图 5）。

岩画的完整全面记录，需要多种记录手段和方法，比如，摄像、照相、绘图、测量、化验、描写、考证、采访等。记录方法有全面整体记录、局部记录、个别图像的记录等。就从目前金沙江岩画的记录看，很少有全面的整体记录。我认为，在人力物力不足的现阶段，首先有选择地对特别的一些岩画点做全面整体的记录是很有必要的。

岩画是远古人类遗存给我们的一份特别的不可再生的文

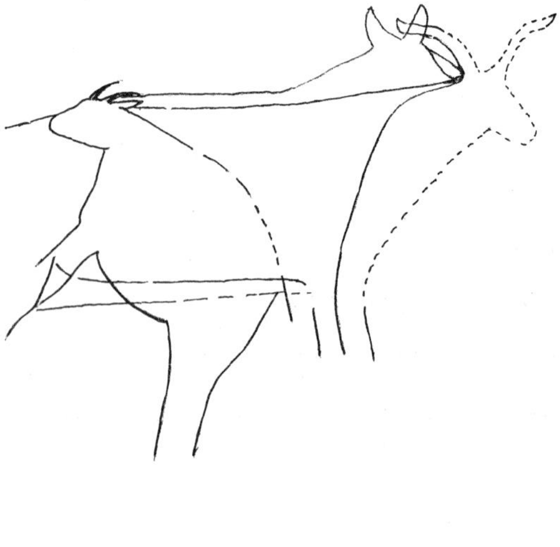

图 5：丽江市古城区巴去里岩画 A-7 临摹记录图

化遗产，岩画的记录是岩画保护的重要手段，过去有大量的岩画图像的损坏和毁坏已经不可挽回，不可再现。但是今天还有很多岩画的内容需要我们用记录的方式来保护（图6）。

图 6：2013 年 7 月笔者在丽江市古城区巴去里岩画考察记录

三、岩画研究与保护

岩画研究就是对岩画的产生条件、环境、技术、内容、功用和意义进行科学、客观的叙述评判。以其成果为人类社会发展进步、人类思维和文化艺术的起源研究提供依据。岩画的研究有着浓重的史前考古的性质和探讨人类文明起源的特征。因此，岩画研究有着基础理论研究所具有的公共性和为全人类服务的公益性。

岩画研究的宽泛性服务功能，可能会吸引不同领域不同学科的人来参与研究。由于研究者的背景及学科不尽一样，研究的侧重点往往是不一样的。但是，普遍情况是，比较多地注意岩画图像和艺术特征，以及岩画所反映的社会文化背景。而岩画的形成和保护的研究却比较稀少，对岩画的有效、积极保护的建设性研究更少。

岩画保护的研究，是建立在岩画发现和岩画记录的基础上的。没有岩画发现就没有岩画的研究，没有岩画的记录，岩画点岩画的研究就变得空中楼阁一样没有根基。岩画的研究要关注岩画发现，立足岩画记录。岩画保护研究，就是要把岩画的保护贯穿于岩画的发现和记录之中，同时从理论上建立岩画保护的体系，从而行之有效地开展岩画保护活动。

从金沙江岩画发现迄今，已经有 20 余年，70 多个岩画点的发现和初步的

图 7：临江这两个岩画点位于水电站建设水库核心区

图 8：金沙江边的岩画区

考察，在发现史上有了进步。金沙江岩画被列入 2013 年国家文物局公布的全国第七批重点文物保护单位。这说明国家层面的保护行动已经开始和法律角度的保护措施已经实施。这是可喜的成就。然而金沙江岩画的保护问题仍然是严峻的。2003 年以来金沙江梯级电站的建设，把金沙江岩画推到国家经济建设的风口浪尖上。现在，金安电站已经开始发电，阿海电站和梨园电站也准备蓄水。金安电站的蓄水已经把一个还没有来得及记录的岩画点淹没了。阿海电站和梨园电站的蓄水将要淹没好些个岩画点。这当中，多数岩画点还没有作很好的记录，更谈不上研究。一旦淹没于江水中，将如同没有出世就夭折的婴儿。这将是人类童年时期文化的重要损失。(图 7)

在金沙江岩画中，人物图像极少，目前发现的人物图像主要集中在金沙江玉龙县境的花衣地区。笔者曾经在花衣地区的金沙江岩画区发现的岩画多在金沙江边，很有可能被蓄水水库淹没。（图8）阿海电站建设区也有好几个岩画点，分布在金沙江临江一线，水库蓄水会被江水淹没。如此等等，若不采取有效措施，将带来重大损失。

岩画保护不仅仅是岩画研究的一个理论问题，而且还是一个实践问题。金沙江岩画发现的很长一段时间，笔者作为岩画研究的个人爱好者从事这一寻找发现的行动。由于没有任何机构和组织的经济支持，拮据的经济条件根本没有能力做岩画的保护工作。后来岩画发现数量的增多，引起有关文物部门的关注。金沙江岩画进入国家文物保护的名录。[1]然而，金沙江岩画的发现、记录、研究和具体保护的实际行动还欠落实。如果地方文物管理部门不主动实施岩画的考察、记录、研究和保护行动，那么，还能指望谁来充当保护的主体呢？

现在，金沙江岩画的保护还来得及弥补，一些岩画还没有淹没，可以进行抢救性的记录和研究。金安电站水库已经淹没的岩画，看看还可不可以用水下摄影等办法弥补记录。一些将来可能被淹没的重要岩画图像，可以通过切割移动的办法，迁到岩画博物馆中来保护。总之，亡羊补牢亦未晚。

关于岩画移位保护的问题，需要专门的研究。但是，岩画移位保护不能认为简单地把一些岩画的图像切割下来就了事，实际上还要把岩画的场景尽可能地复原出来，同时要把岩画点周围的生态环境，用照片和摄像手段记录下来。这是一个很有挑战性的工作，具体保护措施和方法只有留待以后专题讨论了。

笔者认为，岩画保护三部曲，就是要把岩画的保护放在岩画发现、记录、研究的全流程中来考察和实施。这样就可以避免把岩画保护仅仅作为岩画理论研究的一个方面的内容的片面认识，全面整体科学地保护岩画，把岩画保护放在动态系统中来认识。只有这样，才能更好地保护岩画。

【和力民】云南省丽江东巴文化研究院研究员

【1】2013年5月6日《中国文化报》刊登国务院核定公布第七批全国重点文物保护名单，金沙江岩画列入其中，其序号为1594，编号为7—1594—4—097，名称为金沙江岩画，形成时代为旧石器时代至新时期时代，地址在云南省迪庆藏族自治州香格里拉县、丽江市玉龙纳西族自治县。

To View the Protection of Rock Art from Rock Paintings in Jinsha River, Yunnan Province

He Limin

Rock art are extremely important for human. They are also an important part of the heritage of us, as well as having world heritage value. Today they are opened up for widespread mining, agriculture and tourism. All of these industries have huge impacts on landscapes and the cultural heritage sites that lie within them, especially rock art. The rock art also are focal points of cultural landscapes that reflect human identity and experience. In many parts of the world rock art can be considered part of living culture. They can have many value, such as through tourism, and can be places where different people come together to share what it is to be human. This is why they need to be protected for future generations.

In order to protect the Jinshajing rock art, three important steps need to be undertaken. First of all, the discovery and protection of rock art. All rock art sites are under threat from natural and cultural forces, the latter increasing at an alarming rate. The protection of rock art asking realities which exist objectively. It is a great action for protecting the Jinshajing rock art and looking for a new paintings. The second step, the recording and protection of rock art. Recording rock art is to objectively describe the rock art in the process of discovering and exploring. Recording is a priority in the research and protection of rock art. The third step is to conduct research and to conserve rock art. It already has had more than 20 years since Jinshajing rock art was found, and more than 70 rock art sites have been found . It is urgent to set up a protection system, to protect the Jinshajing rock art effectively.

He Limin: Researcher, Research Institute of Chinese Language and Literature, Southwestern University

金沙江岩画洛吉岩画地点。摄影－段志诚

金沙江岩画姆足吉岩画地点。摄影－李钢

试论岩画保护发展思路
——以将军崖岩画保护为例

高　伟

岩画作为一种石刻文化，在人类社会早期发展进程中，有着重要的历史地位。人类祖先以石器作为工具，用粗犷、古朴、自然的载体——石刻，来描绘、记录他们的生产方式和生活内容，是人类社会的早期文化现象，也是人类先民们给后人的珍贵的文化遗产。笔者想就将军崖岩画的发现与研究，谈谈岩画的保护与利用的问题。

一、将军崖岩画的发现

1979年冬，连云港市文物部门首次发现将军崖岩画。1980年6月，中国历史博物馆史树青先生应邀来连云港市考察时，首次认定这是一次重要发现，并且指出将军崖岩画至少是汉代以前的一处重要文物遗迹；不久以后，北京大学俞伟超副教授等众多专家相继来连云港市考察将军崖岩画，对其意义又有了进一步的认识，俞伟超认为这处岩画遗址应该是我国东夷部落以石为社的祭祀遗迹；1981年4月，国家文物局古文献研究室首次举办了“将军崖岩画鉴定座谈会”，会议认为将军崖岩画不仅是我国目前发现的最早的一处岩画，而且是唯一反映农业部落生产、生活的石刻岩画。

将军崖岩画的时代在距今约8000年～10000年间，是我国迄今发现的最古老的新石器时代岩画。岩画共有五组、分为两处，一处四组，一处一组，以磨刻、磨制的手法将图案分布在南北长22米、东西宽15米的一块混合花岗岩构成的覆钵状山坡上。内容有人面头像、农作物、鸟面图案、星象及其他符号等。岩画线条宽而浅，粗率劲直，风格原始，工艺古朴。这是中国东南沿海地区首次发现的，唯一反映原始农业、古天文崇拜内容的岩画，是东夷先民从事祭祀活动的场所。著名考古学家苏秉琦先生称为我国最早的“东方天书”。

1982 年 3 月，公布为江苏省第三批文物保护单位。1988 年 1 月，公布为第三批全国重点文物保护单位。

二、将军崖岩画的保护与管理

说到岩画保护，自然会涉及岩画的破坏与损毁。对岩画的破坏主要来自于自然和人为两个因素：长期的风吹日晒、雨水冲刷等自然现象对它产生磨损，而人为因素的破坏力远胜过自然。所以说，岩画保护是立体的、全方位的。下面笔者就具体介绍一下连云港市对将军崖岩画的全方位保护措施。

（一）岩画管理机构成立

1997 年成立将军崖岩画保护研究所，全额事业单位，编制两人；2006 年撤销将军崖岩画保护研究所，成立连云港市重点文物保护研究所。1980 年至今，将军崖岩画聘请专职文保员 24 小时看护。

连云港的岩画除将军崖岩画之外，还有大量石穴岩画近 40 处，其他各级文保单位、文物保护点 700 余处，分布在整个云台山上。文保单位数量众多，而专业保护管理人员较少，保护力量严重不足。这样，对文物点的安全巡视和保护带来很多不利的因素。如何利用社会力量加强地面不可移动文物的保护，在这种大环境背景下，我们萌生开展文物保护志愿者活动的想法。开展文物保护志愿者活动是目前充分利用社会力量加强文物保护的唯一途径。

做法一：发展文物保护志愿者。

广泛发动群众参与，扩大社会影响，让社会公众了解文物保护的重要性。我们印制文物保护志愿者手册（内容为文物法和连云港市文物保护单位的名称与位置），便于志愿者对文保单位的安全巡视。同时，通过本地网络网站向社会进行公开招募，并将文物保护的意义，参与的方式、条件等进行公示宣传，选定时间、地点集合，组织一次文物保护志愿者户外爬山及文保单位安全巡视的试运行活动。当天，有130多人参与活动，并领取了文物保护志愿者手册。大家携手徒步翻越锦屏山，取得了良好的宣传效果和影响。

对志愿者的选择至关重要，要始终贯彻文物保护为先的前提。挑选的时候坚持以下原则：一要人品端正，热爱本土的历史文化，文物爱好者优先选择；二要户外运动者（“驴友”）；三要身体健康。文物保护志愿者由不同的年龄阶层组成，最大的年过花甲，最小的20多岁；人员构成来自不同的行业，有教师、工人、公务员等。最后从年龄、职业、个人素养等各方面综合筛选，其中35人为连云港市首批文物保护志愿者。我们对首批志愿者登记、填写志愿者证书，同时，建立完整的志愿者档案。

根据工作需要，需加强志愿者专业知识培训。由于志愿者有不同的职业背景、不同年龄、不同的文化素质，而志愿者同时还承担着文物保护法的宣传、对文物保护单位进行安全巡视的义务，所以要加强对志愿者的专业培训。培训内容包括文物的基本鉴定方法、文物保护的重要意义、文物保护单位安全巡视的方式，以及发现问题及时反馈等方面。通过培训学习可以提升文物志愿者的兴趣，增强工作责任感。

通过志愿者活动加强文物保护。文物保护志愿者队伍是一个松散的群众组织，为使这支队伍运作起来，要经常不定期举行活动。

具体活动：

1. 定期举办志愿者文物专业技能培训或讲座，意在提高文物保护志愿者的自身素质；

2. 不定期组织志愿者进行大规模的文保单位安全巡视活动；

3. 通过培训，挑选部分志愿者参与文物调查工作；

4. 年底举办文物志愿者文物摄影大奖赛和十佳志愿者评选等活动。

具体做法二：建立文物保护网站。

经过几个月的酝酿和筹备，并经过一段时间的试运作，于2011年7月17日，市重点文物保护研究所、苍梧晚报壹周刊、户外运动俱乐部三家联合的“连云港市文物保护志愿者”队伍举行授旗及文物保护网站开通仪式，正式宣告了文物保护志愿者队伍成立。

仪式涵盖志愿者代表发言、志愿者授旗，颁发志愿者证，连云港市文物保护研究网站正式开通等。

连云港市文物保护研究网站的正式开通，可以为志愿者提供相互交流的一个平台。网站内开辟“志愿者天地”专栏，在网站精品论坛内，设有“文保活动”、“文物新发现”等讨论专区。文物保护志愿者每次文保单位义务安全巡视活动，会在论坛专区发帖公布该次文保单位的安全情况，这样时刻能够掌握和了解文物保护单位的安全状况以及志愿者的活动情况。

具体做法三：成立文物保护研究学会。

2012 年 7 月份成立了连云港市文物保护研究学会。

学会的宗旨是：坚持以马列主义、毛泽东思想、邓小平理论、“三个代表”重要思想和党的基本路线为指导，落实科学发展观，遵守宪法、法律、法规和国家政策，遵守社会道德风尚，贯彻“百花齐放，百家争鸣”方针，坚持民主办会原则，充分发扬学术民主，开展学术上的自由讨论；加强我市文物保护研究，组织学术交流，推动科学研究，提高研究人员的业务水平，充分发挥学会在学科发展中的组织、协调和导向作用；为了更好地保护好文物、提高研究水平，使本地的文物保护研究更上一层楼。

学会的成员构成有两大部分，一部分为从事文博专业研究人员，如文保所、博物馆、大专院校等单位的工作人员；另一部分为喜欢本地历史文化研究的、具有一定研究能力的社会人士。

我们采取网络及其他的渠道发布消息，主要是针对社会上热心文物事业的人士，通过报名、审核等程序收录为本学会会员。

以上三种具体做法，志愿者、网站、学会三者合为一体，相互补充。志愿者作为义务的文物安全巡视员，加强了文物保护力量；网站给志愿者提供一个交流的平台；学会是学术阵地，结合网站一起为本地文物保护研究搭建一个学习中心。这样三者相辅相成，为促进文物保护、文物研究有序发展起到一定的推动作用。

从志愿者队伍的筹备、运作以及网站的开通到现在，文物保护志愿者队伍为我市文物安全、保护方面做出了较大的贡献，并初见成效。

成效一：提高了不可移动文物的安全系数。

文物保护志愿者队伍与文物管理人员的安全巡视相互配合则可构成巡视网。志愿者在安全巡视过程中发现任何有危及文物安全的情况，能在第一时间把信息反馈给文物保护机构，使之得到及时的处理。并对文物主体上的杂草及周边环境卫生进行清理，使文物得到有效的保护。

成效二：提高了文物保护意识。

目前全社会文物保护的意识还比较淡薄，有意无意破坏文物的现象依然存在。通过文物保护志愿者，将加大文物保护知识的普及，对提高全社会的文物保护意识具有重要意义。

成效三：促进了文物保护工作的稳步发展。

通过志愿者的一系列活动，可以发现重点文物保护研究所在保护工作中的不足之处，便于今后在工作中进行调整、改进；通过志愿者的一系列活动，提高了文物保护工作整体的工作效率。文物保护机构有责任和义务指导志愿者开展活动，要为其提供必需的服务，并对其进行考核评价，这既是对文物工作者业务能力的考量，也是对文物工作者组织协调能力的锻炼。通过开展志愿者的活动，提高了文物管理部门的文物保护的能力和水平。[1]

（二）岩画周边保护设施的建设

1984年，在岩画周边用钢筋和水泥制作了长达100余米的防护栏。2003年，更换改用铸铁护栏长达200余米，用实木修建游览栈道和观看平台长达100余米，搭建管理活动板房两间。2012年，筹集资金100万，用方钢管和石柱更换保护栏长达300余米，用户外地板更换游览栈道和观看平台长达300余米，建造仿古建筑四间，作为岩画管理用房。

1．文物载体的保护

所谓的文物载体，也就是文物附属的山体。

【1】高伟：《浅谈如何利用社会力量加强地面不可移动文物的保护——以开展文物保护志愿者活动为例》，《江苏省文博论文集2011》，南京大学出版社，2012年。

将军崖岩画所处锦屏山地区矿产资源丰富，是中国四大磷矿之一。历经100多年开采，岩画下面400米是采空区，导致岩画表层出现大量裂隙。其保护遂与磷矿生产发生了矛盾，为争取岩画得以就地保护，连云港市委、市政府作出艰辛努力，连云港市文管部门则同时以全体文物工作者的名义给中央领导胡乔木、王任重同志写信吁请支持。1986年6月，连云港市人民政府受江苏省人民政府委托，主持召开了由全国文物、矿山、地质等各方面著名专家参加的“将军崖岩画保护论证会”，会议遵循《文物保护法》和胡乔木同志关于保护与生产要两全其美的批示，经过充分而热烈的讨论，将军崖岩画的就地保护终于得到妥善解决，采取保护措施——岩石锚索加固。

1989年随着岩画表面裂隙发展的加剧，经中国文物研究所专家黄克忠推荐，遂委托中国地质大学对其进行地质勘察，并提出《连云港市将军崖古岩画区环境地质病害及防治对策研究报告》，根据勘测资料，遂又委托总参南京工程兵学院、中国文物研究所和连云港建筑设计院分别进行将军崖岩画锚索加固及保护棚设计。1993年4月征得省文化厅和国家文物局批准，于同年10月22日开始至1996年10月30日结束。

将军崖岩石整体，采用直径12.7毫米高强钢绞线，每孔7根。锚固孔直径120毫米，共38个锚固孔，总长1035米，锚固孔最长36米，最短17米，锚索6.9吨。锚索孔的方位，基本与主裂隙平均方向为正交；各孔大致平行。锚固孔间距，一般控制在1.5米～3.0米范围内。设计锚索张拉强度为80吨，实际锚索的张拉强度为103吨。

通过大预应锚索在将军崖岩画的保护应用表明，岩画所在的危岩得到了明显的稳定。经过几年的观测，岩体比较稳定，加固效果理想，这也为以后此类石质文物的加固保护找到了一条新的途径。[1]

（三）文物本体保护，岩画表面防风化

1997年5月向省文化厅发出了《关于采取紧急措施防止将军崖岩画、孔望

【1】连云港市文物管理委员会办公室：《将军崖岩画锚索加固工程竣工报告》，1996年。

山摩崖造像文物表面风化的抢险报告》，并请转报国家文物局。这一报告引起了国家及省、市各级文物主管部门的重视，希望能尽快拿出保护方案。经过多年来的不断研究，在监测、环境、气象等方面取得了第一手资料。在国家文物局和省文物局的指导下，于 2002 年委托中国文物研究所对将军崖岩画和孔望山摩崖造像进行岩石防风化保护工程设计。中国文物研究所技术人员先后对这两处国保单位进行了多次的勘察，综合这两处石质文物的特性与共性，在资料分析与化学实验的基础上，制定了《连云港市将军崖岩画、孔望山摩崖造像石刻防风化保护工程设计方案》。该方案于 2003 年 4 月通过国家文物局专家组论证予以立项，2004 年国家文物局正式下文批复。该工程于 2005 年 9 月 14 日开始施工，于 2005 年 10 月底竣工。

工程竣工后，经过现场防水试验和强度检测，结果表明保护处理后的岩体防水效果良好，且加固后的岩体强度明显增加，保护处理后的岩体，基本保持了岩体的原貌，达到了画面清晰、岩体强度增加及防风化的目的。【1】

再次，将军崖岩画利用情况。

将军崖岩画从 1988 年正式向观众开放，迄今已接待中外游客数百万人次，收到了较好的社会与经济效益。

1982 年江苏省文物局批复做一套拓片给北京天文馆收藏并展出。【2】

1993 年国家文物局“关于复制古代天文文物的批复”，由地质矿产部第一综合物探大队对将军崖岩画（B）组按 1∶3 比例制作模型。【3】代表我国原始天文学的最高成就相继赴比利时和韩国等国展出。

最后，保护利用的一点思考和设想。

文物的保护，是一项长期而艰巨的任务。像岩画等不能移动的文物，常年暴露在大自然中，会受到不同程度的侵害。为了更好地保护文物，应建立长期的文物观测站。

【1】中国文化遗产研究院、连云港市文管会办公室：《连云港市将军崖岩画、孔望山摩崖造像石刻防风化保护工程——竣工报告》，2009 年。

【2】江苏省文物管理委员会（函）（82）文管办字第 42 号。

【3】文物局（93）文物博字第 1032 号《关于复制古天文文物的批复》；《连云港市将军崖岩画（B）模型制作协议书》（甲方：连云港市文物管理委员会，乙方：地质矿产部第一综合物探大队）。

观测站：将军崖岩画的防风化保护工程开展于2005年，迄今已经近十年时间。当时对危岩的裂隙预埋部分观测点，为掌握危岩裂隙变化提供重要数据支撑。为了更好地保护文物，准备建立对岩画载体、本体风化观测站，观测岩石风化程度。

岩画文物因受到日照、水浸蚀、地震等自然营力作用和环境污染、小气候改变等因素的影响，会发生粉化、变色、生霉、起甲、酥碱、劈裂、蚀空、凝浆、崩塌、倾覆等破坏形态。露天石质文物保护技术先从研究岩画的风化形态着手，进行风化成因分类，然后据气象要素、水害及潮湿环境的长期观测与记录，按岩画风化的深度系统取样，并进行岩石物理力学性质试验、岩石氧化物的化学分析、薄片鉴定及风化产物的差热分析、X射线衍射分析、光谱分析、扫描电镜观察等工作，找出岩画风化的主要病因后，采用点荷载强度试验及超声波试验，检测石雕风化的程度，再根据岩石化学成分随深度的变化，用物探电法及岩相鉴定等手段检测石雕风化深度。具体一点就是长期观测大气粉尘、风力、阳光、雨水、温度、湿度、酸雨等对岩石的损坏程度和速度，为保护风化积累一定的数据。

监控平台：连云港市的文保单位大部分在山上，分布较为分散，不便于管理。为了防止人为破坏、加强管理，准备对全市省级以上的文保单位逐步安装电子监控系统。将军崖岩画为第一批安装监控单位，视频画面传输至市文广新局监控中心，24小时不间断观测岩画周边环境的一切动态，做到发现问题可以第一时间反应，确保文物安全。

科学管理：将军崖岩画所处位置位于连云港市桃花涧风景区内。岩画是大景区内的一个小景点，一直有文物部门专人管理，文物部门单独销售门票（根据物价局审核批准）。

遵照国家发改委《关于整顿和规范游览参观点门票价格的通知》的具体要求，景区原则上不得设置园中园门票。即使取消岩画门票的销售，但是岩画还是由专职文保员管理，这样很容易和景区发生协调上的矛盾。为了解决这一问题，也为了便于管理，近期准备和景区协商，把岩画小景点交给景区统一管理。日常的管理由景区负责，文物管理部门把重点放在文物保护上。这样做到文物管理部门和景区各负其责，目的是保护好文物，同时又能使文物得到充分的利用。

总之，文物是中华民族文明的一个象征，具有历史、艺术和科学价值的历史遗存，加强保护历史文化，给后人留下宝贵的文化财富，促进精神文明建设，促进当地经济发展。

文物是先民留给我们的珍贵的文化遗产。经过历史长河变迁，随着时间的推移，能够留传于世的文物会越来越少。文物的不可再生性决定了文物一旦受到损坏，就永远不能复原。

文物作为历史文化的载体，是研究历史的第一手史料，在无文字记载的历史发展阶段中，没有文物资料，就没有历史研究可言。这些现存的大量文物资料，还在被利用、借鉴和继承，成为发展繁荣现代科技、文化、艺术不可缺少的条件。保护好文物对于建设具有中国特色的社会主义学术、科技、文化有重要意义。

【高伟】 江苏连云港市重点文物保护研究所

将军崖岩画局部

将军崖岩画

Thoughts about the Preservation and Development of Rock Arts

—A Case Study of Jiangjunya Petroglyphs, Lianyungang City

Gao wei

This paper gives brief information about the Jiangjunya Petroglyphs at Lianyungang city, Jiangsu Province. A further discussion regard to the history of Jiangjunya Petroglyphs is extended by the author in accompany with an illustration of current situation of preservation, as well as strategies and measures being applied in order to make sound preservation. In 1997, since the Institute to Preserve Jiangjunya Petroglyphs had been founded by the local government, a series of systems and mechanisms, including the development and preservation system of the cultural relics by volunteers, the association for preservation of cultural relics and website in this regard, were established to form a systematic approach in order to fulfill the preservation of these cultural relics. While volunteers are playing a role in the process of the preservation, the website is providing an exchange platform in accompanying with comprehensive studies of the cultural heritage by scholars. In wake of these approaches, the preservation of the cultural relics is in sustainable development locally while community awareness of preservation is enhanced dramatically. Therefore, great achievements have been made, such as prevention of rock weathering, facilities providing for preservation, and elimination of risks at the surroundings of relics.

Preservation of cultural relics is a long-term and arduous task. Rock arts are unmovable cultural relics, though they are sun-scorched and rain-drenched year by year, resulting in damage at different degrees. For the sake of preservation of these cultural relics, an observation station and a monitoring system with scientific management and cooperation must be developed as rock arts are actually a symbol of the Chinese civilization with unique history, and artistic and scientific value. Fundamentally, they are worth to be preserved for the future generation.

Gao Wei: head of Research Institute of Cultural Relics in Lianyungang City, Jiangsu Province

将军崖岩画的保护护栏施工现场

完工后的将军崖岩画的保护护栏

将军崖岩画考察调研

关于岩画保护方法的思考
——以宁夏岩画为例

杨 惠 玲

岩画，是全世界人类的共同财富和一种世界性的文化现象。我国是世界上岩画资源最丰富的国家之一，据中国岩画研究中心的初步统计数据表明，“截至2012年9月，我国境内的岩画分布在29个省级行政区，100个地级行政区，219个县级行政区，428个村级行政区，共991个岩画点，5375处岩画，18662幅画面，150000余个单体图像”。[1]

我国也是最早发现并记录岩画的国家，早在公元前3世纪即有赵主父派工匠“刻疏人迹”的记载。但限于各种历史原因，无论是新近发现，还是研究成果，中国岩画界长期陷于不被国际岩画学界了解、认知的尴尬境地。1984年刊发的《世界岩画研究报告》一文中，关于我国岩画仅仅只有“目前来自中国的消息几乎没有”的记录。

“21世纪以来，岩画研究深入发展的主要标志是作为一门独立学科而日渐成熟和完善。20世纪70年代末80年代初，不仅是我国，全世界都迎来了岩画学的热潮和兴盛。”[2]

20世纪80年代至90年代，适逢在全国范围内开展第二次文物普查，使得众多沉寂多年的岩画相继在许多省区被发现。这些发现随之也引起了我国考古

【1】采自中国岩画研究中心数据。

【2】汤惠生：《岩画学：作为一门独立学科的发展》，《2009年第二届中国·银川国际岩画学术研讨会论文集》，银川国际岩画学术研讨会印，2010年。

学界、艺术界对岩画的重视和研究热潮。其后，陈兆复、盖山林、李福顺、蒋振明、李祥石等先生先后加入国际岩画委员会，以及分别于1991年、2000年在中国宁夏召开两届国际岩画研讨会的影响，自此以后，中国岩画界才逐渐在国际岩画学术界有了自己的声音和话语权。

一、我国岩画保护的现状及缘由分析

目前，我国已有多处岩画遗址被先后公布为全国重点文物保护单位，如江苏连云港将军崖岩画（1988年）、广西花山岩画（1988年）、宁夏贺兰山岩画（1996年）、内蒙古阴山岩画（2006年）等。这些地区的岩画无论从分布地域的广泛来看，还是就岩画数目的发现总量而言，无不呈现出规模宏大、气势雄伟的特点，具有非常独特的文化价值，完全符合《世界文化遗产名录》的收录标准。但是截至2013年7月，我国的世界遗产总数已达45项，却不含一处岩画遗址。入选《中国世界文化遗产预备名单》的岩画遗址也仅有广西花山岩画和内蒙古阴山岩画两处。对我们这个具有丰富岩画遗产资源的泱泱大国而言，不能不说是一种缺憾。这也从一个侧面反映出作为一种文化的、社会的、历史的知识源泉，岩画的价值在我国大部分地区仍然被人们严重忽略了。

另一方面，随着现有生态环境的日益恶化，许多地区的岩画受风化、水蚀、风蚀、酸雨侵蚀等因素影响，石面出现裂隙、剥落等现象，原本清晰的图案也渐渐模糊难辨；加之人为因素影响，比如功利性的收藏与开发性损坏、因公众保护意识较弱而造成的无知或恶意的破坏、基础建设力度的加大、道路修筑、大气污染加剧，以及其他活动，致使岩画数量明显减少。因此，当前如何对我国濒临危险境地的岩画进行有效、及时、合理的保护就显得刻不容缓。

纵观全国岩画保护工作，形势实不容乐观。各地对岩画的保护力度虽在逐渐加大，在保护、旅游开发等方面也进行了多方尝试与探索，先后投入了大量的经费和人力。如江苏连云港对受损的将军崖岩画岩体采取了防风化处理的保护措施，针对多种病害广西开展了花山岩画维修工作，内蒙古为了减少盗取现象安装了数字遥感监控系统，这些率先将先进技术、设备应用于岩画保护和监测管理中的举措，的确产生了较好效果。不过，这些措施也仅在少数地区得以实施，限于资金和人力，绝大部分地区的岩画保护程度仍停留在较低水平上。

而这种因地区间发展不平衡出现的差异进而又限制了彼此资源或经验的共享。

谈到法制保护手段，目前也仅有宁夏回族自治区、广西壮族自治区两个岩画大省颁布了针对岩画的专项保护条例——《宁夏回族自治区岩画保护条例》与保护办法——《广西壮族自治区左江岩画保护办法》。其他地区则多存在岩画保护相关法律法规不完善，或出现执法不严、缺乏有效的制约监督机制等不良现象。同时，各地在将岩画作为旅游资源进行开发、利用时，又多出现了过度地、掠夺性开发等严重问题。虽然在2002年修订《文物保护法》时就已明确规定了文物工作的基本方针是“保护为主、抢救第一、合理利用、加强管理”，规范了保护与利用的关系。但一些地区的管理机构对经济效益的重视远超社会效益，往往忽略教育、文化、道德、伦理及社会等功能。从而使得现阶段实施的岩画保护手段、方法、技术及管理理念都相对滞后，无法满足当前我国岩画保护的实践需要。

究其原因，不难看出我国在岩画保护方面实施的措施并非都能行之有效，先进保护技术手段与专业人才的缺少，统一通用的保护标准的缺乏，致使一些岩画保护的基础工作依然薄弱，而管理人员的保护理念更有待更新。

总之，资金不足、专业人员缺乏、保护程度参差不齐、缺少必要的理论指导和科学有效的保护方法等诸多原因，束缚了我国岩画保护水平的整体发展。

随着科技不断进步，当前有必要针对我国岩画保护现状，从基础研究、保护思路、保护修复、预防处理、分析方法、材料和工艺等方面入手，对现已实施的岩画保护方法进行反思，总结利弊，重新认识其现实意义，加快推进岩画记录规范化和标准化，在合理利用现代化科技手段的基础上，从根本上改变当前保护不力或无力保护的局面，更好地促进我国岩画保护事业的良性循环和可持续利用发展。

二、对岩画保护方法的思考

岩画保护是一个世界性的难题。其实，从发现岩画的那一刻起，就有了岩画的保护工作。随着当前岩画保护范围的不断扩大，保护程度的逐步提高，我们对岩画保护的方法、类型和内涵的认识也应更趋深化，它应随着时间推移、研究深入与技术进步，不断延续与发展。岩画研究是多学科、多角度的，岩画保护也应是多方面、多角度的，主要应包括以下五点：

（一）法律保护

在一切保护手段中，法律保护是最为有效的一种。颁布法律法规，遏制一切破坏活动，确保岩画具有完善的法律“保护伞”。

在我国，《宪法》《文物保护法》这两部法律既是文物保护执法的准绳，也是守法依据。“1982 年颁布的文化领域的第一部专门法律《文物保护法》，标志着中国以文物保护为中心内容的文化遗产保护制度已经形成。”[1] 随着经济社会的高速发展，对不断涌现出的新形势、新问题、新情况，《文物保护法》又面临修订的必要，目前已在全国展开了讨论和修改意见征集工作。鉴于中国拥有如此丰富的岩画资源，如有可能，专家、学者们应借此次修订《文物保护法》这一时机，呼吁可否针对岩画保护制定一个在全国范围内都能较为普遍实施的专门条款，或视国情制定《中国岩画保护条例》。

宁夏政府已深刻认识到宁夏境内文化遗产的重要性，对宁夏岩画事业的发展也一直极为重视和支持。目前，宁夏共有全国重点文物保护单位 35 处，自治区文物保护单位 143 处，市县文物保护单位 264 处。其中，贺兰口岩画为全国重点文物保护单位，1 处；贺兰山岩画、四眼井岩画、大西峰沟岩画、大麦地岩画、黄羊湾岩画、石马湾岩画、白芨沟赭色岩画为自治区文物保护单位，共 7 处；香山岩画为县文物保护单位，1 处。[2] 即共有 9 处岩画遗址被列为不同级别的文化保护名录中，占现已发现的岩画遗址总数的四分之一强。

岩画是宁夏最丰富的文化资源，针对“岩画”这一特定的保护对象，有关部门制定了专门的配套性法规。2003 年 7 月颁布了《银川市贺兰山岩画保护条例》，这是我国在岩画保护方面出台的第一部地方性法规，填补了我国没有岩画保护专项法规的空白。经过几年实践检验，又在此基础上进行了多方调研和修改完善，2011 年 8 月 5 日，宁夏回族自治区十届人大常委会通过了《宁夏回族自治区岩画保护条例》，于 2011 年 10 月 1 日起正式施行。这是我国省级人大常委会制定出台的第一部关于岩画保护的地方性法规，也标志着宁夏对岩画

【1】单霁翔：《文化遗产保护与城市文化建设》，中国建筑工业出版社，2009 年。
【2】采自宁夏回族自治区文化厅主编的《宁夏文化遗产名录》。

遗产保护法制建设的进一步加强和日趋有序化。不过，该条例自颁布后，由于缺乏及时、广泛、密集、长期的宣传报道，并未扩大预料中的舆论影响。

（二）岩画记录

这里的岩画记录是指对岩画进行科学、规范、全面地记录，建立数字档案，对岩画的诸多价值正确、理性地认识和掌握，出版研究成果。科学、真实、完备的记录是一切岩画研究和保护的基础。随着信息技术的发展，在现代科技极大地应用于文物保护研究的今天，借助于成熟的数字信息技术，将岩画资料实现数字化保护与存档，是一项重要的工作。联合国教科文组织从 1992 年就开始在世界范围内推动文化遗产数字化项目“世界的记忆”（Memory of the world），我国岩画学界业已认识到这一重要性，专门的岩画保护方法研究也引起了学术界的普遍关注。在 2012 年 10 月召开的一次会议上，国内的众多学者一致倡议加强国内岩画调查、记录程序的规范化及在岩画保护中引入科技。

“所谓数字化保护与存档，是指利用先进的二维三维扫描、数字摄影、三维建模与图像处理等技术，实现文物图形与纹理等信息的高精度采集与保存，在计算机中建立相关的数字模型，为文物的信息共享、保护修复、考古研究、参观观赏与开发利用等提供准确真实的数字化素材。”[1]

近年来，对岩画的保护成为宁夏文化遗产保护的一个重要内容。其中，数字保护渐渐成为一股重要力量。如何将其融入保护中，在这方面宁夏率先做了有益的探索与尝试。从 2004 年起，宁夏岩画研究中心就对境内多个岩画点进行了大规模普查，通过对岩画遗址信息，包括地形地貌、气候、植被、矿物资源的特征和空间位置、面积范围、保存情况等资料的采集，实现了对岩画全方位、深层次地记录；为建立宁夏岩画数据库和今后开展保护、研究工作提供翔实数据奠定了基础。

宁夏文物部门对岩画保护的支持和重视，也促进了岩画研究的发展壮大，宁夏本地已经涌现出一批研究岩画的学者群，近年来并不断有研究论文与专著问世。这些学术著作从不同学科、不同角度较为全面地展示了宁夏岩画界在研究方面取得的成果。

【1】 彭冬梅、潘鲁生、孙守迁：《数字化保护——非物质文化遗产保护的新手段》，载《美术研究》2006 年第 1 期，第 53 页～55 页。

此外，宁夏岩画研究中心还创办了《岩画研究》年刊，这是目前我国岩画学界唯一的一个持续出版的学术刊物。出版后受到众多专家、学者们的称赞。

（三）岩画管理

岩画管理是指设立专门的管理机构，不仅要以宏观的视角管理岩画，也要管理岩画的周边环境，二者要统一实行管理，不能分割。

岩画是不能脱离原生的自然环境和人文环境的。所以，对岩画的保护不应只局限于对特定岩画石面和岩画遗址的单一性保护，也应对岩画的原生态环境和历史风貌的综合性保护。为满足现代需要而对岩画周边环境的任何改动，都会损害其完整性和真实性。国外在这方面有成功的案例，越来越多的岩画遗址和周边环境一起入选《世界遗产名录》就是最好的佐证。如著名的澳大利亚卡卡杜国家公园、1982 年入选的阿杰尔高原的塔西利、2000 年入选的南非夸特兰巴山脉／德拉肯斯堡山公园、2003 年入选的印度比莫贝卡特石窟、津巴布韦的马托博山区。这些事例说明了国际上对岩画周边环境原生态程度的重视和对岩画综合的、整体价值的深刻解读，二者从来都是密不可分的。

为准备 2000 年 9 月召开的第二届宁夏国际岩画研讨会，宁夏地方特地修筑了从银川市至贺兰口岩画点的道路，并整饬、改善了贺兰口岩画保护区的基础设施及周边环境。

银川市还成立了贺兰山岩画管理处，专门负责保护和管理银川市境内、贺兰山东麓 12 个山口的岩画遗产，并相继完成居民的搬迁和土地征用工作，恢复了该地区的环境旧貌，并编制了《贺兰口岩画保护总体规划》。贺兰口岩画景区自 2000 年 9 月实现对外开放后，无论是进行开发建设时，还是开展保护、研究上，管理者始终秉承尽可能降低和淡化现代痕迹及影响这一重要原则，既要做到有效保护贺兰山岩画本体及其环境景观，又不能改变其真实性和完整性，而在具体实施过程中，一旦发现问题就及时调整解决。通过多年来大力宣传、推介，使公众对岩画的了解程度从最初的完全陌生逐渐达到了现在的熟悉认知。

（四）岩画的宣传教育

对公众应因势利导，搭建公众参与的平台，开展多种形式的宣传、教育，主要包括博物馆展示、开展公众考古、打造遗产旅游品牌等，以灵活多样的模式吸引公众自觉参与，实现保护成果共享。改变“政府热，公众冷”的现象，形成人人关心和参与岩画保护的良好社会氛围。

对文化遗产的保护与否，体现了一个国家、一个民族的文化素质与文明程度的高低。我国从2006年起，将每年6月的第二个星期六作为“文化遗产日”，这一举措体现了国家对文化遗产的重视程度。

为增进社会公众对宁夏岩画的了解，逐步提高公众对文化遗产的保护意识，宁夏岩画研究中心曾在2008年度的“文化遗产日”来临之际，在“宁夏日报”上刊登了《珍贵的文化遗产——宁夏岩画》一文，专题介绍了宁夏岩画保护近年来取得的丰硕成果。并积极与企业合作，充分利用报刊这一大众媒体，发挥其独特的传播能力和造势效应，举办了“中国移动宁夏杯”岩画知识有奖竞答，得到了广大读者的积极响应。这一活动让公众在参与的同时了解到文化遗产保护的重要性，对保护文化遗产理念成为全社会的自觉行动和共识起到了很好的效果。

对公众宣传的另一个手段则是通过面向公众免费开放的博物馆，借助声、光、电等展览手段，力争做出特色，赋予展览更新、更深的内涵，使观众在了解、掌握文化遗产知识的同时得到艺术的享受，加深感知。

宁夏的省级博物馆——宁夏博物馆自2008年启用新馆后，在一楼专设有“石刻史书——贺兰山岩画”展厅。他们对原有的《贺兰山岩画展览》做了大幅度修改和细节丰富，一改传统展示手段，增加了许多充满创意的设计。在展厅内复制有巨大的赭石色岩石拱门，逼真的贺兰山山体，反映先民们真实生活的模拟场景……这些对现实环境的复制，再加上环绕的立体声效，令观众有强烈的历史穿越感和沉浸感，提高了观众的参观兴趣。

同年11月在贺兰口岩画遗址公园开馆的“银川世界岩画馆”，是目前世界上规模最大的岩画博物馆，也是国内唯一的岩画专题博物馆。自开放后，前来参观的人也是络绎不绝。该馆不仅拥有丰富展品，还设有多媒体查询系统，可让观众从不同角度更深入地了解贺兰山岩画及世界各地的其他岩画。

（五）岩画的利用

利用是指适度开发、合理利用，形成良性循环。岩画具有不可再生性和唯一性，一旦被破坏，就永远也无法挽回。贺兰口岩画遗址公园自2000年对外开放后，由于参观人数激增，给当地带来了较好的经济效益，但也产生了诸如旅游垃圾、噪音污染等问题。经过整治后，逐渐形成良性循环。自2008年至今，管理者结合旅游，已连续五年举办了贺兰山岩画艺术节暨国际岩画学术研讨会等一系列活动。去年，他们又将“现代科学技术与岩画保护”定为主题，探讨运用现代科技手段保护岩画。通过举办岩画艺术节，搭建国内外岩画界同仁学术交流的平台等运作，已渐渐打造出贺兰山岩画文化旅游的品牌效应，有效扩大了贺兰山岩画文化的知名度和美誉度。

此外，他们还与大学联手，“宁夏大学将利用学校教学资源为景区提供中高层管理人员及从业人员培训。同时，针对贺兰山岩画文化旅游发展所面临的突出问题及企业管理等方面的实际问题开展科学研究，并为景区提供企业文化建设、市场调研、营销策划、旅游产品开发规划等服务。贺兰山岩画景区则根据宁夏大学人才培养计划和企业经营发展方案，为宁夏大学人文学院旅游管理系学生提供教学实践机会。”【1】，双方互惠互利，实现双赢。

经过多年科学规划和有序建设，贺兰口岩画遗址公园已成为国家4A级旅游景区、被建设部公布为首批中国国家自然与文化双遗产名录，并被评为“中国最值得外国人来的50个地方之一”，成为当代游览宁夏的新看点。

三、结语

经过多年的努力，宁夏在岩画研究、保护等方面都已步入良性发展的正轨，对丰富的岩画资源的开发、利用也取得了显著成效，开创了区域性的岩画保护和文化旅游事业和谐发展的新尝试。

不过，面对我国错综复杂的岩画保护形势，深感应加快岩画科学记录的标准化进程，广泛开展地区间合作，实现地区间的信息共享，及时用先进的标准来检验我们在保护、管理方面的工作、经验是否真正行之有效，从而推进宁夏岩画乃至全国岩画保护逐渐走向法制化、规范化、制度化的管理。

【1】杨薇：《成宁大文化旅游教学研究基地》，《银川晚报》，2012年5月18日。

参考文献：

1．张凌云、刘威：《欧洲文化遗产保护及对中国的启示》，载《世界地理研究》，2010 年第 9 期，第 168 页～ 176 页。

2．姚蔚玲：《宁夏沿黄城市带文化遗产保护面临的问题和对策研究》，载《宁夏师范学报》，2010 年第 10 期，第 97 页～ 100 页。

3．朱兵：《我国文化遗产保护法律体系的建构》，载《中国人民大学学报》，2011 年第 2 期，第 2 页～ 9 页。

4．彭冬梅、潘鲁生、孙守迁：《数字化保护—非物质文化遗产保护的新手段》，载《美术研究》，2006 年第 1 期，第 53 页～ 55 页。

5．李玉玲、曲天任：《浅析旅游开发中文化遗产保护的法律问题》，载《行政与法》，2008 年第 8 期，第 126 页～ 127 页。

6.李华明:《中国岩画与世界遗产法律保护》,载《广西民族学院学报》,2004 年第 11 期,第 177 页～ 180 页。

【杨惠玲】女，河北省保定人，宁夏岩画研究中心副研究员。主要研究方向：岩画学、艺术人类学。

In-Depth Reflection of Rock Art Conservation in Ningxia
—A Case Analysis

Yang Huiling

It is a serious problem about how to implement a comprehensive conservation and rational utilization for rock art in the world. As the wider range on conservation of rock art and the gradual improvement of the degree of conservation, it should also study deeply in our understanding of rock art conservation method and type. As time goes by, it must change and develop in-depth study and technological progress. As rock art research is multidisciplinary, multiple vision, rock art conservation methods are also multidisciplinary, multiple perspectives. The essay makes a case analysis of Chinese rock art conservation system from the following perspectives: 1.to promulgate laws and regulations; 2.to realize digital through scientific, standardized and comprehensive records; 3.to set up specialized management institutions; 4.to improve the occasion to the public to carry out various forms of propaganda and education; 5.to moderate development and reasonable utilization of resources and to form a virtuous cycle.

It should accelerate the process of the standardization of rock art scientific record to cope with the increasingly complex rock protection situation. Otherwise we should have extensive cooperation between regions. We should realize information sharing. At last, we should put Ningxia paintings and all Chinese paintings protection into legalization, standardization and institutionalization.

Yang Huiling, Associate Researcher fellow, Ningxia Rock Art Research Institute

Address: 121,Limin Street, Xingqing District, Yinchuan, Ningxia Hui Autonomous Region 750001 P.R.China   Mobile:86-13995108497   E-mail: yang.hll@163.com

浅述银川市贺兰山岩画文化旅游品牌打造

李 建 平

银川市贺兰山岩画是贺兰山文化的魂，是镶嵌在贺兰山东麓的一串璀璨明珠，为了全面深入地探讨远古人类在贺兰山上留下的宝贵文化财富的内涵价值，贺兰山岩画的保护管理和开发利用，始终坚持以“保护为主，抢救第一，合理利用，加强管理”的文物工作方针和“保持原始、拒绝现代、顺其自然、无为而治”的理念进行。在贺兰山岩画的保护开发过程中，我们坚持“以保护传承为目的，以合理开发促保护”为指导，正确处理协调保护管理和开发利用之间的关系，使保护管理和旅游开发基本进入了良性发展轨道。为系统研究、实践探索贺兰山岩画文化旅游品牌打造工程，为岩画文化资源支持当地经济社会建设添砖加瓦。现围绕银川市贺兰山贺兰口岩画的保护管理和开发利用情况探讨此重大问题，望能推动岩画事业全面发展。

一、贺兰山岩画文化旅游品牌打造的重要意义

贺兰山是宁夏回族自治区和内蒙古自治区的界山，南北绵延 250 公里，在贺兰山东麓 27 个山口及山前洪积扇、荒漠草原上分布着数以万计的古代岩画。贺兰山自古以来就有猃狁、西戎、羌氐、匈奴、鲜卑、柔然、突厥、吐蕃、党项、蒙古等北方少数民族在这里长期游牧、繁衍生息，留下了极为珍贵的古代先民历史画卷——岩画。这些岩画揭示了原始氏族部落自然崇拜、生殖崇拜、图腾崇拜、祖先崇拜的文化内涵，是研究中国人类文化史、宗教史、原始艺术史的

文化宝库。

贺兰口岩画保护区，是贺兰山岩画的富集之地，也是贺兰山岩画的代表地。保护区内拥有 5679 幅岩画，占整个贺兰山岩画总数的三分之一，记录了远古人类 3000 年前至 10000 年前放牧、狩猎、祭祀、争战、娱舞、交媾等生活场景，以及羊、牛、马、驼、虎、豹等多种动物图案，其中不同风格的人面像岩画就有 708 幅。贺兰口岩画因其表现形式丰富、分布区域集中、文化内涵深厚、距离城市近而闻名于国内外，是中国和世界著名的岩画分布点。

贺兰口岩画在世界古文化中有着巨大的影响力，上世纪 60 年代末期开始被发现，后随着当地文物部门的介入调查，这些岩画便在考古学界、艺术史学界、宗教史学界和民族史学界引起了的轰动。1991 年和 2000 年，联合国教科文组织所属的国际岩画委员会在亚洲召开的两次年会选在银川召开之际，包括我国在内的 13 个国家 130 余位参会代表实地参观了贺兰山贺兰口岩画，对贺兰山贺兰口岩画的独特价值给予了极高评价。2002 年，法国著名史前历史学家简·皮埃尔·摩亨博士（jean—Pierre.Mohen）在巴黎出版的《史前艺术》（Prehistoric Art）中，附录一张“世界主要岩画分布图”，在中国只标注了两个岩画点，其中一个就是宁夏贺兰口岩画。

贺兰口岩画在 1996 年被国务院公布为全国重点文物保护单位，1997 年被联合国教科文组织国际岩画委员会列为非正式世界文化遗产名录，2004 年启动申报世界文化遗产。2006 年贺兰口岩画作为“宁夏贺兰山——西夏王陵风景名胜区”的重要组成部分，被建设部列入《中国国家自然遗产、国家自然与文化双遗产预备名录》。最近，宁夏著名学者高嵩先生经过对贺兰口岩画内容的多年研究，提出“贺兰山是不周山，贺兰口岩画保护区所在地是共工怒撞不周山和女娲补天所在地，是中华民族历史文明的发源地”。如果此说属实，贺兰口岩画保护区将成为我国古文明探秘最为丰富、最具文化内涵的少数地方之一，对探求中华文明起源意义重大。

随着贺兰口岩画十多年保护开发的不断推进，目前贺兰山贺兰口岩画已成为中外学者参观、考察的主要对象。因贺兰口岩画在世界岩画中占有独特地位，故对研究中国古代历史、文化、科学、宗教、绘画将具有十分重要的考古价值，对贺兰口岩画进行保护管理、研究利用、弘扬传承责任重大、意义深远。

二、贺兰山岩画文化旅游品牌打造的措施经验

十多年来，贺兰口岩画在自治区、银川市两级政府主要领导的关怀、领导下，在保护管理和开发利用方面取得了许多成熟经验，成效显著，主要体现在以下几个方面：

（一）以岩画文化资源保护管理为重点工作

1．成立了我国第一家岩画保护管理专门机构。2000 年 4 月底，贺兰口岩画由自治区林业局代管移交银川市保护管理。2000 年 7 月，银川市政府主要领导召集有关部门负责同志在贺兰口召开现场会议，专门研究贺兰口岩画保护管理与开发利用事宜，会议决定成立“银川市贺兰山岩画管理处”，为市政府直属正处级事业单位，承担银川市境内贺兰山岩画的保护管理和贺兰口岩画的保护利用工作，由市编制部门按程序报批。2000 年 8 月，市政府成立了以市长为组长的“银川市贺兰山岩画保护开发领导小组”。与此同时，银川市贺兰山管理处开始筹建，并投身文物保护和开发利用工作。2002 年 6 月，银川市贺兰山管理处经自治区编办批准正式成立。其工作职责是保护管理包括贺兰口在内的银川市境内贺兰山东麓 12 个山口的岩画，以及保护开发建设贺兰口岩画景区。据我们了解，银川市贺兰山岩画管理处是我们国家第一个岩画保护专门机构，这项举措为其他地方的岩画保护开发起到了带头示范作用，赢得了一些文物专家的赞誉。

2. 启动对贺兰山岩画的客观调查、科学编号、详细记录工作、科学建档工作。对岩画进行客观调查、科学编号、详细记录，是保护管理和开发利用的先决条件，更是对岩画实施有效保护管理的基础。从管理处筹建那天起，我们首先对贺兰口岩画进行了普查记录工作。工作人员顶严寒、冒酷暑，对贺兰口沟口内外约 12 平方公里范围内的山体、沟梁、乱石滩进行分区，按不同时段反复踏勘、摸排调查，经过 3 年多的努力工作，截止到 2003 年 5 月底，共编号记录贺兰口岩画保护区岩画 2318 组，单体图案达 5679 幅。比《贺兰山岩画》和《贺兰山与北山岩画》中记录的整个贺兰山岩画平均总数 1743 组多 451 组；是上述两本书中记录贺兰口岩画最高数 246 组的 8.9 倍；上述两本书记录贺兰口岩画单

体图案平均数 571 个的 9.6 倍。

2003 年以后，我们将工作重点放在对贺兰山东麓银川市境内的其他山口的岩画进行普查记录上面，截止到 2013 年 4 月底，我们共普查记录了贺兰山东麓小西峰沟、插旗口、小贺兰口、韭菜沟、苏峪口、回回沟、小水吉口、滚钟口 8 个山口内外的岩画，新发现率超过了 40%。在探索科学记录的过程中，我们对普查到的每一幅岩画所处的地理位置、环境、卫星定位数据进行细化记录，然后分别用照相、拓制、印摹、绘画等方法对每一幅岩画进行记录，最后按类别建档，分别用纸质、电子长期贮存，并采用拍照和线描相结合的方法将这些岩画全部记录在案，并录入微机。由于受管辖范围大、地貌复杂和人才经费不足等因素影响，岩画资料的收集和建档将是一项长期系统的工作。

3．从法制层面做好贺兰口岩画的保护管理工作。完成了贺兰口景区的地形测绘和岩画分布图绘制工作，划定了贺兰口岩画保护区范围，为进一步保护管理和开发建设贺兰口岩画景区提供了合法保障；编制报批《银川市贺兰山贺兰口岩画保护总体规划》，形成岩画景区保护管理和开发旅游资源的纲领性文件；制定出台了我国第一部岩画保护类地方性法规——《银川市贺兰山岩画保护条例》，为保护管理开发利用岩画景区旅游资源提供了法律保障；完成了《银川市贺兰山贺兰口岩画 2004—2005 年抢救性保护设施建设项目可行性研究报告》、《贺兰口岩画“十一·五”保护规划》、《贺兰口岩画“十二·五保护规划”》，为岩画阶段性保护提供了项目立项保证；提高贺兰山岩画知识产权保护意识，进行网上域名和部分岩画图案注册，避免恶意抢注，不利于品牌打造。

4．从技术层面推动贺兰山贺兰口岩画岩面保护探索工作。岩画的本体保护问题，一直是人们关注的焦点，为了解决岩画岩面风化、雨蚀、剥落问题，在完成贺兰口岩画岩面保护及防风化处理课题研究的基础上，通过资质部门编制了《贺兰山岩画本体抢救性保护方案》，探索贺兰口岩画的科学保护规律。目前该抢救性保护方案已通过国家文物局的批准，正在小面积试行当中，将为延长贺兰山贺兰口岩画遗产保存时间提供基础性材料和科学依据。

5．采取有力措施避免开发过程中对贺兰口岩画造成的破坏。对岩画保护区内的 24 户村民进行了异地搬迁安置；对贺兰口沟口内外的环境进行了大面积治理，对保护区内原住农民房屋、原有的石砌羊圈、果园墙、田园墙进行了修整，注重人工构筑物与保护区大环境协调，完成景区功能分区，修建污水处理和垃圾转运设施，统一标识说明系统风格，强化了贺兰口保护区独有的原始、古朴、优美的自然生态环境，做好与岩画共生存环境的保护工作；设置防护围栏、界桩，严禁游客车辆进入核心保护区，防止减少汽车尾气等有害气体对岩画的影响；为保障岩画和游人的安全，在贺兰口岩画保护区所有开放的岩画点危险路段，设置了总长500米长的防护栏，防止参观者对岩画触摸、踩踏、刻画，进行人为破坏；安装使用了电子安全监控系统，24小时对开放区岩画进行监控；健全完善安保制度，层层签订安全责任书，建立安保分队，按时巡查，保障岩画不出现人为破坏。

（二）全面推进岩画文化旅游资源开发利用

1．畅通参观道路。推进景区内外畅通工作，通往景区内不同游览点的道路，随使用功能不同而各具特色，既有电瓶车通行的硬化道路，又有适于游人步行的环形砾石便道、登山台阶、卵石小路和小草固定石面的生态步道，景区内道路总长达5000多米，使游客饱赏美景，尽情游览。

2．完善基础设施。在按规划建设的前提下，建设完善与景观协调的旅游基础设施设备，景区停车场、售票处、游客服务中心、“太阳神”广场、银川世界岩画馆、高档卫生间，全部建设齐备，具备中、英、日、韩语言的讲解导览设施设受到游客的青睐。这些基础设施的日趋完善，为游客提供高质量服务的同时，也使景区的品位档次得到极大提升。

3．大力开发旅游纪念品。根据市场需要，开发以贺兰山岩画为主的旅游纪念品，目前已设计生产的岩画类旅游纪念品，有岩画复制品拓片、岩画陶艺、岩画石雕、岩画服装、岩画布艺挂毯、岩画邮品（有岩画邮票、岩画明信片、岩画首日封）、岩画小挂件、岩画书籍资料、岩画电子资料等近20个大类，这些旅游纪念品对岩画的宣传起到了极大的促进作用，延伸拓宽了岩画文化旅游产业的发展道路；

（三）大力开展宣传营销和对外交流工作

1．丰富宣传手段。为提高人们对岩画的关注度，使岩画文化拥有广泛的群众基础，我们采取较多的宣传手段：一是创办贺兰山岩画网站、内部报纸和

《世界岩画》杂志，开发岩画馆系列光盘，出版《贺兰山贺兰口岩画保护》、《贺兰口岩画精品解读》、《岩画学术论文集》书籍，排练岩画情景剧、舞蹈等各项措施，有力地激发了岩画蕴藏的潜在价值，推动了贺兰山岩画文化品牌打造工作，为贺兰口岩画争取各方保护资金提供了条件；二是利用各种渠道，借势宣传，参加在全国重点客源市场的宣传促销、各类媒体宣传、学术交流活动、发放印刷品、电子网络等进行宣传，取得了事半功倍的效果。这些宣传手段的运用，为宣传贺兰山岩画文化品牌起到了很好的效果，有力地推动了贺兰山岩画文化品牌打造工作。

2．强化市场营销。在营销策略方面，认真分析景区旅游资源特点和优势，在对各类统计数据进行科学分析的基础上，明了客源市场分布和游客类型，确定了景区市场营销方法，针对潜在客源市场的构成和需求特点，实施有区别、有重点的促销行动。制定旅游营销制度和具体的操作办法，主动与旅行社、会议团体、政务接待主管人员联系，派专人每月到各旅行社、大型宾馆、政府接待单位进行信息交换反馈，力促其工作积极性。这种务实促销办法的实施，既节约了促销成本，又达到了传递信息、吸引客源的目的。

3．重视信息互动交流。近5年来，在对外交流方面，我们以加强岩画文化价值研究、利用、交流为工作重点，依托银川世界岩画馆（银川岩画研究交流中心），挑头建立了与国内外岩画界的联系机制，大力推动中国岩画事业发展；连续举办了五届贺兰山岩画艺术节，成立了“中国岩画保护研究联盟”，促进了中国岩画保护利用事业的蓬勃发展；邀请陈兆复、盖山林、龚田夫、张亚莎等国内著名岩画专家到银川世界岩画馆指导工作，传授研究方法，有力地推动了贺兰山岩画事业的发展；开展了“和春天约会、与文化交融”，“畅游银川世界岩画馆、创意我的学习天地”、“小嘴话岩画——小学生暑期夏（冬）令营活动”等休学之旅系列活动，接待学生近20000人次，大力地推动了贺兰山岩画的保护研究和岩画知识普及教育工作，促动了岩画文化内涵的发掘、利用和交流互动工作，尤其是以小学生为主体的“小嘴话岩画——小学生暑期夏（冬）令营活动”、“畅游银川世界岩画馆、创意我的学习天地” 等休学之旅系列活动，自2009年开展以来，每年至少都要开展4次，得到了学校、家长、学生的欢迎，为岩画知识的普及拓宽了受众范围，为人民群众树立岩画保护意识起到了不可估量的作用。

三、贺兰山岩画文化旅游品牌打造的成效总结

在贺兰山（口）岩画保护开发的前期，我们深深明白“保护管理的目的是让更多的人受益，开发利用的目的是更好地促进保护管理，保护管理是目的，开发利用是手段，其关系不能颠倒”的道理，让贺兰口岩画在保护管理和旅游开发方面得到有机协调发展，取得了显著的社会效益和经济效益。

（一）开发贺兰口岩画的旅游资源，打造岩画文化旅游品牌，对当地经济社会发展做出了一定贡献。贺兰口岩画风景区连续多年被评为“银川市旅游先进单位”、“宁夏回族自治区精神文明旅游景区”和入选“自治区科普教育基地”，以及中央民族大学、宁夏大学“人文科学科研教学基地”等荣誉。根据2012年底的统计，贺兰口岩画风景区已成为银川市总体投资不多、效益却最好的文物旅游景区，也是宁夏为数不多的国家4A级旅游景区之一，游客人数和门票收入连续10年分别以15%和30%的速度递增。在贺兰口岩画风景区的发展建设中，成功接待了吴邦国、黄菊、李长春、刘华清、吴仪、白立忱、罗豪才等国家领导人和联合国教科文组织、文化部、国家文物局、住建部等中央部委考察组，以及余秋雨、易中天、韩美林等文化名人，他们对贺兰口岩画的保护给予了一致好评。在带动人员就业、旅游产业发展、履行社会义务责任等方面都做出了贡献。贺兰口岩画风景区结合文物古迹优势和自然风景资源，正在向塑造世界知名品牌、带动贺兰山东麓沿线旅游、依次推动银川市旅游网络完善及其产业整体发展、促进银川市域经济的综合发展的方向一步一步地迈进。

（二）合理的旅游开发，保障了贺兰口岩画的保护管理资金，促使保护管理措施得到加强。随着贺兰口岩画风景区的快速发展，景区门票收入也在快速增长，每年都有超过30%以上的门票收入直接用于岩画的保护管理，使得岩画的保护经费得到一定的缓解；另外，随着贺兰山岩画文化品牌打造的深入推进，为争取保护资金提供了方便。比如，近5年来中央、自治区、银川市直接投入贺兰口岩画保护的资金就比以前多很多。同时，2014年我们还收到了一笔企业捐献的贺兰口岩画保护资金，随着贺兰口岩画知名度不断提升，相信以后肯定还会有专门保护岩画的社会资金不断进入。正因为有政府领导的大力支持、社会各界的关注、保护资金的到位，才使得贺兰口岩画的保护开发步入了良性发

展轨道，避免了其他未开放地岩画的丢失、破损等命运。因此，贺兰山（口）岩画的保护管理和旅游开发经验值得研究。

四、贺兰山岩画文化旅游品牌打造的存在问题

（一）资金投入总量少，成为制约文化旅游品牌打造的重要因素之一。由于贺兰山（口）岩画保护区开发时间比较短，起点低，固定资产投入少，基础建设历史欠账多，景区的通路、通电、通水、通讯、环境整治、项目开发等基础设施均须建设，特别是在丰富景区旅游产品上，急需加快保护区内古人类祭祀文化展示、古村落遗址展示、岩画演艺参与（含 4D 影院项目）等项目的建设速度和加大资金投入力度，需要我们以丰富的产品和高水平、高质量的基础建设促进贺兰山岩画文化旅游品牌打造。

（二）急需创新人才，进一步做大贺兰山岩画文化产业。但贺兰山岩画的文化产业链条，需要我们不断创新，不断推出贺兰山岩画和贺兰山文化的系列产品，如影视、书籍，陶艺、岩雕、邮册等各类旅游商品。形成贺兰山岩画文化产业链，还需要进一步推进人才队伍建设体制机制改革步伐和加大人才队伍建设资金投入。目前，无论从人才素质层次高低、人才队伍规模建设方面，还是吸引辞退机制方面，都不能适应贺兰山岩画文化旅游品牌的打造。

五、贺兰山岩画文化旅游品牌打造的远景思路

随着贺兰口岩画经济收入的节节攀升，为了避免“杀鸡取卵”、“竭泽而渔”的情况发生，保护管理与开发利用之间的关系协调一刻也不能疏忽，在未来推进贺兰口岩画事业方面，我们必须遵循“以政策规划做先导，以保护管理奠基础，以学术研究促利用，以品牌打造谋发展”的指导方针，继续开拓创新，开创工作新局面。

（一）探索高新科学技术在岩画保护中的成果转化，依法科学地对贺兰口岩画本体进行防风化处理和核心保护区防洪水、泥石流冲击破坏岩画等抢救措施，减少自然、人类活动对岩画资源的破坏，延缓岩画消失的时间。

（二）保护管理好与岩画共存的原生态风貌环境，在贺兰口岩画核心区不

过多增加人为构筑物。

（三）继续完善贺兰口岩画风景区软硬件建设，将旅游开发重点转移至核心保护区外，随着参观人群的增加，采取预约参观机制，减少参观人群超饱和点给岩画遗产造成的慢性破坏。

（四）继续加大宣传营销力度，加强交流互动，打造贺兰山岩画文化旅游品牌，树立良好的形象，提升民众对岩画的保护关注度。

（五）探寻岩画文化与时尚元素的切入点，开发贺兰山岩画系列旅游商品，大力发展岩画文化旅游产业，建设岩画4D影院和发展岩画元素演艺业发展，延伸产业链。

（六）以银川世界岩画馆为依托，建立与国内外岩画机构的联系，加快贺兰山岩画学术研究，深入挖掘岩画文化内涵，促进保护利用事业的发展。

参考文献：

1. 贺吉德主编：《贺兰山岩画的保护与开发——报刊文选》，2004年。
2. 贺吉德撰写：《宁夏贺兰山——西夏王陵风景名胜区资源价值介绍》，2005年。
3. 贺吉德著，丁玉芳整理：《贺兰山岩画研究》，宁夏人民出版社，2012年。
4. 贺吉德著，丁玉芳整理：《贺兰山岩画百题》，阳光出版社，2012年。
5. 高嵩、高原著：《岩画中的文字和文字中的历史》，宁夏人民出版社，2007年。

【李建平】 银川市贺兰山岩画管理处银川世界岩画馆馆长

Brief Introduction of the Building of Helan Mountain Rock Paintings Cultural Tourism Brand

Li Jianping

The rock art of Helan mountain is the "soul" of the Helan mountain culture. In order to protect, manage, develop and utilize the rock art, the Management Office of Helan Mountain Rock Art always adhere to the principles of the protection of cultural heritage: "preservation with timely rescue; utilization under strict control" and the concept:" keep original, refuse to modernize, let nature take its course and non-interference". For the sake of building the cultural tourism brand of Helan mountain paintings, the author explores the major issues surrounding the protection, management, development and utilization of Helan mountain rock art, to promote all-round development of rock art career.

Based on the analysis of the important significance of Helan mountain rock art in building the cultural tourism brand, this article looks back upon the specific works of the Management Office of Helan Mountain Rock paintings, including protection, management, exploitation, utilization , market promotion as well as external exchange, etc. Then the author summarizes achievements and shortcomings during the specific works, finally puts forward the prospect of the Helan mountain rock art cultural tourism brand building.

Li Jianping: Curator of the World of Rock Art in Yinchuan

岩画的田野调查流程与标准初探

石泽明

从学科归属上看，岩画学科目前更多的被认为是考古学的一个门类，这是由岩画遗产的历史属性决定的。但是由于其一，岩画田野调查不像考古发掘那样具有一套相对成熟的操作标准和工作方式，岩画作为一种文化遗产本身与考古调查所涉及的大多数事物相比又具有其独特性，传统的考古学田野调查方法并不能完全适用于岩画的调查。其二，岩画具有多分布于边疆少数民族地区的特点和与民族文化、地方文化、宗教文化紧密相关的特征，加上其在图像上与生俱来的审美价值，吸引了包括民族学、人类学、宗教学和艺术学等在内的许多相关领域专家学者的关注。因此，以往的岩画田野调查往往根据其参与者的学科背景和调查目的的不同而具有较强的随意性，其结果是调查所得资料的客观性和全面性存在缺陷，或者不同机构、不同学者对于同一类型岩画甚至同一地点岩画的调查资料之间的协同性较差，导致资料的广泛运用和进一步研究受到阻碍。与此同时，研究者在对不同地区岩画进行对比研究的过程中，更会感到使用不同的调查资料进行比较分析工作时存在困难。

笔者曾于 2009 年 7 月～ 8 月、2012 年 3 月～ 4 月、2012 年 5 月，2013 年 3 月～ 4 月，2013 年 7 月，2013 年 8 月，先后共六次参加由中央民族大学中国岩画研究中心和民族学与社会学学院文博系组织的调查队，分别前往河南省新郑市具茨山地区、河南省南阳市方城县、内蒙古自治区赤峰市翁牛特旗，贵州省黔西南州贞丰县大红岩岩画点、青海省海西州卢森岩画点、广西宁明县花山岩画点开展岩画调查，并多次作为学生领队统筹调查工作。这些调查基本涵盖了国内目前已发现的所有岩画类型。不同的岩画调查使笔者积累了一定的实践经验，深感岩画田野调查工作缺乏一种相对普遍的调查标准，不仅会削弱岩画记录的质量，对岩画资源的进一步深入研究、尤其今后岩画保护与管理，都会产生直接影响。对于岩画而言，“调查—研究—保护—利用”科学体系的形成，是我们重要的目的。在这个体系中，细致规范的田野调查和资料的全面搜集是一切工作得以进一步开展的前提基础，应当给予最为迫切的关注。为了对岩画田野调查的标准进行探讨，首先需要确定我们应当在一个什么样的总体原则下开展调查工作。第一，岩画田野调查通常需要调查者直接或者间接的接触岩画及其所在的岩石，而这种接触可能导致对于岩画的破坏。因此，岩画田野调查的首要要求应当是不对岩画及其所在的岩石造成不可逆的损伤。在直接触碰岩画石时必须戴手套，手套最好一天一换。在必须要踩踏或者攀援岩画石时，应当更换软底鞋，并且注意轻上轻下，尽量减少踩踏岩画石的时间和次数，以免造成对岩石的破坏。第二，岩画田野调查的目的与意义是通过获得尽可能全面细致的岩画相关资料，为今后的研究、保护、利用提供客观真实的参考。因此，岩画田野调查的核心要求应该是全面、细致、真实、准确。第三，岩画田野调查是一种受到人力、物力和时间等客观条件限制的活动，因此岩画田野调查的特殊要求应该是尽可能的易于操作，便于实施。

总的来说，岩画调查的标准应当在不对岩画及其所在岩石产生不可逆的损伤的基础上，尽可能全面、细致、真实、准确地搜集与岩画相关的一切信息，同时具备可操作性。

根据上文关于岩画田野调查项目的探讨，结合对于自身调查经验的总结与思考，笔者尝试提出岩画田野调查的流程及其规范。需要强调的是，下文中的流程所体现的顺序关系是出于一种建议，在实际工作中根据客观情况进行顺序的调整或者同时开展多项工作是完全可取的。

一、岩画点周边环境的调查走访

对于岩画点周边环境的调查走访工作，主要目的是了解岩画点所在的自然环境和人文环境，两者可以结合起来进行。出于更好的判断岩画可能的分布状况的考虑，对于岩画点周边环境的调查走访一般情况下应当在对于岩画本体开展调查工作之前进行。在调查人员比较充足而调查时间比较紧张的情况下，也可以与对于岩画本体的调查工作同时进行。

自然环境的走访主要是对岩画点所在地区地形地貌、动植物分布等自然情况进行一个直观的感受，人文环境的了解是走访工作的重点，走访过程中要尽可能了解岩画点周边的人口结构和居住状况，重点是当地居民的民族分布和是否新迁入以及何时迁入的情况；道路和桥梁等交通线路的修建时间和分布情况；当地流传的神话传说、风俗禁忌和宗教信仰情况；当地居民对于岩画的认识情况，主要是当地人认为岩画的内容是什么，以及由谁在何时为何而作。人文环境的了解主要可以采用访谈的方法，具体的还可以分为集体座谈和个体访谈两种形式。访谈对象的选取要首先考虑土生土长的老年居民，并在性别、民族、受教育程度上注意广泛覆盖。访谈的样本量可以根据当地的人口总量拟定，并在调查报告中加以说明。调查的范围应当至少包括离岩画点最近的人类聚居点，当有两个或以上人类聚居点与岩画点的直线距离差别不大时，应首先考虑沿道路、河流容易到达的一个，并在条件允许的情况下尽可能都进行走访。

二、岩画点的命名与岩画石的编号

在岩画的“岩画区—岩画点—岩画石—岩画幅—岩画个体”层次体系中，“岩画区”的名称是在抵达调查地点前就应当明确的，而“岩画点”的名称和范围需要在抵达调查地点后确定，确定的方法在前文关于岩画“层次”章节中已经有所论述，此处不再重复。

为了确定岩画点的名称和范围，调查者在抵达岩画点之后应当首先以一个岩画石比较集中的地点为圆心按照中心发散的轨迹，对要开展调查工作的地区进行实地的踏查。踏查的目的主要是了解岩画点的岩画石数量和分布，以划定岩画点的范围，同时观察地表有无历史遗迹遗物等情况。踏查的过程中要在较大比例的地图上标注出这一岩画点所有岩画石的位置，并对发现的留存于地表的古代遗迹遗物进行标注、拍照和采集。踏查结束后应当将地图上处于西南边缘的那个岩画石编为一号岩画并作为对此岩画点进行调查的基准点[1]，作为基准点的岩画石要在《岩画资料登记表》“备注”栏进行说明，基准点在调查工作正式开始后即不能改动。需要强调的是，踏查结束并不意味着岩画石发现的结束，在调查工作的过程中，还要认真观察可能存在新发现岩画石的情况。

在概略地了解了整个岩画点的情况之后，就要对这一岩画点的所有岩画进行编号。岩画的编号应当以岩画石为准，每个有岩画的单体岩石编一个号。一些地方土层较厚时，应当进行适当的挖掘，挖掘的深度可以根据实地情况拟定，目的是了解一些在地表看起来相互独立的岩石，是否可能为一整块岩石的不同突出部分。如果在挖掘后发现是一块岩石的，应当使用同一个编号，不属于一块岩石的，则应分别编号。岩画的编号应当包含以下内容：开展岩画调查的年份[2]、岩画所在省份的汉语拼音代码（大写）[3]、岩画所在市（县、旗）的汉语拼音代码（大写）、岩画点的汉字名称、岩画的汉语拼音代码（Y）、岩画石的编号（01），对于画面内容比较丰富，个体图案比较多，需要分幅或逐个进行记录的岩画，还可以在岩画石的编号后用冒号（：）隔开，用带圈的阿拉伯数字表示岩画幅数，用带中括号的阿拉伯数字表示岩画个数。比如，“2012HNFC 观音堂 Y01－①[1]”表示“2012 年调查的河南省方城县观音堂岩画点第一号岩画第一幅画面的第一个单体图形”。岩画编号的顺序应当从事先拟定的基准点开始，自西向东、自南向北呈规律依次增加。如果调查开始后在基准点以外发现了新的岩画，也不应改变基准点，而应将该新发现岩画顺次进行编号，并在《岩画资料登记表》的“备注”栏中加以说明即可。

【1】根据当地岩画分布和地形地貌的实际情况，也可选择西北、东南或东北边缘的岩画石，或者河流上游位置的第一块岩画石等等。根本原则是选择位于边缘地带或突出部位的岩画石，以便对整个岩画点的岩画石依次进行编号。

【2】调查工作跨越两个或以上年度的，应以当次不间断调查的开始年份为准，间断超过一个月以上则以调查再次开始的年份为准，以免引起混乱。

【3】通常情况下使用省区名称前两个字的拼音代码即可，比如新疆维吾尔自治区，使用新疆的拼音代码 XJ 即可。对于前两个字拼音代码相同的省份，比如河南和湖南，可在调查工作记录的第一块岩画石的资料中加以说明，以后即可省略。

三、岩画点、岩画石的地理坐标测定

地理坐标信息包括经纬度和高程，通常情况下岩画点的地理坐标可以使用该岩画点一号岩画（也就是基准点）的地理坐标，不必另作说明。当这一岩画点的平面或立体差别过大，一号岩画石距离岩画密集分布处较远的情况下，可以选取在平面和立体两个维度上都处于中间位置的岩画石密集分布处的一块岩画石的地理坐标作为整个岩画点的坐标，并在该岩画石的《岩画资料登记表》“备注”栏加以说明。

在不出现设备损毁的情况下，原则上要求单次岩画田野调查的全过程尽量使用同款测量地理坐标的设备仪器。测量岩画点、岩画石地理坐标的设备仪器型号、误差范围情况应当在单次调查的第一块岩画石的《岩画资料登记表》“备注”栏中进行说明。调查中使用多种不同型号仪器的分别在该仪器测量的第一块岩画石的《岩画资料登记表》“备注”栏中注明。调查过程中变换设备仪器的在变换后的仪器测量的第一块岩画石的《岩画资料登记表》“备注”栏中注明。

四、岩画石尺寸、质地硬度的测量和研判

岩画石的尺寸主要指岩石上有岩画存在的那个平面（近似平面）的长、宽和高。由于岩画石通常呈现不规则的外形，为了便于与绘图资料进行最便利的对应，这里测量的长和宽应当是岩石露出地表的存在岩画的平面（近似平面）的最大和最小直径。高指岩石露出地面部分到岩石朝向天空的平面（近似平面）最高点的距离。岩画不在岩石朝向天空的表面时，还应包括岩画画面最高点及最低点距地面的距离。

岩画石尺寸的单位用厘米（CM）表示。

五、岩画画面（画幅）尺寸的测量

在岩画画面比较简单，不需要进行分幅的情况下，岩画画面的尺寸即一块岩石同一平面（近似平面）上与最岩画最边缘部分相切形成的矩形画面框的长和宽。在岩画画面比较复杂，需要进行分幅的情况下，岩画画幅的尺寸即人为

划分的矩形画幅的长与宽。

对于刻划类岩画中一些刻痕较深的，还要对同一块岩画石上最深和最浅的刻痕进行测量，以确定整体岩画的刻痕深度范围。

岩画画面（画幅）尺寸的单位用厘米（CM）表示。

六、岩画制作方法的研判

对于刻划类岩画制作方法的研判可以根据岩画的刻划痕迹、石质的情况等来进行，可以分为磨刻法、凿刻法和金属器刻划法等，凿刻法中又可以具体的分为直接打击法或间接打击法制作，也可能是多种方法先后使用，比如先凿后磨。在判断岩画制作方法的同时，还应当采集一些从岩画石上脱落的岩石作为标本，标本应装入标本袋中，在标本袋上需注明标本编号。编号规则是，一块岩画石采集一件标本的，使用与岩画石相同的编号即可；采集一件以上标本的，在岩画石编号的后面按顺序增加大写的英文字母表示，比如“2012HNFC观音堂Y01A”表示观音堂岩画点一号岩画石处采集的第一件样本，“2012HNFC观音堂Y01B”表示观音堂岩画点一号岩画石处采集的第二件样本，以此类推。

涂绘类的岩画的制作方法比较一目了然，可以细分为涂画法、绘画法和喷绘法，其中涂画法线条较粗犷，绘画法线条较细腻，喷绘法则会形成比较明显的点状分布。鉴于我国涂绘类岩画基本都是使用的赭红色颜料的客观情况，为了体现颜色差异可能代表的年代和颜料化学成分的差异，可以借鉴或引用孟赛尔色彩体系[1]来对涂绘类岩画的色彩进行说明。除此之外，岩画的制作工具情况，比如使用软质工具、硬质工具或者直接用手涂绘的情况需要加以判别，对于手印岩画还要说明是阴手印或者阳手印，是涂绘、喷绘或者拍印。

七、岩画保存状况及其损毁原因的研判

对于保存状况的判断主观性很强，所以尽管几乎所有的调查报告中都有保

【1】参见魏雄辉：《孟塞尔色立体体系考辨》，《艺术探索》2012年第3期；齐洪洲：《浅析孟塞尔色立体》，《青年文学家》2012第24期。

存状况这一项说明，但事实上我们并不能通过报告中的描述获得对于岩画现状的比较准确的判断，甚至对于同一岩画的保存状况在不同报告和文章中的表述大相径庭。因此，有必要对保存状况的判断标准进行一个约定。笔者建议将岩画的保存状况划分为“较好”、“一般”、“较差”三个等级，通过岩画的清晰程度、表面的被覆盖情况、岩画的完好程度这样三个维度来进行界定。对于刻划类岩画，“较好”指岩画刻痕通过肉眼可以清楚判断，岩画表面没有植被和微生物覆盖，岩石没有明显裂痕或裂痕没有打破岩画所在的矩形画面框；“一般”指岩画刻痕基本可以通过肉眼判断，其中少部分痕迹已经比较模糊，需要结合触摸、拓片、拍照等方式才能辨识，或者岩画表面有少量植被和微生物覆盖，但比较容易清理，或者岩石上有比较明显的裂痕打破岩画所在的矩形画面框，但没有打破岩画个体；“较差”指岩画刻痕基本无法通过肉眼识别，或者岩石表面受到植被和微生物覆盖，经过清理仍然无法消除，或者岩石表面岩画所在的矩形画面框内形成断层或者有比较明显的裂痕打破岩画图案。对于涂绘类岩画，“较好”指岩画色彩明显且明暗比较统一，没有区块状的明暗变化，岩画表面没有植被和微生物覆盖，没有遭受流水的侵蚀，岩石没有明显裂痕或裂痕没有打破岩画所在的矩形画面框；“一般”指岩画色彩明显但存在一定的明暗变化，或者岩画表面有少量植被和微生物覆盖，但经过处理容易清理，或者岩画所在的矩形画面框有流水侵蚀的痕迹但没有或很少打破岩画个体，或者岩画所在的矩形画面框有比较明显的裂痕或脱落，但没有打破岩画个体；“较差”指岩画色彩比较暗淡，辨识起来比较困难，岩石表面受到植被和微生物覆盖，经过清理仍然无法消除，或者岩画个体被流水侵蚀的痕迹大量覆盖，或者岩石表面岩画所在的矩形画面框内有岩面脱落或者有比较明显的裂痕打破岩画图案。

以上是笔者建议的对保存状况的判断标准进行约定的一种方式，不同的调查者也可以根据自身对于岩画不同方面重要性的理解来设定判断标准，但是不论以何种标准判断，首先应当在岩画田野调查的最初提出，并且在调查获得的岩画资料中加以阐述，便于使用这些资料的研究者达到理解与共鸣。

除了岩画保存状况的判断以外，调查者还应对造成岩画损伤的原因进行分析。通常情况下大致包括植被覆盖、微生物侵袭、水侵风蚀、物理力破坏（自然或者人为）等等。

八、岩画的拓片与绘图

拓片是一种在文物考古领域运用比较广泛，延续时间也比较长的记录信息的方式，技术环节上相对比较单纯，主要是依靠长期经验的累积，结合岩石表面的特殊性来开展工作。拓片主要适用于刻划类岩画的田野调查。对于岩画进行拓片的要求是在清晰的前提下尽量做到美观，通过浓淡墨和扑拓手法的运用，使岩画痕迹尽可能多的呈现出来。拓片应当预留空白处写明所拓岩画石的编号。

岩画田野调查中的绘图主要包括描摹图和测绘图两种。描摹图例如使用透明的塑料薄膜、硫酸纸、玻璃纸等覆盖在岩画表面进行描摹等大的记录岩画信息。岩画石体量较小且所在位置可以开展工作时应当首先考虑选用描摹法。为了尽可能细致地体现岩画信息，描摹涂绘类岩画时要采用与岩画相同或相近的颜色表示，在对刻划类岩画进行描摹时则可以用黑色、蓝色、黄色分别表示石质工具磨刻、石质工具凿刻、金属工具刻划所产生的痕迹，痕迹较宽的应当涂实，以免造成费解。岩石表面有自然或人为造成的断裂与岩画有交集或调查者认为有必要表示的，用红色描出，并用绿色描出岩画所在岩石的外轮廓。描摹图应当预留空白处写明所拓岩画石的编号。

测绘图主要指按照一定比例缩小的米格纸示意图。对于岩画所在岩石比较大，单独使用扑拓法和描摹法难以完整体现的岩画，可以采取拓片、描摹图与测绘图相结合的方法。即将岩画以“幅”为单位分为若干部分进行扑拓或描摹，每个部分选取三个定位点，用大写的英语字母依次表示。然后选取一个适合的比例，将整个岩石的形状绘在米格纸上，并标出每个定位点在米格纸图中的位置。基于本文第二章第一节中关于抽象类岩画主要通过位置关系表达含义的判断，在抽象类岩画的调查中应当尽量绘制测绘图。应当在测绘图的空白处写明所拓岩画石的编号。

在拓片与绘图工作中，凹穴岩画需要特别考虑。因为凹穴岩画通常属于刻划类抽象型岩画，它从制作手法上无疑属于刻划类，而在表现方式上则属于抽象表达。凹穴岩画的刻痕往往较深，但由于它平面呈圆形（近似圆形），用打拓片的方法无法很好表示，因而可以使用描摹的方法，以凹穴在岩石表面的最大外轮廓为准[1]，涂出实心圆进行表示。并且为了更好体现其个体之间的位置关系，应当尽可能制作测绘图。测绘图的制作可以以凹穴所呈现的圆形（近似圆形）的圆心为测量点。

还需要特别提出的是，由于岩画基本都在野外露天环境中，无论是打拓片或者进行描摹都与室内不尽相同，尤其要提前了解岩画点的风力情况，提前准备好软质的重物用来镇纸，也可以使用泥土和石块应急，但一般情况下不可以使用胶带、口香糖等带有粘性的物质，尤其对于涂绘类岩画的调查要绝对避免粘性材料的使用。

除此之外，在现实的田野调查工作中，还有一些岩画位于山崖陡壁或者洞穴的顶部等难以企及的地方，而一般的岩画田野调查又很难付出搭建平台这样工程量极大的代价，在上述这种极端情况下就可以放弃拓片和绘图，代之以摄影摄像的方法来进行记录，并通过后期的加工得到所需的资料。

九、岩画摄影与摄像

岩画田野调查的照片拍摄不同于一般的文物摄影，对于拍摄的时间、内容和角度等都有特殊的要求。首先是时间的选择，在调查刻划类岩画时，为了能够较好体现岩画的刻痕和立体感，应该在早晨或者傍晚太阳斜照的时候拍照，尽量不在正午太阳直射的时候拍照。其次，拍摄的内容应该至少包括带比例尺和色卡以及不带比例尺和色卡的清晰岩画正视（正投影），侧视（与岩画所在平面呈一定角度），岩石周边环境（要把岩画石拍在照片中，并说明拍摄方向）的照片各一张，部分岩画个体的细部特写若干，以及调查中每一项流程操作过程中照片。在对每一个岩画石拍摄的第一张照片时应当制作一张写有编号的卡片拍入画面显著位置，用以标识和区分。为了让岩画的显示效果更清晰，可以

【1】此处关于凹穴外轮廓的判断可能引起争议，对此，笔者认为在凹穴岩画的绘图工作中，根据目测和触摸确定一个大致的外轮廓即可。这是基于以下几个理由：其一，凹穴岩画属于一种抽象型岩画，主要通过彼此之间的位置关系来表达含义；其二，古人在制作凹穴岩画的过程中不太可能有意识地区分特别细微的大小或者深浅的差别，也就是说我们在判断凹穴外轮廓时可能的误差是完全可以接受的；其三，由于凹穴岩画在经历漫长历史的过程中，出于种种原因，其表面必然有或多或少的磨损，而磨损的程度是无法确定的，因此我们也不可能完全还原其制作之初的轮廓。

向岩面喷洒一些纯净水。但通常情况下不允许使用粉笔等工具在岩面上进行标示，因为这种标识带有调查者的主观判断，可能影响研究者的认知。

在条件允许的情况下还可以拍摄一些包含调查工作全部流程、岩画石及其周边环境以及调查人员进行访谈的影像资料。

十、填写《岩画资料登记表》

上述全部工作流程及其注意事项，都可以在《岩画资料登记表》中得到体现，因此也可以说《岩画资料登记表》就是岩画田野调查标准制定中的核心环节。至此，笔者根据对以往岩画田野调查的回顾、对自身调查经验的总结以及对岩画田野调查流程及其规范的思考，尝试拟定如下的《岩画资料登记表》（附一），并就其填写的注意事项进行补充说明（附二）。不完善之处，还请方家批评指正。

结 语

“岁月失语，唯石能言”。全国政协委员、著名学者冯骥才先生在游访贺兰山岩画时的这八字评语是对于岩画历史价值的精彩凝练。近年来，随着岩画作为一种历史遗产和文化资源越来越为人们所关注，其在历史、文化、艺术等方面重要价值也越来越为人们所了解。从各个角度研究岩画的学者越来越多，需要大量全面真实的一手资料作为依据；针对岩画的田野调查越来越频繁，需要行之有效的调查标准作为指南；关于岩画保护和利用的投入越来越高，需要调查和研究的成果作为引导；关心和希望了解岩画及其背后内涵的普通群众越来越多，也需要我们用严谨规范的调查成果去给他们讲故事、说文化。上述的一切都在呼唤一种科学的岩画田野调查标准的应运而生。如此必将极大地有利于岩画学科“调查—研究—保护—利用”体系的形成和发展，善莫大焉。

附一：

XX岩画调查资料登记表

编号			位置及朝向			
自然环境						
人文环境						
石面尺寸	长	cm	宽	cm	高	cm
画面尺寸	长（高）	cm	宽	cm	深	cm
岩画内容					数量	
制作方法			表现方式			
质地			硬度		样本编号	
保存状况	较好		一般		较差	
可能破坏的原因						
拓片数量			拓片时间		拓片人	
绘图数量			绘图时间		绘图人	
图片编号			拍摄时间		拍摄人	
备注						
填表时间	年　月　日		填表人			

附二：

填写《岩画资料登记表》的补充说明：

（1）“位置及朝向”一栏中“位置”指岩画石所在的具体位置，如山腰、山顶、崖边、河谷中、洞穴内等；“朝向”指主要岩画画面所在平面所大体面对的方向，由于岩画多位于岩石朝向天空的平面上，因此约定不做特别说明即表示朝向天空，位于岩石立面上的岩画朝向则用方位的英文首字母来表示，四个正方向用单字母表示，比如 N 表示朝北，其他方向用两个字母组合表示，字母的排列遵循先南北，后东西的原则，比如 SE 表示朝向东南；

（2）每个岩画点的自然环境和人文环境在该岩画点第一号岩画的资料登记表中进行描述即可，同一岩画点内的其他岩画石除特殊情况和确有必要外，一般不用单独描述；

（3）“石面尺寸”“画面尺寸”的单位是厘米（CM），前者精确到个位，后者精确到小数点后一位；

（4）“幅数”一栏指为了便于拓片和绘图而将体量较大、画面内容较丰富的岩画人为划分出的画幅的数量，因此并非所有的岩画石都需要填写，而一旦填写也就同时意味着应当有同样数量及以上的关于这一岩画石的拓片或绘图；

（5）“岩画内容”及“数量”一栏用于对岩画表现内容进行文字记述。对于具象类岩画的记述应当遵循客观描述、不轻易推断的原则；对于抽象类岩画，要根据岩画的内容进行尽可能详细地描述，尤其注意岩画个体图案之间的相互关系；

（6）“保存状况”一栏在相应选项的后面画“✓”；

（7）对于保存状况“较好”的岩画，不用填写“可能的破坏原因”一栏；

（8）“拓片时间”、“绘图时间”、“拍摄时间”均指进行此项工作的具体时刻，精确到分；

（9）“备注”一栏中应当填写的内容包括：在单次调查的第一个岩画点的第一号岩画的资料登记表备注栏中说明调查使用的测量地理坐标的设备仪器之型号及误差范围；在每个岩画点的第一号岩画资料登记表的备注栏标明该岩画是否作为基准点；以及《岩画资料登记表》未能涵盖的其他需要说明的情况。

参考文献：

1．国家文物局编：《中华人民共和国文物保护标准汇编》，文物出版社，2010 年。
2．国家文物局：《田野考古工作规程》，文物出版社，2009 年。
3．第三次全国文物普查领导小组办公室 2007 年颁布：《第三次全国文物普查实施方案及相关标准、规范》。
4．汪宁生：《云南沧源崖画的发现与研究》，文物出版社，1985 年。
5．盖山林：《阴山岩画》，文物出版社，1986 年。
6．广西自治区民族研究所编：《广西左江流域崖壁画考察与研究》，广西民族出版社，1987 年。
7．盖山林：《巴丹吉林岩画》，北京图书馆出版社，1997 年。
8．陈兆复：《中国岩画发现史》，上海人民出版社，1991 年。
9．许成、卫忠：《贺兰山岩画》，文物出版社，1993 年。
10．李洪甫：《连云港将军崖岩画遗迹调查》，《文物》1981 年第 7 期。
11．张松柏、刘志一：《内蒙古白岔河流域岩画调查报告》，《文物》1984 年第 2 期。
12．张文华：《中国岩画研究理论和方法论刍议》，《美术》1993 年第 4 期。
13．龚田夫、张亚莎、乔华：《宁夏岩画的出现、发展及特点》，《中央民族大学学报（哲学社会科学版）》2005 年第 2 期。
14．何军锋、陈新儒、王建新：《新疆尼勒克穷科克岩画调查》，《考古与文物》2006 年第 5 期。
15．王建新、何军锋：《穷科克岩画的分类及分期研究》，《考古与文物》，2006 年第 5 期。
16．赵占魁：《2007 年磴口县默勒赫图沟岩画调查报告》，《内蒙古文物考古》2008 年第 1 期。
17．王晓琨，魏坚：《内蒙古乌拉特后旗岩画调查报告》，《考古与文物》2009 年第 4 期。

【石泽明】 中央民族大学民族学与社会学学院文博系硕士研究生

The Standardization of the Field-investigation Process and a Preliminary Study on Rock Arts

Shi Zeming

Despite rock arts have been recorded in a big amount of ancient literatures throughout Chinese history, field investigation of rock arts in China, in fact, started at the late of the 20th Century. Sizable professional field investigations of rock arts were actually launched in 1980s. Nevertheless, field investigations of rock arts have been geographically bounding by different provinces in ten years, i.e., different provinces are following with their own standards of filed-investigation process, and investigation methods as well. Consequentially, there is none of any unified standard which can be applied nationally. Quality control for field investigation maintains at different levels, and even worse, some areas do not have clear and precise database and an overall picture about local rock arts, and information records and filing are desperately shortage. The weak situation of standardization for field investigation of rock arts in China not only negatively impacts on scientific research, but also directly confines the preservation and sound management of rock arts. Along with gradual outflow and damage of ancient rock arts, inadequate standards and scientific research, including inappropriate recording and filing, lead to permanently disappearance of ancient culture heritage. As well-known, field investigation and appropriate recording is the imperative foundation of scientific research of rock arts, and they are the only support to gain basic managerial database and mostly the utmost important measures to preserve rock arts. Therefore, how to form a rigorously scientific process and standard for field investigation has turned to be an unsolved research problem amongst the scholars on rock arts.

The author, during his undergraduate and postgraduate study, not only participated in, but also organized several filed investigations at various areas in China. Based on all data collected in previous field investigations in cooperating with the textual study on those key rock arts at different sites, the author gives a preliminary summary of his study in regard to rock arts, by mainly focusing on the disadvantages of rock arts study in China, such as lacking scientific approach and shortage of a comprehensive field-investigation process and standardization, in particular, a shortage of a set of common standards which could be accredited nationally. The author bravely brings up with his thoughts and opinions with the hope of solving the problem for the sake of promoting the establishment of a sound system from field investigation to research to preservation and finally to utilization.

Firstly, the author, based on his collections of data as well as theory study, he assesses the existing methods used for classification of rock arts and then gives an analysis of advantages and disadvantages of all approaches. He suggests two-dimension considerations should be applied to set up standard for filed investigations. One is to focus on method of production and the other is the contents of theme. Learning methodology applied for classification of artifacts in archeological study, rock arts are divided onto four categorical features according to the author. Sequentially, the author reviews all different features literally. In line with experiences and aspiration gained from field investigation, the author boldly brings up his thoughts about the geographical division of field investigation, the application of the concept of "painting" and "level" of field investigation, project, and data's recording. Finally, the author tentatively forms a standard for field investigation, by mainly focusing on field-investigation process and matters for attention, as well as the "registration form of rock art".

Shi Zeming: Master graduate student of Rock Art Research Association of China

Preserving the Cultural Treasures of Australia

Robert G. Bednarik

Convener and Editor, International Federation of Rock Art Organisations (IFRAO), Melbourne, Australia

General observations

Efforts to preserve rock art vary greatly around the globe, ranging from the truly exemplary treatment of the outstanding Chauvet Cave in France, arguably the best-protected rock art site in the world, to numerous regions where rock art enjoys no protection whatsoever. While we do have the superb site protection systems of several countries, in many others the relevant authorities are simply not aware of their international obligations in respect of the rock art heritage. Examples the International Federation of Rock Art Organisations (IFRAO) has addressed in the past have occurred in, among other countries, Portugal, Peru, Santo Domingo, Canada, U.S.A., Namibia, India and Australia. IFRAO, the world's foremost advocate for the preservation of "prehistoric" cultural heritage, has found that many, even most of the preservation problems due to inappropriate development are the result of local lack of information or awareness. There needs to be a much stronger public promotion of the principle that all rock art is part of the common heritage of humanity. Nation states merely manage this resource on behalf of us all. Allowing its destruction contravenes international law, and the Unesco Declaration concerning the Intentional *Destruction of Cultural Heritage* (especially Article VI) needs to be better promoted among those who are effectively managing rock art in the various Member States of UNESCO. It is clear from my experience that most of the officials theoretically responsible for the protection of rock art around the world — who might be attached to forestry departments, cultural management offices, heritage or land management departments of various types — simply have limited awareness of what their responsibilities concerning the immovable cultural heritage entail. This is not necessarily a condition endemic to developing or badly governed countries; it can be just as profound in developed countries. The example of Portugal could be cited, or the fact that the vandalistic treatment of petroglyph sites in Scandinavia (e.g. by painting them) is still being continued in some regions. Fortunately we have been able to convince UNESCO in October 2005 that the guidelines for the protection of rock art need to be significantly upgraded.

It is also apparent that in those parts of the world that possess particularly famous archaeological tourist attractions (e.g. Egypt, India, Mexico, the Andean countries), rock art tends to be more neglected than in other, comparable countries. Another issue is that there has traditionally been a reluctance in most Moslem countries to recognise the importance of rock art, essentially because of religious bias against imagery, but this, fortunately, is now being overcome by Saudi Arabia taking a strong lead in rock art preservation (Figure 1), and protection is also improving in Morocco, Algeria and Libya. It is to be hoped that other Islamic countries will follow these examples in the coming years.

The global inventorying of rock art is not only important for research or site management, but also for protection: it is impossible to effectively protect a resource that remains unrecorded. IFRAO has been very successful in eradicating damaging recording practices that were still widely used by researchers up to the 1990s in several major rock art regions. It has also facilitated the development of modern recording techniques and digitised processing and manipulation of data by introducing an international standard scale for rock art recording. Moreover, IFRAO has been quite effective in the implementation of improved research standards in most parts of the world, and in a scientifically standardised terminology for the discipline, by creating a rock art glossary and translating it into ten of the major languages, including Chinese (Bednarik et al. 2007).

But perhaps the most spectacular success of IFRAO has been its promotion of protection and preservation of rock art. In this work, IFRAO has found itself opposed by many interest groups, ranging from local administrations, developers and industrial corporations to national governments. All of these confrontations have resulted in better appreciation of the need to take care of rock art, and most of them have brought about the preservation of rock art that would otherwise have faced certain destruction.

The most severe confrontations IFRAO has had with state heritage agencies were those in Portugal, first in the Côa valley (Bednarik 1995), later in the Guadiana valley (Arcà et al. 2001; Bednarik 2004), where these agencies were exposed as intellectually corrupt and incompetent. This has led to major remedial action in that country. The third time IFRAO has had to challenge a government, in Western Australia, has become the greatest confrontation in history for rock art protection.

Australian Rock Art Protection

In terms of its rock art, Australia is a privileged continent. Not only do the researchers of this country have the best access to the traditional ethnographic significance or meaning of its rock art, it also has been blessed with an unusually large corpus of surviving rock art. The reason for this wealth is not, as often assumed, that most Australian rock art is comparatively recent. Rather it is the result of the predominantly semi-arid country's excellent preservation conditions, the absence of any historical iconoclastic tradition, the relatively low population density in most of Australia, and of conservation efforts by various agencies.

Due to the size of the Australian body of rock art, the largest national corpus in the world, a full inventory of it will take many more years, and we still have to expect major new discoveries. Nevertheless, it can safely be concluded that the largest concentrations are those of, from the west, the Pilbara, the Kimberley, Arnhem Land and Cape York Peninsula. The largest single site complex, which is also the largest rock art complex in the world, is that of the Dampier Archipelago, located on the Pilbara coast. It has been partially surveyed and is thought to comprise well over a million petroglyphs. It is little known that most Pleistocene rock art is in Australia, where it is thought to include many thousands of sites, and that all of it refers to people of a Middle Palaeolithic technology. Therefore there is far more surviving Middle Palaeolithic rock art in the world than Upper Palaeolithic.

Despite the large size of the body of Australian rock art, its conservation is in comparison to the rest of the world of a relatively good standard (Watchman 2005). The great majority of sites are quite remote and of limited access to visitation, and they most often occur on private land. Positive publicity campaigns have prompted many landowners to be quite protective of sites. Only a small number of rock art places have been "sacrificed" to the public, and these have been well developed for visitation. Access paths, raised walkways and viewing platforms have been erected, there are psychological barriers as well as physical ones, and good interpretation material and visitor books are widely employed at unsupervised sites. As a result of subtle public education measures, the incidence of site vandalism has been reduced significantly. Most of this enlightened public attitude is the result, directly or indirectly, of the work of the Australian Rock Art Research Association (AURA). That organisation has been instrumental in galvanising researchers into a discipline, and in raising public awareness about rock art through the media and various public agencies, at both state and federal levels. Perhaps the most important lesson we have learnt in rock art site management is that positive public perception is the key issue in site protection.

Rock art research is very well served in Australia, with well-established traditions. AURA is the largest rock art organisation in the world, producing the discipline's major refereed academic journal, as well as two newsletters and a series of monographs on rock art. Apart from survey work, the country's researchers have focused primarily on two areas of research: analytical studies, especially on the dating of rock art; and ethnographic studies involving the traditional owners of all Australian rock art. Most of the analytical rock art dating methods currently in use worldwide were initially developed in Australia, and the country continues to be a leader in the field of estimating rock art antiquity. Other research interests being pursued by Australian scholars are conservation or preservation techniques, advanced methods of recording and a variety of specialised analytical approaches.

The Dampier Rock Art

Unfortunately, in one state, Western Australia, current legislative protection of rock art remains inadequate, and the principal rock art vandal there is the state itself. This emergency state has become especially acute at the huge Dampier petroglyph site complex, where massive industrial development has already destroyed well about 90,000 petroglyphs since 1964. The rest of this substantial monument is being subjected to gradual deterioration from acid rain caused by a petrochemical complex that could easily be located anywhere else in Western Australia. IFRAO has been engaged since 2002 in a long-term campaign to have several planned new hydrocarbon-processing plants located at alternative sites (Figures 2 and 3).

The rock art at Dampier, presumed to be the largest concentration in the world, was discovered by me in the 1960s and I have been engaged in trying to preserve it since 1969. The campaign of the state government of Western Australia and its archaeologists has so far destroyed between 20 % and 25 % of the magnificent Murujuga cultural precinct (on the archipelago's main island) through unnecessary development and appalling planning. Although some significant concessions have been made during recent years, the physical destruction of rock art and megalithic stone arrangements continued at Dampier until 2007, and the campaign is in desperate need of international support. The state government of Western Australia has been the world's worst cultural vandal, exceeding in its fervour the former Taliban regime of Afghanistan. The producers of the Dampier rock art, the Yaburarra tribe, were the victims of police-perpetrated genocide, when they were extinguished in a series of incredible massacres taking three months, commencing 17 February 1868 (Bednarik 2002). No compensation has ever been made to the Aborigines, nor have any of the murderers faced a court. Today this historical incident is such an acute embarrassment to previous state governments of Western Australia that they were keen to see the cultural patrimony of the Yaburarra eradicated as well.

This example shows that in cultural heritage management, there is often more at stake than just cultural values. Rock art, like much other "prehistoric" cultural heritage, is frequently the work of those who were dispossessed, destroyed or defeated — history's "losers". This applies not only in Australia, it is valid globally. Contrary to archaeological claims, we do not really know the correct meaning of "prehistoric" monuments, we have merely appropriated them. It is contingent upon civilised society of the present century to ensure that the destructive powers of the "winners" of history, the powerful and the corrupt, are limited. If we fail in taking those to task who would like to write their preferred versions of history, and who appropriate cultural monuments for political reasons, we have no right to consider ours a civilised society.

To help in the battle to save the rock art at Dampier, please visit http://home.vicnet.net.au/~auranet/dampier/web/index.html and sign the Petition. Thank you.

References

Arcà, A., R. G. Bednarik, A. Fossati, L. Jaffe and M. Simões de Abreu 2001. Damned dams again: the plight of Portuguese rock art. *Rock Art Research* 18(1): i-iv.

Bednarik, R. G. 1995. More news from Hell's Canyon, Portugal. *AURA Newsletter* 12(1): 6-7.

Bednarik, R. G. 2002. The Murujuga Campaign of 1868. Rock Art Research 19: 133-134.

Bednarik, R. G. 2004. Public archaeology and political dynamics in Portugal. *Public Archaeology* 3(3): 162-166.

Bednarik, R. G., A. Achrati, M. Consens, F. Coimbra, G. Dimitriadis, T. Huisheng, A. Muzzolini, D. Seglie and Y. A Sher] *Rock art glossary: a multilingual dictionary*, second edition. Occasional AURA Publication 16, Australian Rock Art Research Association, Inc., Melbourne.

Watchman, A. 2005. Conservation of Australian rock art. Coalition 10: 14-18.

Figure 1. Umm Sanman, near Jubbah, one of many rock art sites protected in Saudi Arabia. The escarpment is densely covered by petroglyphs, and the fence is about 4 km long.

图 1：沙特阿拉伯众多受到保护的岩画遗址之一，这里岩画位于密布的悬崖上，保护方式是建有约 4 公里长的围栏。

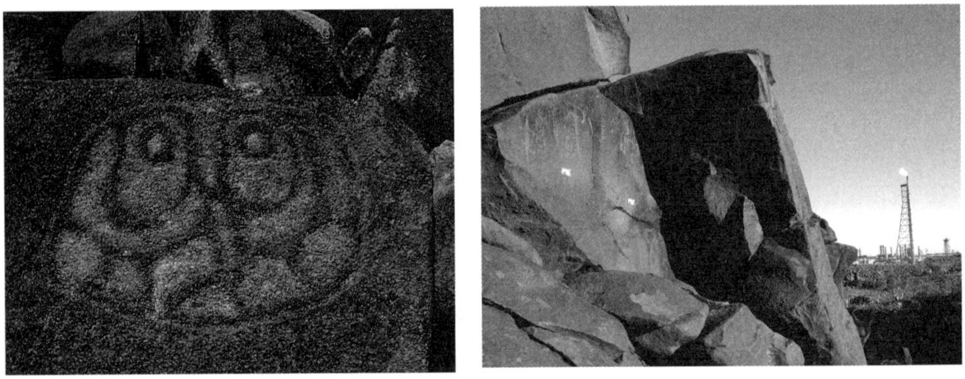

Figure 2. Sacred rock art site at Dampier, Australia, with massive petrochemical industry encroaching.

图 2：丹皮尔岩画点的这些神圣图像已被大规模的石化工业所侵蚀。

Figure 3. Largely destroyed stone arrangement of 138 stelae, King Bay, Dampier, with nearby industry.

图 3：丹皮尔景湾的巨石文化遗址原有 138 根石柱，现在这些巨石阵已被工业摧毁。

澳大利亚文化宝藏的保护

Robert G. Bednarik 撰
杜睿 陶俊竹 译

一、总 论

世界范围内，各国在岩画保护上所做的努力差异很大，法国的肖维岩洞是真正的杰出的模范案例，它可以说是世界上保护得最好的岩画遗址，但同时世界上还有许多地区对岩画甚至还没有采取任何的保护措施。诚然，确实有一些国家已经形成非常好的岩画遗址保护体系，不过许多与岩画相关的政府部门，却还完全没有意识到他们对于岩画遗产保护负有国际责任。世界岩画组织联合会（International Federation of Rock Art Organization，简称“IFRAO”）曾在葡萄牙、秘鲁、圣多明哥、加拿大、美国、纳米比亚、印度和澳大利亚以及其他一些国家，解决过类似的岩画保护问题。IFRAO，是全球最重要的“史前”文化遗产保护的倡议者，IFRAO 发现大多数甚至是绝大部分的岩画保护问题，其实应当归因于当地人们缺乏知识或并非有意的却是不适当的经济开发活动。我们需要有更为强大的具有法则效应的公共宣传，而这个法则一定要表明：岩画是人类共同遗产的组成部分；政府部门仅仅是代表人民来负责来管理这些资源而已。联合国教科文组织声明中关于对文化遗产故意破坏行为的条款（参照声明文本的第四部分）已明确，岩画遗址破坏是应该被纳入到违反国际法的，如何有效地管理好岩画遗址，这些都需要在联合国教科文组织各个成员国中得到很好的贯彻。就我个人的经验而言，理论上讲，世界范围内对各国岩画保护负有责任的大多数都是政府的官员们——这些官员可能属于林业部门，文化管理办公室，文化遗产或各类土地管理部门——尽管他们具有保护意识，但他们认为自己所需要负责的部分也仅限于当地一些固定的文化遗产。上述的条款并不仅仅对于那些发展中国家或管理上混乱的国家是所需的必要条件，它们对于发达国家一样具有深远的意义。我可以列举出葡萄牙曾经发生过的例子，另外，即使是今天，在斯堪的纳维亚半岛上的岩画遗址管理过程中，仍然会有一些对岩画造成破坏的行为方式（如在岩画遗址的画面上作画），这类事情在其他一些地区仍然在继续。幸运的是，我们已经有能力敦促联合国教科文组织对 2005 年 10 月出台的岩画保护指导方针，在现有基础上再对其内容进行重大修改。一个非常明显的事实是，往往正是在那些拥有世界著名考古文化遗址的国家（如埃及、印度、墨西哥、安第斯国家）里，岩画遗存会比其他国家更容易被忽视。另外，大部分穆斯林国家历来不愿意承认岩画的重要性，本质上这是由于宗教对图像的偏见所致。不过幸运的是，沙特阿拉伯正在克服这种偏见，并在岩画保护[1]（图 1）方面采取了强有力的领导管理措施，另外，还有摩洛哥、阿尔及利亚和利比亚，他们的岩画保护水平也在提高，我们希望其他伊斯兰国家在未来也能够以他们为榜样，形成同样的保护机制。

岩画遗存的全球详细归档目录，不仅对岩画研究或遗址管理很重要，对岩画保护也同样重要，因为只有在岩画资源真正被记录在案之后，这些资源才可能得到有效的保护。IFRAO 已经非常成功地让带有破坏性的岩画记录操作方式被彻底摈弃，而这种记录操作直到 20 世纪 90 年代在一些主要的岩画区还被调查研究人员广泛地使用。通过引入岩画记录的国际标准化规范，也促进了现代记录技术、数字化处理和数据操作的发展。此外，IFRAO 在世界大部分地区推行岩画研究标准化和科学技术标准化的学科术语使用，岩画的学科术语通过创建岩画专业词汇并将其翻译成包括中文在内的主要十种语言，在这一领域 IFRAO 也一直发挥着引领作用。

当然，也许 IFRAO 最显著的成功之一，在于它持续不断地对岩画保护与保存事业所带来的推动作用。在这项事业推进过程中，IFRAO 多次面对利益集团的反对与包围，这些利益集团数量很多，其中包括地方行政机构、开发商、工业企业乃至国家政府部门。通过这样的斗争，我们逐渐让人们理解岩画是需要得到很好爱护的遗产，而反对派中的大多数人，最终也意识到如果再不好好

【1】图 1 是沙特阿拉伯众多受到保护的岩画遗址之一，岩画分布于密布的悬崖之上，为了保护这些岩画，当地政府修建了长约 4 公里的围栏。

地保护岩画，这些资源将面临严重威胁。

IFRAO 一次最为严峻的斗争是对葡萄牙国家遗产机构的抗议，第一次是因为库阿山谷岩画（Côa Valley, Bednarik 1995），第二次是因为瓜迪亚纳河山谷岩画（Arcà et al. 2001; Bednarik 2004），在这些因岩画遗址保护的抗议斗争过程中，这些地方机构在文化上的腐败和无能，最终被揭露出来，而正是由于这些揭露工作，才引发了后来这个国家及时的补救行动。IFRAO 的第三次挑战是针对西澳大利亚某地方的政府部门，那是 IFRAO 历史上最大的一次岩画保护的抗议活动。

二、澳大利亚的岩画保护

就岩画而言，澳大利亚是一个享有特权的国家。这个国家的研究者不仅有机会通过岩画遗产直接了解岩画的传统人类学文化内涵或意义，还有机会享有得以幸存的岩画资源，这是一个极为巨大的岩画图像语库。情况并不像人们通常以为的那样，澳大利亚之所以拥有如此巨大的岩画财富，是由于大多数澳大利亚岩画的年代相对较晚才得以保存下来，恰恰相反，岩画能够保存的原因是由于这个国家非常显著的半干旱气候所造成的天然优良保存条件，以及这个大陆文化具有严禁破坏任何传统古旧习俗的历史文化传统，当然还因为澳大利亚大部分地区相对较低的人口密度，另外还有各种机构在岩画保护上所做出的种种努力。

澳大利亚岩画数量的规模，使它成为世界上最大的国家图像语言库，所以完成一个完整的澳大利亚岩画详细存档目录还要花费很多年的时间，与此同时，我们还期待会有重大的岩画新发现。不过，可以肯定的结论是，岩画最重要的关注点，还是西部那些地方的岩画，皮尔巴拉，金伯利，阿纳姆地和约克角半岛。最大的单一岩画遗址群，也是世界上最大的岩画遗址群，位于皮尔巴拉海岸的丹皮尔群岛。经过部分地区的岩画调查，人们认为这个岩画遗址群是由超过一百万幅岩画图像所组成的岩画遗址。鲜为人知的是，澳大利亚成千上万的岩画遗址大多数都属于更新世岩画，这些遗址上的岩画大都与旧石器时代中期人类石器制作技术有关，因此澳大利亚中部地区的旧石器时代岩画的数量远多于上部地区，它们也是这个世界上仅存的旧石器时代中期岩画。

尽管澳大利亚岩画规模庞大，但是它的岩画保护水准相比较世界上其他岩画国家，应该达到了一个相当不错的水准（沃其曼，2005）。大部分岩画遗址都位于相当偏远、岩画考察条件受到严格限制的地方，而且它们绝大多数通常都属于私人领地。积极的宣传活动已经促使很多土地拥有者保护遗址了。只有小部分的岩画遗址，由于已经得到很好的开发利用，参观访问的人行道、观景台等设施也已修建完善，便只能作为旅游参观的景点而成为大众参观的"牺牲"品。好在有物理隔离设施，也就建立了心理上的隔离屏障，这些遗址参观点即使是无人监控的地点，由于拥有良好的游客解说材料和广泛作用的旅行手册，总之，类似这样一些细致入微的公众教育措施，使岩画遗址破坏的行为发生率已经明显减少。澳大利亚这种对岩画遗址的公众文明水平的提高，很大程度上是因为澳大利亚岩画研究协会（AURA）直接或间接工作的结果。AURA 一直致力于鼓励研究者进入岩画学科领域，同时通过各州和联邦级别的媒体以及各种公共宣传机构，提升公众对岩画保护的全民意识。从岩画遗址管理过程中得到最重要的经验也许正是积极提升公众对岩画的认知度，才应该是岩画遗址保护关键中的关键。

由于一些固有的文化传统，澳大利亚岩画研究事业发展得非常不错。AURA 是世界上最大的岩画组织，创建并出版了岩画学科领域一个具有重要的权威性的学术期刊，两个岩画宣传通讯，还出版了一系列岩画研究专著。除了田野调查工作外，这个国家的岩画研究人员主要关注两个方面的研究：一是分析性研究，尤其是岩画年代考古测定；二是岩画的民族志研究，其中包括所有的澳大利亚岩画的传统制作部落。当前在整个世界范围内使用的大多数岩画年代判断及测定方法，最初都是在澳大利亚创造发展起来的，澳大利亚今天仍是评估岩画考古年代这一专业领域的领导者。澳大利亚学者所追求的其他研究兴趣还包括岩画保存或保护的技术，先进的岩画记录方法以及各种专业分析方法。

三、西澳大利亚丹皮尔岩画遗址的保护

不幸的是，在澳大利亚西部，关于岩画保护的现行立法仍然不足，而且对岩画起主要破坏作用的恰恰是政府本身。目前这种矛盾已经变得非常复杂与尖锐，形势也相当紧迫，尤其是规模巨大的丹皮尔岩画遗址。这个岩画遗址自

1964 年开始大力发展工业生产以来，岩画已经有 9000 余幅遭到破坏。由于澳大利亚西部地区化工合成工厂随处可见，剩余的岩画遗迹也正在遭受到化工厂生产导致的酸雨的侵蚀毁坏。从 2002 年起，国际岩画组织便长期与位于岩画遗址新规划区的那些烃加工化学工厂进行着不懈的斗争。[1]（图 2 和图 3）

20 世纪 60 年代，本人最早发现丹皮尔岩画。人们推测，这个岩画遗址是世界范围内岩画图像分布最为密集的地点。1969 年开始，我便一直在努力保护这些岩画资源。然而，由于西澳大利亚州政府和考古学家们制定的那些不必要的、甚至令人震惊的开发计划，木鲁居嘎（Murujuga）保护区的岩画中已经有 20% ~ 25% 被破坏掉（在该群岛的主要岛屿上）。虽然，近些年西澳大利亚政府做出了一些让步，但直到 2007 年为止，丹皮尔岩画和巨石阵的物理破坏仍在继续。因此，岩画保护亟须国际组织的支持。西澳大利亚州政府一直是最具文化破坏力的政府，其对文化的破坏能力甚至超过了阿富汗塔利班政权。1868 年 2 月 17 日（贝纳里克，2002），丹皮尔岩画的创作者——亚布拉尔拉（Yaburarra）部落遭受了长达三个月之久的大屠杀和一系列恐怖主义迫害，种族几乎灭绝。对于这一历史事件，西澳大利亚州政府没有对土著居民进行过任何补尝，甚至没有对杀人犯进行过审判。如今，面对这一令人尴尬的历史事件，他们希望看到亚布拉尔拉部落的文化资源完全被根除。

这个例子说明，在文化遗产管理过程中，往往还存在着危险，而不仅仅只是文化价值的问题。其实并不只是在澳大利亚，甚至是全球范围内，许多史前文化遗产所面临的问题都是一样的，岩画的保护工作是如此孤独和无依无靠——我们常常是历史的失败者，因为我们经常会遭遇破坏与失败的命运。岩画研究者们的诉求与考古学家们的要求正好相反，我们即使并不清楚这些史前遗迹的真实含义，我们同样会欣赏这些岩画图像本身。这些岩画的保存取决于本世纪文明社会结构中的那些“胜利者”，他们在历史中的力量，取决于这些人的强大或腐败，而这是很有限的。如果这个社会变成这样一种情形，这些政客们只在撰写他们自己的历史首选卷册，或出于政治原因而直接篡改历史，那么我们怎么能够认为这个社会是一个文明社会！

【1】图 2 反映的是丹皮尔岩画点的神明图像，这些图像已被大规模的石化工业所侵蚀；图 3 表现的是巨石文化遗产被工业建设所摧毁的景象，这里原来是丹皮尔景湾的 138 根石柱遗址。

如果你愿意帮助正在抗争中的丹皮尔岩画，请访问下面这个网站，并在请愿书上签上你的名字，谢谢你！

【Robert G. Bednarik】 澳大利亚岩画研究中心主席，国际岩画联合组织（IFRAO）会议召集人及编辑。
【陶俊竹、杜睿】 中国岩画研究中心2012级专业硕士研究生。

CONSERVATION or CRISIS?

—The Future of Rock Art Management in Australia

Paul S.C. Taçon
Melissa Marshall

Abstract

Australia is believed to have more rock art sites than any other country in the world with over 100,000 sites, most of which lie across northern Australia. Today there is a push from a large range of governments, industries and special interest groups to develop the north on a massive scale. In particular, it is proposed that northern Australia be opened up for widespread mining, agriculture and tourism. All of these industries have huge impacts on landscapes and the cultural heritage sites that lie within them, especially rock art. In order to minimise risk, a national rock art conservation and management strategy needs to be developed, something Australia has never had before. We outline the current state of rock art management in Australia before proposing collaborative strategies between Indigenous communities, researchers, government and other interest groups to look after rock art sites.

Introduction

Australia has one of the most outstanding and diverse rock art records in the world. Rock art consists of paintings, drawings, stencils, petroglyphs (pecked, pounded, incised, etc. engravings), bas-relief and figures made with the wax of native bees (otherwise referred to as beeswax). All forms of this artistic expression are found across the Australian landscape, in caves and rock shelters, on rock platforms and boulders. These are special, often spectacular places that reflect ancient experience, identity, history, spirituality and relationships to land. As many as 100,000 individual rock art sites or site complexes are thought to still exist in Australia, with exciting new 'discoveries' and site relocations made each year. However, as Australia has never had a national database or a coordinated approach to rock art documentation, conservation and management the extent of Australian rock art is still unknown.

Australian rock art is extremely important for Indigenous Australians but it is also part of our collective national identity. By studying it we can learn about ancient Indigenous Australian cultures, their spirituality, history and relationships to land. The art also informs us about past periods of climate change and Indigenous reactions to it, what long extinct animals looked like, Indigenous reactions to the arrival of Asians and Europeans in the past few hundred years and many other aspects of the past unavailable from archaeological excavations. For Indigenous Australians, rock art sites are history books—their history, our history. They are often considered as museums and art galleries embedded in natural landscapes by the nation today, despite the ongoing cultural connection contemporary Indigenous people have with these places and the disruption they have faced to traditional methods of site maintenance, such as refreshing images or painting new ones. However, despite this view, and unlike built museums and galleries, the ability to continue to care for many of these important places is limited in terms of having high security, protection from the elements and lots of financial support.

All rock art sites are under threat from natural and cultural forces (*e.g. see Lambert 2007, Marshall and Taçon in press, Rosenfeld 1985; Figure 1*), the latter increasing at an alarming rate. Today, the negative impact of human activity, such as industrial and urban development (Figure 2), tourism, pollution, introduced feral animals, vandalism, graffiti and poor management, is far greater than natural forces that have always impacted on rock art sites. If we do not develop a national strategy to research, manage and conserve this priceless resource soon a significant aspect of Australia's visual heritage will be lost.

In many countries, including France, Spain and South Africa, rock art is considered so important, precious and vulnerable that millions of dollars are spent each year on research in order to better understand its age, meaning and significance, as well as the best ways to present it to the general public and to protect it for future generations. National databases have also been created. But in Australia little is spent annually caring for rock art.

Currently, rock art records are scattered across the country, in state and territory archaeological databases, museums, universities, national park archives, heritage centres, local council records, Indigenous organisations and institutions, as well as the private records of rock art researchers. There is no central register or collective point of information dissemination but a national rock art heritage strategy could help establish one in collaboration with Indigenous communities. Whilst once at the forefront of physical conservation and the management of sites, Australia is now behind many other countries in caring for its rock art, with a noticeable hiatus for the past decade or more. Rock art conservation is almost non-existent and large areas of the country are undocumented or poorly recorded (*for a recent review of past Australian rock art conservation see Marshall and Taçon in press*).

Threats to Australia's rock art

Australian rock art, like that of most countries, faces a wide range of natural and human threats (see Table 1). Natural threats, such as general weathering, water washing over surfaces, changes in exposure to sunlight, vegetation, deterioration of rock surfaces, damage by animals such as termites and mud wasps that build nests over rock art panels (and in Southeast Asia birds that build nests on top of rock art), and other forces are difficult, if not impossible, to fully protect against. Indeed, in this sense, rock art was not made to last forever. However, in the past rock art sites were renewed with new imagery in order to maintain cultural interactions with these important places and, in the process, to reaffirm individual and group and connections. With changes brought about from colonisation by Europeans over the past couple hundred years this rarely happens today.

Natural impacts	**Human impacts**
Water flow/rain (especially changes brought about by various forces)	Tourism (e.g. touching, unmanaged visitation, too much visitation) at tourist sites
Structural collapse	Unwanted or unauthorised visitation to non-tourist sites
Dust (atmospheric) and wind	Dust incurred by man-made practices such as roads, airstrips, mining and the like
Fire and smoke	Fire caused by arson
Flaking/cracking/disintegration of rock surface	Rubbish
Vegetation growth/rubbing	Creation of new roads/tracks to access sites
Biological growth, such as lichen and algae	Graffiti (e,g. kids, frustrated teenagers, ignorant adults)
Mineralisation (salt, calcification and the like)	Theft (removal of art and/or other cultural material)
Insects (e.g. termites, mud wasps) and native animals (e.g. birds making nest or wombats, kangaroos, etc., digging and lying in rock shelters)	Industrial and other development (e.g. mining, agriculture, dams, housing, roads, etc. leading to site damage/destruction)
Direct sunlight (caused by the insolation within a site or changes in surrounding vegetation)	Researchers undertaking rock art recordings, rock art dating and analysis, archaeological excavations, etc. in less than best practice ways
	Well-meaning physical rock art conservation works that are either installed incorrectly by the untrained or cause future damage specialists (e.g. poorly installed driplines)
	Introduced feral animals such as pigs rubbing low lying paintings off shelter walls and digging, lying in rock shelters
	Other forms of human vandalism
	Unauthorised publication of information about or of rock art in Australia, such as their geographic position (coordinates) or imagery on the internet

Table 1: Natural and human threats to Australian rock art, many of which are common to other parts of the world including Southeast Asia.

Indigenous Australians are most interested in dealing with impacts derived by human interaction with places (such as development, introduced feral animals, road dust, rubbish, unauthorised visitation, graffiti, vandalism and so on) than the natural impacts that have always impacted sites and are harder to control (water wash, exfoliation, mineralisation and the like) (Marshall and Taçon in press). This is because these are the biggest developing threats that are increasing at a rapid pace and now outweigh the effect of environmental impacts on site maintenance and management. Collaborative cultural heritage strategies, if developed, fully financed and implemented, can effectively address these impacts.

Indeed, much of this priceless heritage is under threat because we do not have state, territory or federal government rock art conservation and management strategies. Furthermore, there are few management plans in place even for individual sites, and many that do exist are unpublished or unavailable for wider dissemination, whether due to cultural restrictions or developmental ones. There are also difficulties with this as there have been instances where the lead agency or organisation can also influence the outcomes, in particular where there is conflict between local Aboriginal communities and organisations, and the group leading the planning (such as on the Dampier Peninsula in Western Australia). Although various forms of legislation make it an offence to disturb a rock art site this has not stopped a rise in graffiti, vandalism and damage from development. Now unprecedented mining exploration across the country further threatens this priceless cultural resource. Traditional owners struggle to protect their heritage with very few conservation/management plans in place and little government assistance.

As noted above, rock art was never meant to last forever and it has always been subject to natural weathering forces. But it is the rapid increase in human induced impacts that is most worrying. This is similar to climate change. There has always been natural climate change. What worries many people is human induced climate change that is changing the planet in profound ways. Human activity is also changing rock art sites in unprecedented ways.

Rock art is particularly under threat in northern Australia where there is a federal, state and territory government push for development – especially mining, agriculture and tourism, all of which will have huge impacts on landscapes, rock art sites and cultural heritage more generally.

For instance, in the Quinkan country of Cape York – one of the most impressive and extraordinary bodies of rock art in Australia – outstanding heritage values are threatened by unmanaged tourism and potential mining development (*Cole and Buhrich 2012*). In 2011 and 2012, permits for minerals and coal exploration were granted for virtually the whole of the famous Laura-Quinkan rock art region despite it being listed as an environmentally sensitive area on the Queensland Cultural Heritage Register. Traditional owners struggle to protect their heritage with no conservation/management plan in place and no government assistance, as the nation learned from the front page of Australia's national newspaper, The Australian, on 2 March 2013.

The rock art of north Queensland is as rich as that of the Top End of the Northern Territory and the Kimberley of Western Australia. In the Northern Territory, Kakadu National Park received World Heritage status partly because of its rock art and there have long been management plans in place. Since 2011, a revised up-to-date program has been implemented, including renewed monitoring programs and a cultural database. But there is still a lot of work to be done within Kakadu and outside of the Park rock art sites do not have the same protection. For instance, there currently is no conservation and management plan for the exceptional rock art sites of the Wellington Range in northwest Arnhem Land yet large international mining companies such as Cameco and Rio Tinto have discovered significant deposits of uranium, bauxite and other minerals in and around the Range. Initial conservation assessments of sites tourists visit began in 2013 (Figure 3) but there is no long term program or funding in place for the area.

Developing a national rock art strategy

Best practice dictates that all countries need to develop national rock art conservation and management strategies. Sometimes this can be done within broader heritage protection programs. In order to develop a comprehensive Australian strategy of relevance to both Indigenous and non-Indigenous Australians a number of important steps need to be undertaken:

1. Hold workshops to hear what Indigenous Australians regard as the priorities for future rock art research, conservation and management.

Rock art was made by Indigenous Australians and despite some of it being very old it remains a part of living Indigenous culture. Indigenous Australians are very concerned about threats to their rock art and conserving both tangible and intangible aspects of sites for future generations. They desire to work with interested parties to achieve this. Traditional owners struggle to protect their heritage with no conservation/ management plans in place and little to no government assistance. Thus it is imperative that a national rock art heritage strategy involve Indigenous Australians from the beginning, as it will determine the shape of the resulting framework.

2. Conduct a national inventory of the state of the resource.

This has never been undertaken before. We do not have an overview of Australia's rock art let alone specific threats to it. We also do not have a good idea of our knowledge gaps or even which areas should be prioritised for research, conservation or management. Existing databases, projects and plans need to be identified, analysed and reconciled. A conservation assessment process would be created in conjunction with this and for ongoing field based research.

3. Review national, state and territory rock art policies, management practices and funding schemes.

Heritage policies and management practices vary considerably across Australia and there are no comprehensive policies, funding schemes or plans for rock art. The current National Australian Heritage Strategy Public Consultation Paper doesn't even mention rock art. This is a shocking omission and a review of Australian government approaches to rock art is long overdue.

4. Identify the top Australian rock art site-complexes for intense future recording and management.

Across the world nations are identifying their top rock art sites for UNESCO World Heritage listing. Australia has no sites on the serial rock art list and currently it cannot even be stated what the top sites are. Meanwhile some of the most outstanding rock art site complexes are subjected to growing threats, including mismanagement and lack of government interest. Indigenous communities are also unsure what this will mean for site complexes and are at times reluctant to enter this process as they view them part of a collective landscape, intrinsically linked to all other types of sites. Indeed, many Aboriginal communities argue that all aspects of cultural heritage are intrinsic to landscapes and that rock art sites should not be extracted alone consultative processes may lead to thematic listing of areas (as with the West Kimberley).

With this in mind, and in collaboration between Indigenous groups and researchers, this could bes something that is of national importance. Initially, the top 50 site complexes and their associated cultural/natural features could be recorded using state of the art technology such as laser scanning for 3D replications. Then if anything happened to the sites we would at least have these detailed records available for future generations. This initial set of detailed recordings could later be expanded to incorporate the next 50 site complexes and a refined recording and storage system could be developed.

5. Visit all rock art sites currently open to the general public in Australia and Southeast Asia to assess what is working and what is not working.

The general public is very interested in rock art and worldwide rock art is an important part of tourism. In Australia, numerous sites have been made accessible to the public, with various forms of infrastructure and variable management plans. A range of problems have been identified, such as wooden boardwalks making rock art vulnerable to destructive bush fires, but a national assessment of what is working and what is not working at public sites has never been undertaken. In many cases, sites may be at risk because of visitation. Comparison to how sites are run in Southeast Asia will be invaluable in terms of learning how local communities are involved, what sorts of sustainable strategies are employed, how tight budgets are managed and so forth.

6. Undertake rock art management case studies that could become part of a national heritage model, both large and small and from a range of locations regardless of ownership or legislative protection: e.g. commencing with Cape York (Queensland)

and the Wellington Range (Northern Territory).

Case studies from a range of locations and environments will allow us to not only better manage the rock art of those areas but also provide us with alternative models to plug into a national rock art heritage strategy. This is important because of the range of different forms of rock art and their landscape locations as well as significant threats to sites differing between some areas.

7. Develop rock art conservation and management training schemes, new database systems, innovative ways of using 3D and other new technology as well as other programs to establish best rock art research, management and conservation practice.

Australia has very few rock art conservators and rock art managers rarely have rock art specific training. This is a situation that requires immediate address if we are to seriously consider the scientific support to the physical conservation of rock art. Without trained conservators and managers, working alongside communities, the implementation of best practice measures cannot be assured. Within all other areas of the archaeological discipline, practitioners must have the appropriate training and knowledge in scientific methods, along with apprenticeship-type practical experience, prior to undertaking conservation works. This is something that has not been demanded for the conservation and management of rock art in Australia. Additionally, new technology, including the latest GIS systems and gigapan/panoramic/photogrammetric cameras, provides opportunities for developing innovative, non-invasive forms of rock art recording, conservation and management. Three dimensional digital records could be used for detailed recording and to provide virtual access to sites via museum/art gallery exhibitions and online; virtual reality walk throughs would be possible. Laser scans every few years at important sites would help with site monitoring for conservation purposes. Ways in which training and technology can be used as part of a national rock art strategy need to be explored so that Australia will become a world leader in this field and always be at the cutting edge of best practice.

8. Develop new initiatives between established rock art centres such as PERAHU, RARC and CRARM, as well as any emerging ones in order to establish a truly national rock art heritage strategy.

Partly in response to a 2008 a *Sydney Morning* Herald editorial calling for the establishment of an Australian rock art research centre by one of us (*Tacon* 2008), three new institutions were created at leading universities: The Australian National University's Rock Art Research Centre (RARC; 2009), The University of Western Australia's Centre for Rock Art Research and Management (CRARM; 2010) and Griffith University's Place, Evolution and Rock Art Heritage Unit (PERAHU; 2011). PERAHU is already collaborating closely with RARC to develop new iPad and tablet based rock art recording and database systems, joint research and student exchanges. Geographically both PERAHU and RARC are national in scope but focus on northern Australia. PERAHU also includes Southeast Asia in its orbit. CRARM, with a focus on Western Australia, recently received significant multi-million dollar funding, allowing it to hire a range of new staff and to develop new research programs in the Pilbara and Kimberley. There is now the opportunity to collaborate between all of the centres in order to develop a truly national approach to Australian rock art.

9. Development, implementation, updating and review of site monitoring practices and management plans

Where possible, rock art sites should be monitored, in particular when facing serious, introduced human threats or at sites that have had physical rock art conservation work undertaken previously. Acknowledgement needs to be made that all conservation works, whether invasive or not, will impact on sites. It is no use installing driplines, termite baits and so forth if this conservation work is not followed-up with monitoring and perhaps further action. Where changes to sites due to works are noted (such as from perishing driplines), further action needs to be taken to reduce this impact or remove it altogether, and this requires the willingness and resourcing (both human and financial) to undertake detailed monitoring programs. In terms of tourism management, wooden boardwalks and viewing platforms that are installed without vegetation monitoring programs risk great fire damage to sites (Figure 4). Across Australia and in many parts of the world all wooden infrastructure at rock art sites should be reviewed and places where physical conservation has occurred should be required to have follow-up monitoring programs. Additionally, all works undertaken should be to best practice standards and follow detailed scientific studies within the site or local area, to ensure local factors are considered. Ongoing review of physical conservation methods and their continued development are imperative to successfully undertake, and advocate, these practices.

10. Develop new ways to educate and engage the general public.

If awareness of the importance of rock art is increased amongst the general public then instances of graffiti and vandalism will decrease. An engaged public will also rally around the protection of sites facing damage from development. Recently in Australia the media has taken a great interest not only in the publication of previously unrecorded rock art but also rock art damage. In this regard we should build new relations with the media and use new forms, such as social media and web-based forums, to increase awareness and concern about threats to rock art.

The ten initiatives outlined above do not just apply to Australia. Similar undertakings could take place in China, throughout Southeast Asia and in many other parts of the world in order to ensure the rock art of these areas also can continue to inform and be enjoyed by present and future generations.

Summary and conclusion

Rock art sites are still extremely important for Indigenous Australians. They are also an important part of the heritage of all Australians, as well as having World Heritage value. Australian rock art tells an incredible and unparalleled story of long-term human survival in a constantly changing natural-cultural-spiritual world, as does the rock art of many other countries. Rock art was never meant to last forever and it has always been subject to natural weathering forces. However, it is the rapid increase in human induced impacts that is most worrying. Although various forms of legislation make it an offence to disturb a rock art site this has not stopped a rise in graffiti, vandalism and damage from development within Australia and globally.

Sullivan (1989:113) has argued that 'the cultural significance of a site is defined as "aesthetic, historic, scientific or research value for past, present or future generations"'. This sentiment should be driving rock art heritage conservation and management throughout the world but rock art sites also need to be seen as having more than just research value for specialists. They also are focal points of cultural landscapes that reflect human identity and experience. They are important for Indigenous peoples and local communities, and in many parts of the world can be considered part of living culture. They can have economic value, such as through tourism, and can be places where different people come together to share what it is to be human. This is why they need to be protected for future generations.

Acknowledgments

Traditional Aboriginal Owners of rock art sites we have worked at are thanked for their hospitality, generosity and sharing of knowledge. Griffith University and The Australian National University are thanked for supporting our research and the acknowledgement of the importance of Australian rock art through the establishment of the *Place, Evolution and Rock Art Heritage Unit* (Griffith University) and the *Rock Art Research Centre* (Australian National University).

References Cited

Cole, N. and A. Buhrich. 2012. Endangered rock art: Forty years of cultural heritage management in the Quinkan region. *Australian Archaeology* 75: 66-77.

Lambert, D. 2007. *Rock art conservation guidelines*. Department of Environment and Climate Change (NSW), Sydney South.

Marshall, M. and P.S.C. Taçon. In press. Past & present, traditional & scientific: the conservation and management of rock art sites in Australia. In T. Darvill and A. P. B Fernandes (eds) *Open-Air Rock Art Conservation and Management: State of the art and future perspectives*. Routledge, London.

Rosenfeld, A. 1985. *Rock art conservation in Australia*. Special Australian Heritage Publication number 2. Australian Government Publishing Service, Canberra.

Sullivan, S. 1989. Site management. *Rock art of Baja California*. M. M. Riedel. Los Angeles, USA,

Getty Conservation Institute (GCI): 112-128.

Tacon, P.S. C. 2008. History of neglect undermines us all. *Sydney Morning Herald 53*,257 (June 4, 2008):17.

List of Figures

Figure 1: White hand stencils of Wollemi National Park (New South Wales, Australia) crumbling away because of rock fracturing brought about by hot wild fires.

Figure 2: Roads, mining and development are serious threats to rock art sites worldwide. This major road in the Blue Mountains of New South Wales, Australia is right next to an important rock art site (left of the truck) and proposed road expansion could severely damage it.

Figure 3: Rock art conservation assessment at sites long visited by tourists in the Wellington Range, Northern Territory, Australia only began in June 2013. This was initiated by the authors and the local Aboriginal community with support from the Northern Territory government.

Figure 4: Fire destroyed a wooden boardwalk in Kakadu National Park (Northern Territory, Australia) in the late 1980s but fortunately the paintings survived. It was replaced with a fireproof boardwalk, something that should be occurring across Australia.

【 Paul S.C.Taçon 】 Chair in Rock Art Research and Director of PERAHU, School of Humanities, Griffith University, Gold Coast, QLD, E: p.tacon@griffith.edu.au

【 Melissa Marshall 】 PhD Candidate, School of Archaeology and Anthropology. The Australian National University, Canberra, ACT 0200.E: melissa.marshall@anu.edu.au

Figure 1: White hand stencils of Wollemi National Park (New South Wales, Australia) crumbling away because of rock fracturing brought about by hot wild fires.

图 1：来自国家公园的白色手印岩画（澳大利亚，新南威尔士）因为高温度的野外火灾造成的岩石破裂，摇摇欲坠。

Figure 2: Roads, mining and development are serious threats to rock art sites worldwide. This major road in the Blue Mountains of New South Wales, Australia is right next to an important rock art site (left of the truck) and proposed road expansion could severely damage it.

图 2：道路，采矿在全世界范围内的发展严重威胁了岩画遗址。这个位于澳大利亚新南威尔士的蓝山湖主干道建在一个非常重要的岩画遗址旁边（卡车的左边），而且道路扩张的提议有可能非常严重地毁坏这个岩画遗址。

Figure 3: Rock art conservation assessment at sites long visited by tourists in the Wellington Range, Northern Territory, Australia only began in June 2013. This was initiated by the authors and the local Aboriginal community with support from the Northern Territory government.

图 3：在澳大利亚北部的惠灵顿范围的岩画遗址保护评定旅游者的长期访问于 2013 年 6 月开始。发起于来自北方区域政府的作家以及当地团体的支持。

Figure 4: Fire destroyed a wooden boardwalk in Kakadu National Park (Northern Territory, Australia) in the late 1980s but fortunately the paintings survived. It was replaced with a fireproof boardwalk, something that should be occurring across Australia.

图 4：在 1980 年后期，大火毁坏了卡卡杜国家公园（澳大利亚北部）的一个木质木板路，但幸运的是岩画图像留存了下来，取而代之的是防火木板路，这事不应该在澳大利亚继续发生。

保护还是危机？
——对澳大利亚岩画未来管理的思考

Paul S.C. Taçon
Melissa Marshall 撰
张晓霞 译

前 言

澳大利亚是世界上拥有岩画最丰富的国家之一。这里的岩画水准极高，主要由涂绘、描绘、印刻、岩石雕刻（凿、击打、切刻等凿刻方法）、浅浮雕与由本地蜂蜜制成的蜡所绘的图像组成。所有这些艺术符号都发现于澳大利亚地区的洞穴、崖壁、巨石平面与岩石上。这些特殊而壮观的岩画分布地区反映了古代人在经历、身份、历史、精神和关系。随着每年一些令人兴奋的“发现”与遗址的变迁，澳大利亚除了现有的多达十万个岩画点或遗址群，仍然被认为还存在有更多还未发现的遗址。澳大利亚岩画的记录、保护和管理工作在整个澳大利亚岩画的范围内依然是未知的，也从未建立过国家数据库或者其他的管理协调方式。

澳大利亚岩画，对于澳大利亚土著民来说是非常重要的，同时也是我们集体民族认同的一部分。通过学习它，我们可以学习古代澳大利亚土著民的文化，以及他们在这片土地上的精神生活、历史以及生存关系。这些艺术还会告诉我们关于过去气候的周期变化与土著民对于环境变化的反应，还可以知道已经灭绝的动物是什么样，以及在过去几百年里土著民对于亚洲人和欧洲人到来的反应，这些是从考古发掘中无法得知的。对于澳大利亚土著民，岩画像历史史册一般——书写着他们的历史，我们的历史，它们通常被视为由民族嵌入自然风景中的博物馆和美术馆，尽管当代依旧进行文化连接的土著民所在的地区受到破坏，但他们有维护遗址的传统方法，如使图像更加清晰或者画一幅新的图像。然而，尽管这种方式，不同于建造博物馆和美术馆，但对于继续维护这些重要的地方，在安全性能、保护原理和很多财政支持方面是十分有限的。

所有的岩画点都面临着来自自然和文化势力的威胁（e.g. see Lambert 2007, Marshall and Taçon in press, Rosenfeld 1985；如图 1），并且后者以惊人的速度增加。今天，人类活动的负面影响，如工业和城市发展（图 2），旅游，污染，野生动物灭亡，破坏公物，涂鸦和管理不善等，远远大于自然力量，影响着岩画遗址。假如我们不开展国家性的战略研究进行管理和保护这宝贵的资源，澳大利亚的视觉文化遗产将会丢失这一重要的部分。

在法国、西班牙、南非等许多国家，岩画被认为是十分重要、宝贵与容易受到威胁的，为了后代子孙，他们每年花费数百万美元用以研究其年代、含义与意义，同时用最好的方法向公众呈现它，并且保护它。这些国家也已经创建了数据库。但是澳大利亚在维护岩画方面的支出却微乎其微。

目前，岩画的记录工作是十分分散的，其中有国家、正规领域考古数据库、博物馆、大学、国家档案处、遗产中心、地方委员会、土著民组织和机构，同时还有岩画研究者的个人记录等。始终没有一个记录中心或者集体的信息传播中心，国家岩画遗产战略便可以很好地帮助建立与土著社群的合作。虽然澳大利亚曾经处于物质保护和遗址管理的最前列，但在岩画管理方面却落后于许多其他国家，在过去的十年或更多时间都处于明显的中断，对于岩画的保护几乎是不存在的，该国大部分地区的岩画都没有正式归档或记载的。

一、澳大利亚岩画的威胁

澳大利亚的岩画，如同大多数国家的情况一样，面临着自然与人类各种各样的威胁（见表 1）。自然威胁包括一般风化、雨水冲刷表面、阳光照射的变化、植被、岩石表面破坏、动物的损坏，如白蚁和泥蜂筑巢在绘有岩画的岩石面上（在东南亚，鸟类会在岩画表面筑巢）以及其他的威胁因素。如果有可能的话，免受这些力量的影响是非常困难的。无论如何，在这个意义上，岩画不是永远持续下去的。然而，过去的岩画点被更新了新的图像是为了再次保持与这些重要的地方的文化互动，并且在这个过程中，再次肯定个人和群体之间的联系。在过去几百年里，这些由欧洲人的殖民活动带来的变化，今天很少发生。

自然影响	人类影响
水流／雨（特别是各种力量带来的变化）	在旅游景点（如触摸，未经管理，频繁的参观）
坍塌	在非旅游区进行有害的或未经授权的参观
尘埃（大气）和风力	人为活动，例如公路、飞机跑道、采矿等造成的粉尘
火焰与烟雾	纵火引起的火灾
岩体表面开裂／解体	垃圾
植被生长／摩擦	建造新的道路／跟踪访问遗址
生物生长，如地衣和藻类	涂鸦（孩子，青少年，无知的成年人）
矿化（盐、钙化等）	盗窃（搬动岩石和／或其他文化物质）
昆虫（如白蚁，泥蜂）和原生动物例如鸟类筑巢或袋熊，袋鼠等，在岩石上掘洞以躲藏。	工业和其他发展（如矿业、农业、水坝、住房、道路、等导致遗址的伤害／破坏）
阳光直射（由日晒引起的在一个遗址或周围植被的变化）	研究人员进行岩画记录，岩画断代和分析，考古发掘等时，方法不当。
	善意的物理岩画保护工作，但是由未经训练或安装不正确造成了损坏（如安装机器不当）。
	野生动物如猪刨出一些低处的画面以躲藏和作为避难所。
	其他形式的人类的破坏
	未经授权发布的澳大利亚岩画的信息，将他们的地理位置（坐标）或图像放在互联网上。

表 1：澳大利亚岩画所面临的自然和人类威胁，世界其他地区包括东南亚地区常见。

澳大利亚土著民最关心的是处理这些由人类活动所衍生的后果（例如开发、野生动物、道路灰尘、垃圾、未经授权的参观，涂鸦，破坏公物等等），而自然对于遗址的影响具有持续性，且更难控制（雨水冲刷、剥落、矿化等）。因为这些巨大的威胁，目前以很快的速度发展，已经超过了环境对遗址维护和管理的影响。如果进行全面的资助和实施文化遗产协作战略，可以有效地解决这些后果。

的确，这些无价的遗产正面临巨大威胁，因为我们的国家，领土或联邦政府没有针对岩画的保护和管理策略。此外，也很少有恰当的保护和管理规划，即便是特殊的遗址，许多确实存在的遗址，却未发表或不可用为了更广泛的传播，是否是由于文化或发展限制。这存在一些困难，领导机构或组织也可以影响结果的发生，特别是有当地的土著社区和组织之间的冲突的地方（比如在澳大利亚西部丹皮尔半岛）。虽然有各种法律，但并未阻止涂鸦，破坏公物，破坏发展，违反规则，从而损坏这些岩画遗址。现在全国前所未有的矿业勘探进一步威胁着这些无价的文化资源。这些传统的领土主人努力保护他们的遗产，却没有保护／管理计划和政府援助。

如上所述，岩画从未追求永恒，它一直受到自然风化的影响。但是人类所引发的不良后果不断增加是我们所担忧的。例如气候的变化。气候总是在不停地变化。而人们最担心的是人类所引发的气候变化给地球带来的剧烈影响。人类活动也同样以从未有过的方式改变着岩画遗址。

澳大利亚北部的岩画尤其受到威胁，那里由联邦、州和地区政府共同推动发展，特别是矿业、农业和旅游业的发展，对于景观、岩画以及更广泛的文化遗产将有巨大的影响。

例如，在约克角的昆肯地区——澳大利亚岩画艺术中一个最令人印象深刻的和非凡的部分——优秀的传统价值观受到非托管旅游业和矿业开采的威胁。在 2011 年和 2012 年，矿产和煤炭勘探被授予了许可，几乎整个著名劳拉昆肯区岩画地区在昆士兰文化遗产登记中将它列为一个环境敏感区域。传统的所有者努力保护他们的遗产，但是没有保护／管理计划，没有政府援助。

北昆士兰的岩画十分丰富，可同北部领土边境和澳大利亚西部的金伯利相媲美。在北方地区，卡卡杜国家公园的世界遗产地位在一定程度上是因为它的岩画艺术，以及他们对岩画实行的管理规划。自 2011 年以来，一个修订后的最新的计划已实施，包括新的监控程序和文化数据库。但在卡卡杜公园外部岩画遗址没有被同样地保护，所以仍有很多工作要做。例如，目前对于特殊的岩画点，还没有保护和管理的计划，如阿纳姆地西北部的惠灵顿范围的大型国际矿业公司例如卡梅科与力拓等等公司发现了重要的铀的重要矿床，铝土矿和其他矿物质也在范围内。游客参观遗址的最初保护评定开始于 2013 年（图 3)，但暂时没有长期计划或到位的资金。

二、岩画发展的国家战略

最佳实践表明，所有的国家都需要制定国家岩画保护和管理政策。有时可以开展更广泛的遗产保护的项目。为了在澳大利亚开发一个土著民与非土著民相关联的全面性政策，一些重要的步骤需要进行：

（一）举办研讨会以听取澳大利亚土著民将岩画的研究、保护和管理来作为未来的优先事项的意见。

岩画由澳大利亚土著民制作，尽管其中一些非常古老，但它依然是现存文化重要的一部分。澳大利亚土著民非常关注这些威胁他们的岩画的因素，并为子孙后代而保护这些有形或无形的遗址。他们与相关部门共同努力，实现这个愿望。传统所有者，在没有遗产的保护／管理计划、没有政府支持的情况下，努力地保护着他们的遗产。因此，当务之急是国家岩画遗产战略从一开始就需要涉及澳大利亚土著民，因为这将决定着保护框架的整体构造与形式。

（二）开展一个全国性的详细的资源目录整理。

这在以前从未实施。我们对于澳大利亚岩画没有一个总体的概念，更不用说对于特殊威胁的防护。我们知识的空白使我们也没有更好的办法，我们甚至不知道哪些地区应当被优先研究、保护或保护。现有数据库、项目和计划需要被识别，分析和协调。保护评估过程将创建，与正在进行的基础研究领域需要相互协调。

（三）重新审视国家、州和各地的岩画政策、管理实践和资金计划。

在澳大利亚，传统的政策和管理实践相差很大，也没有全面的政策、资金计划或者岩画政策。当前的澳大利亚遗产战略——公众咨询文件中甚至没有提到岩画。这种遗漏令人震惊，澳大利亚政府对于岩画的调查也是久久未能进行。

（四）为了进行记录和管理工作，澳大利亚岩画遗址群需要识别。

世界各国为了列入联合国教科文组织世界遗产清单，都在进行岩画的识别工作。澳大利亚在岩画列表中没有相关的遗址列入，目前它甚至不能规范杰出的遗址是什么。与此同时，一些最突出的岩画遗址群正在遭受着不断增长的威胁，包括有政府管理不善和缺乏保护热情。原住民社区也不确定遗址群意味着什么，他们有时不愿意参与这个过程，因为他们认为所有类型的遗址在本质上是他们的景观的一部分。的确，许多原住民社区认为所有方面的文化遗产都是景观的内在，岩画不应该被单独地提取出来，协商过程可能导致地区的主题分裂（与西方金伯利）。

考虑到这一点，土著居民的群体与研究者之间的合作，可以体现民族的重要性。最初，排名前 50 的遗址群及其相关的文化／自然，我们可以使用先进的技术来记录，例如三维激光扫描。如果之后遗址发生了意外的破损，至少这些细节的记录可以供未来的几代人使用。这最初的一套详细记录以后可能会扩大到包括 50 个遗址群，有效的记录与储藏系统将会有利于更好的发展。

（五）纵观所有在澳大利亚和东南亚向公众开放的岩画遗址，来评估什么是有效的，什么是无效的。

大部分公民都对于岩画非常感兴趣，世界各地的岩画是旅游业的重要组成部分。在澳大利亚，许多遗址已经拥有各种形式的基础设施和灵活的管理措施，并已经向公众开放。一系列问题已经被确定，例如木栈道可能让岩画遭受到破坏性的火灾。在许多情况下遗址因为参观可能增加危险因素。比较遗址是如何在东南亚运行，对于当地社区如何参与、什么样的可持续发展战略是有效的，紧张经费该如何利用等问题的十分宝贵的经验。

（六）着手岩画管理个案的研究可能成为国家遗产范例的一部分，可大可小，从一个地理范围入手，不论其所有者或法律保护如何。例如：从约克角（昆士兰州）开始和惠灵顿范围（北方领土）　。

从一系列的地点和环境的案例研究将使我们不仅更好地管理岩画的那些领域，也为我们提供了可供选择的模式以进入国家相关岩画遗产策略。这非常重要，因为，特定范围内不同形式的岩画和其景观位置所受的威胁，对于一些不同的区域的遗址也同样具有重要的意义。

（七）制定岩画保护与管理培训计划，制定新的数据库系统，采用 3D 等新技术以及其他方案，以建立最佳的岩画研究，管理和保护实践的创新方式。

澳大利亚有极少数的岩画保护者和岩画管理者受到岩画专项的培训。这是一种情况，如果对于岩画保护和管理我们需要认真考虑科学的支持，就要立即实行。没有受过训练的保护者和管理者，总是在群体边缘工作，最佳实践计划的实施就无法得到保证。在考古学科的所有其他领域，从业人员必须以科学的方法进行适当的培训和知识学习，从事保护工作之前，还需要学徒式的实践经验。这是澳大利亚岩画的保护和管理中所没有的。此外，新技术，其中包括最新的 GIS 系统和 gigapan ／全景／摄影相机，提供了岩画记录开发，保护和管理的创新的机会，非侵入性的方式。三维数字记录可用于细节的记录，并通过博物馆／美术馆展览和网络开辟以接近遗址的通道，这种方式更加具有可能性。每隔几年在重要的地点进行激光扫描，将有助于以保护为目的的现场监测。培训和技术的方法可以被用来作为一个国家岩画战略的一部分，需要发展，使澳大利亚在这一领域始终处于世界最佳实践的前沿领导地位。

（八）掌握主动性，去建立一个真正的国家岩画遗产政策，建立一个如 PERAHU， RARC 和 CRARM 一样的岩画中心，以及一些新兴的机构。

2008 年悉尼《先驱晨报》的编者呼吁我们中的任何一位建立澳大利亚岩画研究中心(Tacon 2008)，三个著名大学都设立了新的机构：澳大利亚国立大学的岩画研究中心（RARC，2009），西澳大利亚州的岩画研究与管理中心（CRARM，2010）和格里菲斯大学，岩画演化和传承单位（ PERAHU，2011）。 PERAHU 已经与 RARC 密切合作开发新的 iPad，基于岩画记录和数据库系统，共同研究和学生交流。PERAHU 和 RARC 在地理上是国家范围内的，但专注于澳洲北部。 PERAHU 的范围还包括东南亚。 CRARM ，重点是西澳大利亚州，最近收到数百万美元的资金，使其在皮尔巴拉和金伯利能够雇用一批新的工作人员，并制定新的研究计划。现在有这个机会，澳大利亚的所有的岩画中心之间可以合作以发展一个有关管理澳大利亚岩画的真正的全国性的可行计划。

（九）开发、实施，更新和审查现场监测方法和管理计划。

如有可能，岩画应该被监测，特别是那些面临严重的由人类造成的威胁或早先已经展开物理岩画保护工作的遗址。需要确认所有的保护工作，是否具有侵入性而影响到遗址。进一步采取的行动需要减少这种影响或完全排除它，这就需要和资源（人力和财力）来进行详细的监测方案。在旅游管理方面，不安装监测程序将面临着有植被的木栈道和观景平台遭受巨大火焰伤害的危险（图4）。对澳大利亚和世界上许多地方有木制基础设施的岩画遗址进行审查，进行物质保护的地方必须有后续的监测方案。此外，在遗址内部或局部地区的所有工作的展开应该符合最佳实践标准，并按照详细的科学方法，要有确保地区因素的考虑。物理保护方法和其持续发展的不间断的审查需要被成功的承接、倡导。

（十）开发新的方法来教导和吸引广大群众

如果岩画的重要性可以在公众的认识中提高，涂鸦和破坏的情况就会降低。公众影响力将促使面临着损坏的遗址以发展保护工作。最近，澳大利亚媒体不仅显示出对以前未记录岩画的极大的兴趣，还包括岩画损坏。在这方面，我们应该与媒体建立新的关系，并使用新的形式，如社交媒体和网络论坛，提高人们对于岩画所面临的威胁的关注度。上面列出的十大举措并不仅仅适用于澳大利亚，类似的情况可能会发生在中国，东南亚和世界其他许多地方，以确保这些地区的岩画继续使当代人和后代人享用。

总 结

岩画遗址对于澳大利亚原住民依旧非常的重要。他们也是所有澳大利亚文化遗产中非常重要的一部分，同时也拥有很高的世界遗产价值。澳大利亚岩画述说了一个难以置信，且无与伦比的，人类长期生存在一个自然－文化－精神都在不断变化的世界的故事，就像岩画在其他国家的重要性。岩画从来就不是为了追求永恒，它始终受到自然风化的影响。然而，人类不断增长的破坏性的影响是最令人担忧的。虽然各种形式的立法使毁坏岩画点成为一项犯罪，但这并没有阻止涂鸦、肆意破坏公物等行为在澳大利亚以及全球的增长。

苏利文(1989:113)发表声明说："遗址文化的显著特点是其被定义为'对过去、现在或后代具有美学、历史、科学或研究的价值'"。这个观点应该用来推进岩画遗产保护，以及它在世界范围内的普及，但岩画点仍然需要被视为不只是让专家来研究的研究领域，也是反映人类身份和经验的文化景观的中心，并且，岩画在世界的许多地方可以被认为是生活文化的一部分。它们可以有经济价值，例如旅游业，也可以摆放在不同人们聚集的地方，使大家分享什么使我们生而为人。这就是为什么它们应该为了下一代而被保存的理由。

致 谢

感谢在岩画遗址考察时与我们合作的当地原著居民，感谢他们的热情好客，慷慨和知识的分享。感谢格里菲斯大学和澳大利亚国立大学对我们研究工作的支持，以及通过建立“地点、演化和岩画艺术遗产单元”（格里菲斯大学）和岩画艺术研究中心（澳大利亚国立大学）而对澳大利亚岩画和艺术重要性的承认。

（图片请参见前篇英文）

【Paul S.C. Taçon 】澳大利亚格里菲斯大学教授，澳大利亚岩画委员会主席
【Melissa Marshall】澳大利亚国立大学考古与人类学学院博士研究生
【张晓霞】中央民族大学中国岩画研究中心 2013 级学术硕士研究生。

Rock Art Conservation Through Recording and Archiving

Mavis Greer & Greer Services

Abstract

Recording is a means of conserving archeological information, including rock art, and methods constantly evolve to include more precision and to take advantage of advancements in technology and new media. At the same time some researchers strive to standardize recording in an attempt to develop more consistent databases. Recording methods for any particular site or project depend on site contents, location, access, and available budget for personnel, supplies, and equipment. Because of the variability inherent in such considerations, only basic recording items should be standardized. The ability to reach beyond the minimal standard and encourage development, utilization, and testing of new recording methods results in advances that cannot be gained through controlled standardization, which itself causes stagnation rather than innovation in recording quality. The placement of site information on all kinds and levels of recording and all site visits into a permanent central repository in a timely manner is crucial for the preservation of research information pertinent not only to recording history but also for monitoring changing site contents and conditions. Selection of the archive is as important as the recording because without preservation of recorded information and research access to it, the recording is of no value.

Introduction

The best method for conserving rock art is recording. The recording level can range from minimal to extensive, but regardless of the level of recording conducted, documentation serves as an important starting point for relocating the site, which is essential for any additional study, preservation, or conservation. More important than the level of recording is archiving the documents in a curation facility with longevity and accessibility to researchers and site managers because if recording documents cannot be retrieved by future researchers and managers it is as if they never existed. Too often extensive recording projects are never archived and are either destroyed by natural deterioration from storage in non-archival quality conditions or thrown out by well-meaning cleaners, who after the retirement or death of the recorder see no importance in the records. In other cases the documents are stored in a location that is not known as an archeological repository, and they are never available for research or management considerations envisioned during the recording. Our goal here is to stress the importance of recording to the level possible whether it be minimal or extensive and storage of those documents in as many places as possible but especially with the agency or institution recognized by the country's government as the access point for archiving and management of records. It is only when this occurs that conservation of a rock art site can be considered.

Rock art recording is constantly changing, and advancements in technology and new media are being incorporated into rock art recording at an ever increasing rate to achieve more accurate documentation. However, the advent of new methods does not signal the end for old methods. The level and kind of site recording is dependent upon available time. If only two people are available for a few hours, the resulting recording will of necessity not be as extensive as a crew of several people for several months. However, that does not mean the recording accomplished is not valuable for rock art conservation purposes. Conservation of a site begins with knowing the site exists, so even the most basic information is useful. Through the years rock art recording, like recording of all other archeological site types, has become more formalized, and this has lead to many attempts at standardization. However, because of variables such as site size, contents, location (often rock art sites are in areas difficult to access), and monetary considerations only basic recording items should be standardized. If all site documentation is to be equal before being filed or published, the number of sites archived would diminish considerably, and that would be counter productive for conservation. Additionally, the ability to reach beyond what is currently acceptable and to develop new methods of recording would result in advances and innovation in recording quality, and this has been demonstrated throughout the world as advancements during the past few decades have accumulated at a rate not foreseen a half century ago.In this article we use rock art recording history and sites from the northern USA, especially from the state of Montana (Figure 1), and our examples illustrate how recording changes have resulted in an increased awareness of rock art conservation as a reflection of the greater United States.

Tracking Rock Art Sites in the United States

Within the USA each state maintains a list of all recorded archeological sites within their boundary. This list does not mean that every site in each state or even every known site in the state is currently on the list. It simply means listing for all sites for which someone has filed some level of recording. The recording level can be as simple as a site location and the term "*rock art*" up to hundreds of pages of detailed image recordings with descriptions, drawings, tracings, and photographs. Such lists today are maintained in most states (and this is the case for Montana) in an agency known as the State Historic Preservation Office (SHPO), which was established for each state in 1966 under Section 101 of the National Historic Preservation Act. It is these SHPO site lists that are consulted not only by researchers but also by all agencies and archeologists to obtain background information for construction projects that may involve impact. For a site to be properly managed within the United States, it is critical that it be on the SHPO site list. The kind of recording resulting in placement of the site on the list is not nearly as important as the fact that there is some information available to bring awareness to the site for management and conservation considerations. Different countries approach archeological site registry in different manners, and it is critical for researchers to find these institutions or agencies and learn how they function in order for the sites they are studying or trying to protect to be afforded the best possible chance of conservation.

In the United States, the Smithsonian Institution, a large museum and research complex in Washington DC, established a site numbering system in the 1930s and 1940s. The 48 states, which then comprised the union, were assigned numbers in alphabetical order. Montana is number 24, Wyoming is number 48, and Alaska and Hawaii were assigned numbers 49 and 50 when they were admitted to the union in the late 1950s. The state number is followed by a two letter county abbreviation (a further political subdivision), and then sites are numbered individually in the order in which their records were submitted. Thus, number 24YL1 is site number 1 in Yellowstone County (YL) Montana (24), and it refers to Pictograph Cave, which today is a state park (Figure 2). Writing to Washington DC for a number became cumbersome as the number of sites increased in each state, so the job of assigning site numbers was delegated in the 1960s to each state. At first a major university in each state was given the responsibility, and it was initially done by the Anthropology Department of the primary state university, which at that time was considered the center of archeological study within each state. However, as SHPO offices became established in each state by the late 1970s, the assignment of site numbers was taken over by them in most states.

With the establishment of site inventories, recording of site information became more formalized, and thisaccelerated when computers became standard for record keeping. Narratives describing the researcher's trip to the site, observations at the site, and informal analysis of the contents were generally replaced by fill-in-the-blank forms that were designed to cover all necessary information on the site for relocation, study, and management. In theory, list data also included all information previously provided in the usual long, informal narrative, but this often did not happen. Because forms were developed by agencies, university departments, museums, and recorders there was soon a wide variety of formats in use, and the recorded information was even more variable. Additionally, many forms often were only partially completed. Thus, the system that was envisioned as providing detailed comparable data was soon found to fall short of its goal. This variety lead to movements in the 1980s to standardize archeological forms, and a decade later standardization was taken a step further for rock art sites. The effort to standardize how rock art is to be recorded expanded from the state and regional level to the national and now international levels. Although little progress has been made on this front, much discussion has occurred on the pros and cons standardization and many still find it desirable, but there is no end product in sight.

Throughout the United States rock art researcher archeologists and close colleagues strive to register their rock art sites with site forms and formal site numbers, but this is not the case with many nonprofessionals who visit or write about rock art. Certainly publications are important for rock art conservation, but having only a publication without registering the information and copying available documentation into agency files does little to assure site consideration when it is threatened by construction projects because field personnel and managers do routinely access that information as they do agency files and publications alone often do not include pertinent preservation information, such as precise legal location.

Montana as an Example of Change in Rock Art Recording

The earliest mention of Montana rock art in formal studies is that of army Colonel Garrick Mallery in his Bureau of American Ethnology Report — Picture-Writing of the American Indians published in 1893 (Mallery 1972). For the Northern American Plains, Mallery made very little mention of the states of Montana, South Dakota (two sites), or Wyoming (three pages), and nothing on adjacent North Dakota or the Canadian provinces of Alberta and Saskatchewan. For Montana he notespicture rocks near Fort

Assiniboine in the central part of the state, but he provides no information on the site contents, precise location, or whether it contained pictographs or petroglyphs. His mention in an archived government publication means the note is now available for researchers, but no information was ever filed in formal state site records, and the site still is not recorded or its location known, even after 120 years. But Mallery's mention of the site at least provides an enduring permanent reference, although the lack of details on setting and contents has hindered site relocation.

In 1908 the first article exclusively on a Montana rock art site was published by the University of Montana, Biological Series Bulletin (Elrod 1908), and it describes paintings on Flathead Lake in the western part of the state. Elrod minimally describes the pictographs, but the article was not widely distributed, and his work pre-dated archeological site records in the state, so there was no site form or additional information on location or contents. The site subsequently was revisited in the 1970s, and it then received a number andform. This site, like Mallery's, was mentioned in a publication that survived the authors and provides continued reference.

In the late 1940s and into the 1950s the Smithsonian Institution sponsored a series of archeological studies, known as the River Basin Surveys, along river valleys throughout the western USA to find and record sites in areas of prospective reservoir construction. These projects occasionally contained brief discussions of rock art sites, but the level of recording was variable. However, the first publication that brought Montana rock art to the attention of the greater archaeological community came out of this work. It was on Pictograph Cave (24YL1, Figure 2) in the southeastern part of the state (Mulloy 1958). As part of Mulloy's published Ph.D. dissertation, he provided detailed discussions and drawings of the extensive paintings across the back wall of the rockshelter. Also during the late 1950s and early 1960s, members of the statewide Montana Archaeological Society and local Billings Archaeological Society conducted surveys specifically for rock art that resulted in recording many sites, together with site forms and publications (Arthur 1960; Conner 1962a, 1962b, 1964; Malouf 1961; Nordstrom 1964; Phelan 1967). Thus, since the 1950s, rock art has been a constant component of archeological study in Montana, and site information has been recorded in site files, presentations, and local and regional publication series, such as *Archaeology in Montana and Plains Anthropologist.*

By the 1970s, rock art publications and site forms were increasing for Montana mostly due to increasedarchaeological surveys conducted to comply with federal laws regarding permitted construction impact, but also because researchers were taking an interest in moving rock art into new realms of analysis. During this decade the first book dealing exclusively with Montana rock art was written by Stuart Conner with illustrations by his wife, Betty Lu Conner (Conner and Conner 1971). In addition to filing numerous standard site forms, Conner routinely included long narratives about how he came to be at the site and how the contents of the site related to others he had seen elsewhere. This kind of discussion is invaluable as previously mentioned and is usually missing from later standardized site records.

Also during the 1970s James Keyser began recording and writing on the rock art of western and central Montana and southern Alberta. He was concerned with regional forms and emphasized stylistic classifications and distributions (Keyser 1975, 1977, 1979). His Northern Plains work in the 1980s turned to robe and ledger drawings and their relation to rock art. He has successfully used the direct historical approach to work back in time from ledger and robe sources to identify Protohistoric and Historic Northern Plains rock art (Keyser 1987).

During the 1980s an effort was made to assign numbers to rock art sites mentioned in published literature but not yet in the state files. Site forms were completed from usually minimal information in publications, but these publications served as a valuable resource for researchers during the following decades. For example, we used information from these sources to relocate (sometimes with difficulty) many sites, and we were able to provide better location and content descriptions as well as comprehensive photos for the files to be used for additional recording by future researchers. Also, once we found the single site listed on the form, we frequently found additional new, previously unknown sites in nearby areas.

Contract archaeologycontributed to the recording and preservation of rock art beginning in the late 1970s and continuing to the present. Many rock art sites were added to the database, and these projects have been the impetus for development, testing, and refining of specialized recording and preservation methods. For example, Lynn Fredlund, particularly active during this period, was instrumental in developing a rock art recording form with one of the earliest check-list systems to inventory attributes by panel and correspondingly map them (Fredlund 1990; Fredlund and Moore 1989). Lawrence Loendorf has demonstrated on many fronts that the study of rock art interpretation, traditional archaeological methods, and ethnographic information should be closely integrated. He has conducted excavations at the base of panels to acquire information on materials used to make the rock art as well as to date it. He has used experimental archaeology to create both pictographs and petroglyphs and has used pollen analysis together with rock art and ethnographic information to suggest function and ethnic affiliation. He also was the first to bring absolute dating methods to Montana rock art (Loendorf 1984, 1988).

Rock art recording during the 1990s accelerated worldwide. Much of this was due to an increased awareness of the analytical importance of rock art and awareness of the faster deterioration of rock art caused by industrial effects, such as acid rain. Likewise, increased population has resulted in new and expanding areas of recreation, housing, commercial development, and industry into remote areas that had previously helped isolate and protect rock art sites. The intensification of rock art recording is also due to advances in dating and recording methods. The use of computers together with photography for obtaining clearer and more accurate representations of figures and panels in conjunction with data analysis for such things as cataloging and comparing figures has provided a new impetus for studies. It was during this time that we began to work intensively with Montana rock art, and the results of computer aids and their continual change and refinement can be seen in our reports and site forms throughout the 1990s (Greer and Greer 1992, 1993a, 1993b, 1994a, 1994b, 1996, 1998).

Rock Art Recording Methods and Conservation

A review of rock art literature indicates that rock art recording methods have been the subject of much thought and debate, and interest in this topic exploded in the 1980s as shown by the Bancroft Library Rock Art Database, which returned over 350 articles with the keywords *recording methods* (Marymor 2013). How-to books and articles have been written regarding recording, rock art recording manuals have been generated by different groups, and many states have developed or improved upon rock art site form supplements to their standard site forms. Although there is no single way to record rock art correctly or a single accepted method of recording, there are several ways or methods that now are not acceptable mostly because of their adverse physical effect on the rock art. Loendorf (2001) has provided a good discussion of various recording methods, and although any level of recording is good if it is archived correctly, some methods of recordingshould not be used. Methods previously considered acceptable or even advantageous not that many years ago, but now shown to be detrimental to rock art, are reviewed below.

Physical enhancement of rock art panels should never be undertaken. Water or any other liquid (e.g., carbonated beverages, kerosene, gasoline) should never be splashed or sprayed on any kind of rock art to enhance saturation and make the images stand out. Liquids (including distilled water) can cause paint to run resulting in the intermingling images and sometimes complete destruction of entire panels (Figure 3). Liquid also hastens fading. We have also seen cases where immediately available manure was placed on pictographs to brighten them (Figure 4).

Images should not be outlinedwith itemssuch as chalkor paint to make them more obvious. In some cases attempts are made to encircle whole images. At the Three Forks Pictographs (24GA402) in Montana someone painted around the figure at least by the 1950s but left out part of the hand (Figure 5). Equally detrimental is to chalk the lines of petroglyphs or add color to pictographs. Additives can change the shape of the original figures, and they canchange the chemistry and form of the image. Accurate dating becomes almost impossible. Forexample, petroglyphs in western Wyoming were chalked in the 1950s, and today the chalk is still bright and the potential for direct dating is compromised (Figure 6).

Graffiti has been recognized for at least a hundred years as an enemy of rock art, but some people still destroy rock art by spraying panels and chalking figures in the name of short-term recognition or temporary photography. Capabilities today of digital cameras combined with computer enhancement makes chalking and other physical augmentation obsolete.

Making latex molds or plaster casts of petroglyphs also is no longer acceptable and is equally destructive. Molds were previously considered a way to conserve rock art by duplication, and several articles describe various methods. However, it was discovered that molding contaminates the figure for dating, and the process is often detrimental to a figureby removing parts of the lines, changing the character of the lines, and leaving residue on and around the figures (Figure 7). Today three-dimensional (3D) digital scans and 3D physical printing reproduces images (and wall characteristics) much better than the old mold method.

The next two methods of recording, rubbing and direct tracing through clear plastic, can be detrimental if not done correctly and by someone who understands the geology on which the rock art is located. The methods should not be employed as entertainment or by amateur enthusiasts.

Rubbing is the copying of petroglyphs or engravings by placing a piece of paper or other material on the rock surface and rubbing over it, usually with a pencil, graphite, or chalk, so that the underlying image appears on the material. This is still advertised in some parts of the world as a recreational way to appreciate rock art or to copy images for display. However, rubbing can be invasive and destructive to the surface and is appropriate only in extreme cases, such as when rock art had already been heavily impacted by abrasive forces such as reservoir inundation or seasonal flooding. Sites in these environmental situations are usually considered to be near oblivion, and the need of immediate recording outweighs concerns of not touching the art. Additionally, rock art on a durable rock surface, such as granite or schist, can withstand rubbing better than softer substrate, such as limestone or soft sandstone.

We were introduced to a different approach to rubbing in Italy. The method is being done by local landowners trying to see the rock art on boulders around their homes. In these cases rubbing is done by placing a piece of paper over the figure, rubbing the entire area with a large chunk of soft graphite (a by-product of local manufacturing), and then rubbing across the entire page with soft green leaves, which enhances, fixes, and solidifies the image on the paper (Figure 8). Petroglyphs in this area are engraved into horizontal exposures of very hard schist, and after many years of patination, weathering, and foot traffic, figures are difficult to see. These rock surfaces have been impacted by weather, vegetation, farming, and recreation, so the rubbings are not further affecting the rock art and in this case are acting as recording conservation.

Perhaps the most popular means of direct physical recording is direct tracing through clear plastic. In its simplest form it consists of placing a flexible transparent sheet over a figure or panel and tracing the image upon it with a fine felt-tip pen. Some researchers believe the method may potentially cause impact to the rock surface, but when done properly and carefully, with essentially no pressure on the rock surface, the method appears to have minimal effect. Because of its benefits of speed, efficiency, accuracy, longevity of medium, and direct reproducibility into publishable illustrations, the method is still widely practiced around the world. Literature and internet searches show tracing to be the most common recording method for pictographs, petroglyphs, floor mosaics, and wall decorations, and there are many projects that one may join to learn aspects of the general method. Direct tracing produces an exact scale copy of the image, which ideally is exactly as the original maker intended it to be and not as perceived by the recorder, a problem of free-hand copying. However, field tracing has varying degrees of intensity that range from showing only the figure outline to showing every intentional peck mark and every extraneous line and crack on the rock surface. A simple outline sometimes conveys the image properly, but most of the time it is useful to show interior intensity of paint or pecking. However, drawing every single peck mark, scratch on the wall, and cracksusually looses the figure in the details of a mass of dots. It would be better to do a series of registered overlays showing first the figure and secondly any additional information (such as cracks, uneven areas of the rock surface, or overlapping figures) as separate layers on separate sheets. Advocates of direct field tracing argue that other recording methods cannot completely replace it for accuracy because of the view it affords the recorder of the rock art and the ability of the recorder to experience directly the rock contours and other aspects of the environmental context resulting in an understanding of the image from an up-close and personal interaction only possible by being where the original artist was.

By 1998 direct field tracing began to come under an organized critical attack because of damage to rock art panels by people touching or pressing on them. The movement to promote *no touching* of rock art grew out of an increased conservation awareness and recognition that touching fragile rock surfaces can cause cumulative micro-destruction of the art or the rock surface. The *no touching* philosophy developed concomitantly with rock art direct dating advancements, which found that contamination of rock art by human intervention (deposition of hand oils and other organic materials onto the art) and more distantly introduced materials (such as chalk) in some cases was so intense that figures could not be dated by the new methods.

Thus, the *no tracing* advocacy was an outgrowth of the *no touching* movement because of its direct contact with the parent rock. The *no tracing* policy was quickly inserted into popular brochures, particularly for land managers trying to reduce tourist impact. The phrase "*never chalk, trace, or otherwise touch rock art*" is a common theme, although the three activities are not the same. Today tracing is more likely to be considered a specialized method that has information to offer but should be used with caution by trained people. Although both rubbing and tracing are still being done by some and advocated by them because of accuracy of the portrayal, computer technology is fast making rubbings and tracing for accuracya thing of the past.

Today there is a particular stress on using photography and computers (as well as 3D scanners and other technological approaches) to record rock art without direct physical contact. Among these methods is a variation of direct tracing onto transparent film. Instead of placing a piece of film on the rock surface, detailed photographs are taken of the rock art, then placed into the computer. Photos can be printed and then the rock art figures (and any other selected details) can be traced onto the photo prints or onto clear plastic overlays. Alternatively, tracing can be done directly on the computer screen or onto a digitizing tablet showing the underlying photo. It is possible to draw each figure separately and then place them within the context of the overall panel. Drawings can be overlaid onto the original photograph without distortions from mechanical copying or scanning as shown in an example from Indian Cave (24CA347) in Montana (Figure 9). Format and degree of detail of the final digital image can be easily changed for publication or other uses.

Tracing can be done on a number of photos processed in different ways and then combined into single tracings, with more accuracy than would be possible by direct tracing in the field. Extreme enlargement of specific areas of the photographs can also show detail not obvious or even possible to observe in the field, and this can be accomplished in a more controlled environment than in too much sun, shadows, rain, cold, wind, or uncomfortable recording positions due to fallen rock or other obstacles often affecting field recording. Thus, multiple views at different scales can be seen on the screen or on multiple displays and at the same time for both detail and overall orientation. However, it is still best to double-check the laboratory tracings with the original figures on the rock, and combining direct tracing with photo-computer tracing is the best of both worlds.

Photo processing of any kind can also be done at any time once the photo is taken. Rock art researchers often refer to a *real photograph*, meaning what they got when they sent in traditional 35mm film for slides or prints or when they snapped a photo on their digital camera. However, the outcome of traditional prints is dependent on dozens of effects, particularly initial selection of the film, characteristics of the camera and lens, processing techniques, and presentation. Films all have different characteristics and display colors, saturation, balance, and resolution differently. There is variation in chemicals used in processing and how they are applied. Dark room work, of course, is based on individual custom variation, particularly exposure and contrast. Much of the traditional darkroom work is now handled automatically by modern digital cameras, sometimes with user selected settings, and higher-end digital SLR cameras (single-lens reflex) have a multitude of settings built-in and selectable that go far beyond traditional dark room work. It is fair to say that there has never been a pure photograph reflecting a natural scene with no manipulation. Indeed, that is what photography is all about.

Scanning software and graphics applications transferred photographic processing from the physical to the virtual darkroom, and continual upgrading of digital cameras and software has now made possible more and better darkroom techniques than ever before. All traditional techniques are still available, but easier, faster, and more powerful; and more techniques are now possible or at least easier to apply. These include various ways to control color balance, alter color, control shadows, alter contrast, sharpen, correct perspective, and put together component pieces into composite photos, including overlays.

There is now a wide variety of available digital cameras, but professional quality models with high-resolution full-size sensors combined with professional multi-coated optics produce the best quality photos and allow the widest range of processing capabilities. Photos are best recorded in RAW format, an uncompressed, unprocessed data file captured by the camera's image sensor before in-camera processing has been applied. In this sense, the image is thedigital equivalent to the exposed but unprocessed film negative and can be processed with various kinds of software with seemingly unlimited variation.

Today there are many programs used for post-processing. Certainly Adobe PhotoShop has been one of the most popular. However, in the past few years DStretch (Harman 2013) has also become a nonexclusive preference for rock art researchers. A special Image-J plug-in, DStretch was written by Jon Harman specifically for pictograph enhancement using a variety of selectable color spaces. The program can able to bring out colors, and thus figures, that are not easily visible with the human eye, if at all. Colors are often seemingly distorted, but resulting images can be further modified for color correction, then combined with other layers in Image-J, or transferred to Photoshop for further enhancement of the image. Because DStretch can be installed on select digital cameras and is now available on some digital tablets, it is possible to photograph areas of wall in the field that might be painted but on which no figures are presently visible or recognizable. Images can be viewed immediately in the field,and if figures are identifiable, those parts of the wall can be rephotographed in greater detail, and then these additional regular photos brought back to the laboratory for controlled processing. Thus, DStretch has contributed greatly to rock art conservation by allowing researchers to find and record images not apparent to the naked eye. An example from Indian Cave (24CA347) in Montana shows use of DStretch to bring out details of a pictograph easily mistaken during initial field recording (Figure 10).

The enhanced images also can be mapped onto 3D images of the scanned wall for detailed views of images in an accurate portrayal of their physical setting. It is also possible to do 180°, 360°, and full-round (horizontal and vertical) stitching to provide views in any direction — side-to-side and up-and-down for a near-life viewing of a site or panel. Likewise, stitching of hundreds of high resolution images into a single complex matrix makes possible a fluid range of distant overview imagery to close-up viewing of panels and component parts, all from a single component image. These processes can make images visible and understandable in ways not otherwise possible, and they can also provide information on site setting not previously available visually for the archives. Stitching is far superior to an original wide-angle photo with its inherent problems of edge distortion or degrading of resolution due to photo enlargement. For example, a panorama of the Gibson Bridge Pictographs (24TT6) was created from 30 individual photos (Figure 11). Some panoramas are left with the jagged edges of the composite photos, as shown here on top, but they also may be cropped as a finished, formatted photograph, such as the image at the bottom of Figure 11.

Although some people seem to have unrealistic attitudes toward computers and graphics applications, normal digital processing (as opposed to advanced graphics creation or composition) does not create something that is not there. What is possible, however, is to bring out details that either are not visible or are not immediately recognized during field visits. In an example from Crystal Cave (24CA102) in Montana, the bear paw was not seen until photo enhancement brought out the black color (Figure 12). But once enhanced, when we later returned to the cave, carrying the enhanced photo, we were able to see the black bear paw clearly because we knew where to look and what to look for.

Thus, these brief examples emphasize the importance of spending time and money on photographs for quick conservation of a site. Results are long lasting and the information can stretch beyond other kinds of recording, which means greater conservation of the rock art site.

Conservation and Conservators

The use of professional rock art conservators to clean-up rock art sites is becoming more common. The advent of this kind of conservation has given new life to many rock art sites, especially those in the public eye. However, it is important to file conservator information with archived records so that subsequent researchers know they are dealing with authorized alterations to the rock art and not other unknown actions.

During work at a rock art site in the southwest, computer enhancements of a photograph showed the area had been altered. The person doing the work was unaware that a conservator had been to the site, and the time spent trying to determine the source of the alteration could have been spent better if only that information had been available in the SHPO site records. Also, not all conservator clean-up is conservation. At the site of Legend Rock in Wyoming, we were studying some images of horses. One has very fine incised reins, but some graffiti in the corresponding area under the horse's muzzle and neck was cleaned by a conservator, and as can be seen in dated photos (Figures 13 and 14), now it is impossible to know if reins or bridle decorations had been there originally. Registering in the agency files exactly what was done, how, and where is absolutely essential, along with detailed photos taken before and after the alteration.

Archiving Rock Art Documentation

The placement of site information for all kinds and levels of recording and all site visits into a permanent central repository, the SHPO record offices in the USA, in a timely manner is crucial for the preservation of research information pertinent not only to recording history but also for monitoring changing site contents and conditions. This conserves rock art sites and preserves information for not only rock art researchers concerned with such things as the distribution of motifs and regional variations but also for other archeologists and manager involved in projects that may impact the sites.

Keeping this information secret from these people is not conservation, it is a potential death sentence for the site. Likewise, putting the information in a location unknown and inaccessible to those involved in daily work with site preservation and conservation in front of land-altering projects, does not protect the site. With the increased pressures these sites are experiencing from modern expansion and development, it is not possible for them to remain in the condition they have experienced until now, a condition of hundreds of years of low impacts. Protection now necessitates giving up anonymity and now becoming known, recognized, and registered.

Conclusions

Over the years much thought and practice has gone into how and what to record at rock art sites. At the root of much of the discussion is what constitutes a complete recording, and then what is necessary or adequate. As with any archeological site, basics must be provided, such as site number, legal location, date of visit, who was present, what was accomplished, a narrative or itemized description of site contents, site sketch map, and photographs of the site (generalviews and image close ups). Beyond this, most additional information on standardized rock art recording forms is minimally useable by the recorders at that moment and probably not important at all to other researchers. For example, the angle of sloping rock on which the figure is placed, a Munsell Color chart reading of paint colors, and classifications of figures into ridged pre-defined lists are usually only useful, at best, to a specific research project and not for preservation or conservation of either the site or site contents. The ability to reach beyond the minimal standard and encourage development, utilization, and testing of new recording methods has resulted in, and will continue to result in,advances that cannot be gained through controlled standardization.

For our purposes here, the important point is that any recording at all, to whatever level, helps conserve the site. However, the most important kind of documentation for site conservation is photography, followed closely by written discussion and some sketches. If someone has only minimal time to record a rock art site, their time is best spent photographing because with photographs, site information is recorded for that point in time. This provides a baseline for conservation of the site and evaluating changes that occur to the site over time. It also provides the beginning of a database that can be used for other kinds of recording in the office when time permits, with very little money. Standard office equipment, specialized computer applications, and other materials and approaches can be applied to such initial data and observations.

Rock art recording information has been placed in books, articles, reports, theses, newspaper accounts, and interpretative signs. Some of these materials are available in libraries, while others are now obscure or unattainable. Still other rock art recording information is at the recorder's personal house or at the house of a descendant who has no idea what they have. Often local museums or local archeological or rock art societies are storing rock art recordings, and almost always the facilities are not archival quality and the materials inaccurately and incompletely indexed. As a result, papers are getting brittle, photographs are fading, and bugs are invading the boxes. Another popular trend is to create storage areas for rock art information separate from other archeological records and artifacts, although they both pertain to the same sites, the same occupations, and the same people. In all these cases the problem remains that the facilities cannot act as a substitute for a permanent agency, with files accurately indexed and stored, with standards for archival curation,and a system for retrieving information for researchers. The curation facilities should be able to assure preservation of the materials and thus the sites. In this regard, filing as much site information as possible for both new sites that have never been entered in the files and for previously mentioned sites for which more information is needed is a goal for site conservation. Constantly updating and enhancing existing records should always be done as long as the site is in existence.

Approved agency files should provide a complete history of the recording for any site. There is no substitute for archived files that can provide a history on who has been to the site, when, and what they did or saw. A record of photographs of the site through the years, and where to find themhelps verify the previous presence of panels or figures lost to vandalism, whether the removal of a section of wall or just the addition of chalk or paint. And central files provide not just information but also ideas from past visitors, observations and suggestions that can be invaluable to the new researchers. It is particularly important that people who collect samples for dating or pigment analysis,as well as people who perform professional conservation work, record their visits in detail in the agency files of their country. Otherwise their work may be either unknown or misinterpreted by later visitors to the site. Recording history is a good resource for all sites, but it can be especially important to rock art sites where it provides information on changes or stability in site condition from both natural and human causes. History of visits also provide detailed comparisons of site observations through time, by the same person or by different observers, and in different situations such as different lighting or differences in weather. It is also in this history that alterations to rock art sites can be noted before they cause problems of interpretation or authenticity.

References Cited

Arthur, G.

1960 Pictographs in Central Montana, Part III. In *Anthropology and Sociology Papers*, No. 21, edited by C. Malouf, pp. 41-44. Department of Sociology, Anthropology and Social Welfare, Montana State University, Missoula.

Conner, S. W.

1962aThe Fish Creek, Owl Canyon, and Grinnvoll Rock Shelter Pictograph Sites in Montana. *Plains Anthropologist* 7(15):24-35.

1962b *A Preliminary Survey of Prehistoric Picture Writing on Rock Surfaces in Central and South Central Montana.* Anthropological Paper No. 2. Billings Archaeological Society, Billings.

1964 Provinse Pictographs. *Trowel & Screen*, Vol. 3. Billings Archaeological Society, Billings.

Conner, S. W., and B. L. Conner

1971 *Rock Art of the Montana High Plains.* The Art Galleries, University of California, Santa Barbara.

Elrod, J. M.

1908 *Pictured Rocks: Indian Writings on the Rock Cliffs of Flathead Lake, Montana.* Bulletin of the University of Montana No. 46, Biological Series No. 14 . Missoula.

Fredlund, L. B.

1990 Investigations at Two Rock Art Sites on the South Fork of Canyon Creek, Yellowstone County, Montana. Report on file with the Bureau of Land Management State Office, Billings. GMC Services

Report, Butte, Montana.

Fredlund, L. B., and C. Moore

1989 *Culture Resource Inventory and Assessment: Musselshell East-West F14-5(10)182.* Report on file with the Montana Department of Highways, Helena. GMC Services Report, Butte, Montana.

Greer, M., and J. Greer

1992 *A Preliminary Assessment of Selected Sites on the Lewis & Clark National Forest in Central Montana.* Report on file with the Montana Department of Fish, Wildlife and Parks (Great Falls), and Montana SHPO (Helena). Greer Services Report, Casper, Wyoming.

1993a*A Preliminary Assessment of Selected Sites along the Smith River and Belt Creek in Central Montana. Report on file with the Montana Department of Fish, Wildlife and Parks (Great Falls), and Montana SHPO (He*lena). Greer Services Report, Casper, Wyoming.

1993b *Rock Art Reconnaissance of 1993 on the Lewis & Clark National Forest in Central Montana.* Report on file with the Lewis & Clark National Forest (Great Falls) and Montana SHPO (Helena). Greer Services Report, Casper, Wyoming.

1994a *Central Montana Rock Art: Report on the 1994 Field Season.* Report on file with the Lewis & Clark National Forest (Great Falls), Bureau of Land Management (Lewistown), Montana Department of Fish, Wildlife and Parks (Great Falls), and Montana SHPO (Helena). Greer Services Report, Casper, Wyoming.

1994b *Rock Art along the Smith River in Central Montana: Report on the 1993 Field Season.* Report on file with the-+56 Montana Department of Fish, Wildlife and Parks (Great Falls) and Montana SHPO (Helena). Greer Services Report, Casper, Wyoming.

1996 *Montana Rock Art: 1996 Field Season.* Report on file with the USDA-Forest Service, Region 1 (Missoula), Bureau of Land Management (Dillon), and Montana SHPO (Helena). Greer Services Report, Casper, Wyoming.

1998 *Montana Rock Art: 1997.* Report on file with the USDA-Forest Service, Region 1 (Missoula), Bureau of Land Management (Butte), and Montana SHPO (Helena). Greer Services Report, Casper, Wyoming.

Harman, Jon

2013 DStretch. Website available at: www.dstretch.com.

Keyser, J. D.

1975 A Shoshonean Origin for the Plains Shield Bearing Warrior Motif. *Plains Anthropologist* 20:207-215.

1977 Audrey's Overhang: A Pictographic Maze in Central Montana. *Plains Anthropologist* 22:183-187.

1979 The Central Montana Abstract Rock Art Style. In CRARA '77, *Papers From the Fourth Biennial Conference of the Canadian Rock Art Research Associates,* pp. 153-177. British Columbia

Provincial Museum.

1987 A Lexicon for Historic Plains Indian Rock Art: Increasing Interpretive Potential. *Plains Anthropologist* 32(115):43-71.

Loendorf, L. L.

1984 *Documentation of Rock Art at Petroglyph Canyon, Montana, 24CB601.* Contribution #207. Department of Anthropology, University of North Dakota, Grand Forks.

1988 Rock Art Chronology and the Valley of the Shields Site (24CB1094) in Carbon County, Montana. *Archaeology In Montana* 28 (2):11-24.

2001 Rock Art Recording. In *Handbook of Rock Art Research,* edited by David S. Whitley, pp. 55-79. Alta Mira Press, New York.

Malouf, C.

1961 Pictographs and Petroglyphs. Archaeology in Montana 3(1):1-13.

Mallery, G.

1972 [1893] Picture Writing of the American Indians, Vol. 1 and 2. Dover Publications; Republication of 10th Annual Report of the Bureau of American Ethnology, New York.

Marymor, Leigh (Compiler)

2013 Rock Art Studies: A Bibliographic Database Available at: http://bancroft.berkeley.edu/collections/rockart.htm

Mulloy, W. T.

1958 A Preliminary Historical Outline for the Northwestern Plains. University of Wyoming Publications, Laramie.

Nordstrom, D.

1964 Two Pictograph Sites in Carbon County. *Trowel & Screen*, Vol. 5, No. 4. Billings Archaeological Society.

Phelan, B. W.

1967 Tillett Petroglyphs (24CB403). *Trowel & Screen*, Vol. 8. Billings Archaeological Society, Billings.

【Mavis Greer, Ph.D. and John Greer, Ph.D】 President of American Rock Art Association, mavis@greerservices.com

Greer Services, john@greerservices.com, Archeological ConsultingCasper, WY 82604 USA

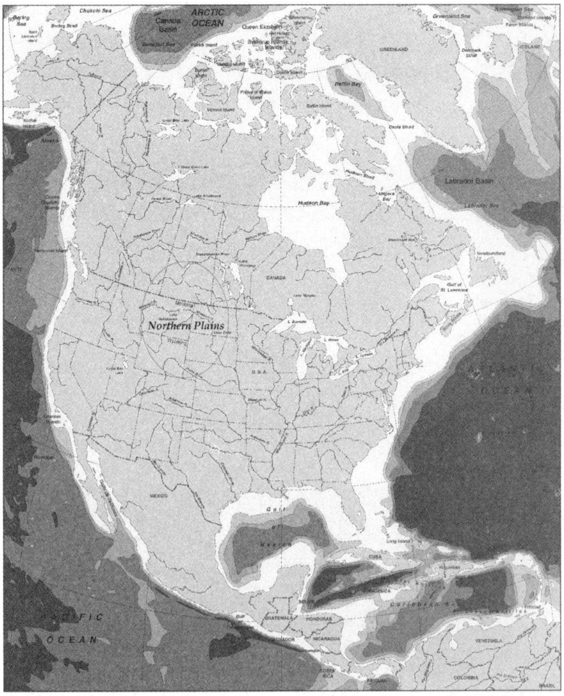

Figure 1. Map showing the state of Montana within North America.

图 1：美国北部的蒙大拿州所在位置地图

Figure 2. Site 24YL1 (Montana). Photo by M. Greer.

图 2：编号为 24YL1（蒙大拿）岩画点。拍摄—麦维斯 . 格里尔

Figure 3. Site 24TT233 (Montana) showing water damage on pictograph panel. Photo by J. Greer.

图 3：编号为 24TT233 的岩画点（蒙大拿州），可以看到水流对岩画画面的破坏。拍摄—麦维斯 . 格里尔

Figure 4. Site 24BE1027 (Montana) showing images enhanced with immediately available manure. Photo by M. Greer.

图 4：编号为 24BE1027 的岩画点（蒙大拿州），可以看到岩画画面上出现了一些涂料。拍摄—麦维斯 . 格里尔

Figure 5. Site 24GA402 (Montana) showing painted outline to bring attention to a stick figure human; outlining was done incorrectly cutting off the right hand. Photo by J. Greer.

图 5：编号为 24GA402 的岩画点（蒙大拿州），画面上出现人为绘上的极为不恰当的轮廓线，它将图中人物的右手截去。拍摄—麦维斯．格里尔

Figure 6. Site 48FR109 (Wyoming) showing petroglyphs chalked in the 1950s. Photo by J. Greer.

图 6：编号为 48FR109 的岩画（怀俄明州），画面上能够看到上个世纪 50 年代的涂绘痕迹。拍摄—麦维斯．格里尔

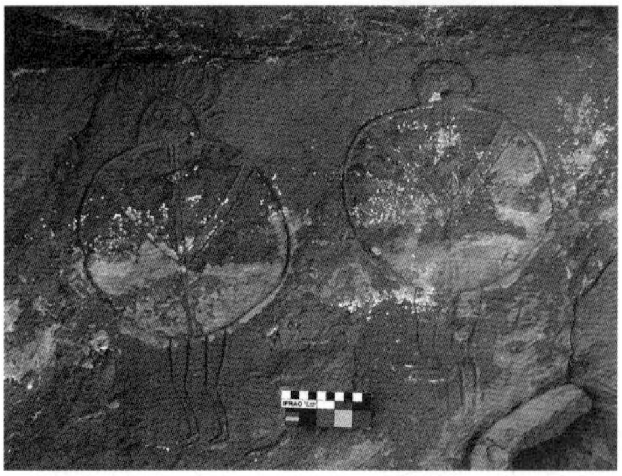

Figure 7. Example of molding residue damage at site 48NO231 (Wyoming). Photo by J. Greer.

图 7：塑模对岩画造成的伤害，编号为 48NO231（怀俄明州）的岩画点。拍摄—麦维斯．格里尔

Figure 8. Rubbing process of recording petroglyphs in Italy. Photo by M. Greer.

图 8：在意大利制作岩画拓片的过程。拍摄—麦维斯．格里尔

Figure 9. Site 24CA347 (Montana) showing computer drawings over a photograph of the site. Photo by J. Greer.

图 9：编号为 24CA347(蒙大拿州) 岩画点，图片上的图像是计算机重新处理过的。拍摄—麦维斯 . 格里尔

Figure 10. Site 24CA347 (Montana) showing DStretch enhancement of an image. Before DStretch (left); after DStretch (right). Photo by J. Greer.

图 10：编号为 24CA347 （蒙大拿州) 岩画点，电脑处理过的放大图片，左图是原图；右图是经过处理后的图像。拍摄—麦维斯 . 格里尔

Figure 11. Site 24TT6 (Montana) panoramas. Photo by J. Greer.

图 11：编号为 24TT6 （蒙大拿州) 岩画点全景图。拍摄—麦维斯 . 格里尔

Figure 12. Enhanced bear paw at site 24CA102 (Montana). Photo by J. Greer.

图 12：编号为 24CA102 的岩画局部（蒙大拿州），是放大后的熊掌印。拍摄—麦维斯．格里尔

Figure 13. Site 48HO4 (Wyoming) horses with graffiti (1993 photo). Photo by J. Greer.

图 13（左图）：编号为 48HO4 的表现马的岩画（怀俄明州），已遭涂鸦。拍摄—麦维斯．格里尔，1993 年

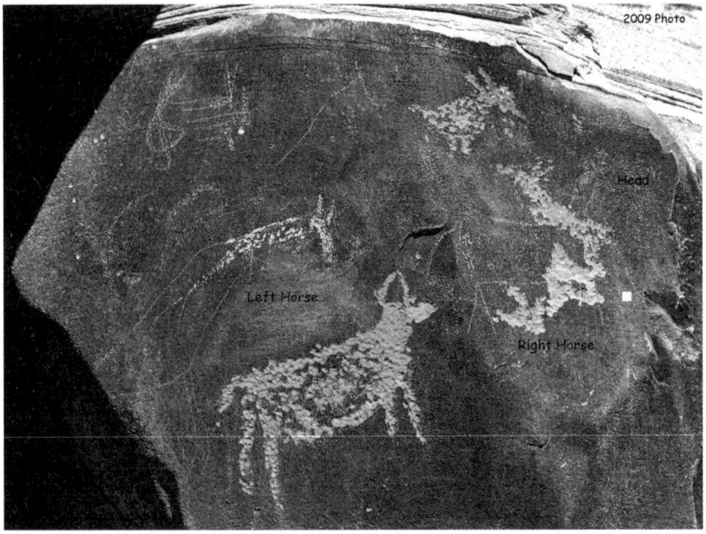

Figure 14. Site 48HO4 (Wyoming) horses after conservator cleaned the panel (2009 photo). Photo by J. Greer.

图 14（右图），同样是编号为 48HO4（怀俄明州）岩画。拍摄于 2009 年，马的图形已被工作人员清洗修复。拍摄—麦维斯．格里尔

通过记录与存档保存岩画

（美）Mavis Greer
（美）Greer Services 撰
李楠　张亚莎 译

摘　要

记录档案是保存包括岩画在内的考古信息的一种方式，由于技术的进步与新的媒介方式的介入使包括岩画在内的信息记录方法不断进步并更加精确。与此同时，一些研究者也在努力将岩画记录更加规范化，并试图创建出更加统一而规范的数据库。岩画记录方式的设定取决于如下一些条件或限定，例如岩画点的内容、岩画点的位置、如何到达岩画点、能够获得的人员、物资与设备的经费支持等等。考虑到这些固有因素的可变性，只有最为基础的岩画记录部分才有可能实现标准化。能够超越最低层次岩画记录的标准化，鼓励岩画的开发与利用，岩画记录新方法的实验，所有上述活动所带来的进步并不是因为控制记录标准化而实现的，因为标准化对于岩画记录的质量而言本身是一种停滞，而不是创新。一个岩画地点拥有自己的储存位置，里面保存着关于这个岩画点的不同类型与不同水准的信息记录；人们能够及时地在永久性的中心数据储存库里检索到所有的岩画点信息；这些对于相关研究信息的保存才是至关重要的，而这些信息里不仅有岩画记录的历史文献，还应该包括岩画点在内容与条件上发生改变的信息。档案的选择与岩画记录同样重要，因为如果没有岩画记录信息的保存和研究者对信息的访问，岩画记录毫无价值可言。

对于岩画保护而言，最好的方法就是记录。岩画记录级别的范围可以从最小到最大，但任何一个级别的记录，岩画地点的定位都是岩画文档服务的重要起点，因为它对以后的研究、保存与保护至关重要。岩画记录的归档与管理、文档保存的长久性远比岩画记录的水平更为重要，因为它们能够为研究人员与岩画管理者们的造访提供方便，如果岩画点的记录资料不能为以后的研究者与岩画管理者所检索查阅，那么这些资料就如同从来没有被保存过一样。下面这样一些情形如此常见：大量的岩画记录，要么是从未存过档；要么就是因为存储工具的自然退化而造成存档资料的消失；还有一种情况是被那些“善意的清洁工”删除掉了资料，这些人直至退休或死亡，都始终没能发现档案记录的重要性；另外还有的是一个资料被存储到了某个地方，却没有进入考古资料库，因而这个记录资料便不再可能被研究者与管理者所使用。我们现在的目的是要让岩画记录的重要性被充分认识到，要让各种级别的岩画记录文档能够在尽可能多的地方被储存下来，特别是在类似官方机构或被该国政府承认的机构中保存存储下来，只有这样，岩画遗址的保护才真正成为可能。

岩画记录手段在不断进展，由于技术的进步与新的媒介方式的加入，岩画记录的文档也更加精确，所有这些都促使岩画记录不断发展与进步。当然，新方法的出现并不意味着老方法的结束。岩画记录的级别与类型取决于时间的投入，如果只有两个工作人员，只投入几个小时，那么记录的结果一定不同于一组工作人员用几个月时间调查所得的记录成果。当然，这并不意味着简略的记录对于岩画保护的目的就没有帮助。一个岩画地点的保护首先是知晓这个岩画点本身的存在，因此即使是一些最为基本的信息也是有用的。通过这些年岩画的记录工作，岩画记录与其他考古遗址的记录一样，逐渐走向正规化，并导致人们致力于岩画记录标准化建设的各种尝试。但是由于岩画地点在规模、内容、位置（通常岩画地点都在较难达到的地方）的多样化以及资金支持的问题，所谓的标准化也只能做到基本记录条款上的标准化。如果按照正式存档或正式出版的要求去做所有岩画点的记录存档，因为岩画保护计数要求，那么能够被存档的岩画点的数量会大幅度减少。此外，对已有的岩画记录能力的超越，开发新的岩画记录方法，都会带来岩画记录工作质量的进步与创新，过去几十年所积累的整个世界岩画记录方面的进步速度，是半个世纪以前所无法预见的。在本文中，我们所使用的岩画记录历史资料与岩画遗址资料都来自美国的北部，尤其来自蒙大那州（图 1），我们将举例说明美国岩画记录的进展是如何不断地增强美国对岩画保护意识的。

美国诸州岩画遗址的调查

在美国，每个州都会有一份岩画地点的记录清单，其地理范围甚至包括州与州的边界地带。这份清单并不意味已包含了该州所有岩画地点的记录。它只代表那些已经有人对其进行过简略记录的岩画地点的列表。岩画点记录的级别有的简略到只记录其地点的位置和其内容定义为“岩画”，也有的详细到拥有数百页纸的记录，包括有细致的图像记录、地点的描述、绘图、临摹与拍照图片等。今天大多数州的州立文物保护办公室（the State Historic Preservation Office，缩写为 SHPO）都保存有这样的岩画遗产清单（蒙大那州亦如此），这些州立文物保护办公室（SHPO）大都根据国家历史保护法案 101 条款成立于 1966 年，正是这些州立文物保护办公室所持有的清单资料，不仅可以为研究者利用，还可以为所有相关机构与考古学家提供项目背景资料，其影响可谓深远。一个岩画点能够进入美国国家的保护范围，关键取决于它是否进入这份州立文物保护办公室的文物清单。这样一种岩画地点清单的记录结果，其重要性在于不仅可以从中获得岩画信息，还能让人们意识到它们对于岩画的管理与保护的意义。不同的国家以不同的方式方法注册记录该国的考古文化遗址，重要的是研究人员能够发现这些机构或代理单位，知晓如何研究或如何为这些岩画遗址的保护提供最好的机会。

美国的史密森学会是华盛顿特区的一个大型博物馆和综合研究机构，这个学会分别在二十世纪三十年代和四十年代建立了岩画地点的编号系统。美国的 48 个州组成了一个岩画记录的联盟，每个州按字母顺序被列入编号系统。蒙大那州的编号是 24，怀俄明州是 48 号，阿拉斯加州和夏威夷州这两个州是在上个世纪五十年代才正式进入联盟，其编号分别是 49 与 50。所提交的岩画记录的编号，其结构如下，首先是州的编号，然后后面跟随着某县名称的前两个字母的缩写（属于更细的行政区域），接下来的是岩画地点的编号。如此编号为 24YL1 的意思是：蒙大那州（24）黄石县（YL：Yellowstone County）的 1 号岩画地点，这个岩画点就是著名的岩画洞窟地点，今天它已经是一个州立公园了（见图 2）。由于每个州岩画点数量的不断增加，不断向华盛顿汇报的事情也就变得麻烦起来，于是在上个世纪六十年代，确认岩画点资格的工作便委托给了各州。最初各州都是由该州州立大学负责这项工作，由各州立大学人类学系承担，因为大学人类学系在当时被认为是各州考古研究的中心。然而，随着七十年代各州开始陆续创建 SHPO（州立文物保护办公室），大多数州便将州内岩画地点的认证移交给了这个机构。

整个美国，注册与计算岩画地点及内容的数据，主要是通过岩画研究者与考古学家以及相关的工作人员们的努力，即通过填写岩画点数据表格单完成的。但还是有很多的岩画点的记录与注册是由非专业人士们做的，是他们考察和记录了这些岩画信息。很显然，公开出版物对于岩画的保护很重要，但是一些公开出版的著作中没有岩画登记的信息，而且刊登的图片也多是复制图片，这些出版物所刊登的图片大多缺乏版权担保，而且图片也多是陈旧过时的，这些到岩画地点调查记录的人多是私人行为，也有的则是出于管理者担心岩画地点受到威胁，而有意不提供岩画的相关信息，例如岩画地点的精确位置等。

岩画记录的变化——以蒙大拿为例

最早在正式研究著作中提到蒙大拿岩画的是陆军上校噶里克·马莱尔瑞，他提交给美国人类学部的一份报告——《美国印第安人的图像文书》一书出版于 1893 年（马莱尔瑞，1972）。对于美国北部平原，马莱尔瑞很少提到蒙大拿州的岩画点，只提到南达科他两个岩画点，说到怀俄明州的有三页，而邻近北达科他、加拿大阿尔伯塔省和萨斯喀彻温省则只字未提。关于蒙大拿州，他记录了该州中部靠近阿西尼伯因城堡的岩画图像，却完全没有涉及该岩画点所表现的内容、准确的地点位置以及岩画手法是凿刻还是涂绘等基本信息。他是在一本由政府出版的著作中涉及这些岩画信息的，这些信息便因此而被一些研究者所注意。事实上，虽然此后历经 120 年的时间，这个岩画点既没有官方正式的岩画地点注册，也没有任何关于它地理位置的记录。然而，尽管缺失了岩画所在环境与岩画内容等信息，而这也阻碍岩画点位置的重新确认，但正是由于马莱尔瑞曾经在著作中提到过这个岩画点，那么至少提供了一个永久性的参考信息。

1908 年，第一篇关于蒙大拿岩画的论文发表在蒙大拿大学生物科学公报上（艾尔罗德，1908），文章记述了该州西部弗拉斯蒂湖畔的岩画。艾尔罗德很简略地描述了这些岩刻画，这篇文章传播的范围很小，而且他关于考古遗址记录的著作提前出版，因此没有提供关于岩画地点的形态或关于岩画定位与内容方面的附加资料。这个岩画点是在上个世纪七十年代才被重新考察，这次调查才对岩画的数量和形式有所得记录。这个岩画点的信息与马莱尔瑞的情形一样，都只是在出版物里被提及，出版物里保留了作者的资料，在以后的研究中不断地被引用。

自上个世纪 40 年代末期直到进入 50 年代，史密森研究学会主持了冠名为“盆地流域调查”的系列考古学调查项目，因为在该地区即将要进行水库建设，需要在整个美国西部沿着河流河谷普查与记录这一地区的古代文化遗产地点。在这些考古学文物普查过程中，偶然也会简短地讨论到岩画地点，但记录的水准参差不齐。尽管如此，这却是第一部让考古学界真正关注到蒙大拿岩画的学术出版物。牟洛伊在他出版的博士论文中，对这个州东南部的岩画洞穴地点（编号为 24YL1，见图 2，牟洛伊，1958），用相当多的篇幅详细讨论岩厦后壁的岩画图像内容，并提供了大量的图片。整个 50 年代到 60 年代初期，蒙大拿州立考古学学会与当地比林斯考古学学会的一些会员对当地的岩画进行了专门调查，记录了大量岩画点与内容，制作了岩画点的详细表格清单，并不断有出版成果问世（亚瑟，1960；康诺，1962a、1962b、1964；马洛夫，1961；诺尔德斯壮，1964；芬兰，1967）。因此，自上个世纪 50 年代起，岩画在蒙大拿州已然成为当地考古学研究的一个组成部分，岩画地点信息记录中包括岩画地点档案，另外还出版两个丛书系列，都属于当地或区域性的考古学丛书，一个是“蒙大拿考古学”丛书，一个是“平原地区的人类学家”丛书。

到了 70 年代，岩画出版物与岩画点档案资料在持续增加，这主要是因为联邦法律允许开发地方建设政策出台的冲击，它导致蒙大拿州考古调查数量的增加，另外还因为研究者们将移动岩石艺术纳入到一个新的分析研究领域。在这 10 年里，第一部专门研究岩画的著作是由斯图尔特 · 康诺和他的妻子贝蒂 · 鲁 · 康诺撰写的，其中还提供了不少的插图（康诺夫妇，1971）。除了将众多岩画地点纳入标准清单，康诺通常还要通过长篇累牍的叙写，讲述他是如何发现这些岩画地点，这些岩画都表现了什么样的内容以及与岩画地点相关的其他因素。这类讨论很有价值，正如前述，这些资料在后来的标准化岩画记录中已完全缺失。

还是在 70 年代，詹姆斯．凯撒也开始记录和撰写蒙大拿西部与中部地区以及阿尔伯塔南部地区的岩画。凯撒更关注岩画的地区性特征、重点风格的类型与岩画的分布问题（凯撒，1975、1977、1979）。他对北部平原的岩画研究工作在八十年代转向服饰中长袍与帐篷图像与岩画关系的研究，凯撒成功地使用直接历史学方法，从帐篷与长袍的渊源入手，区别出岩画中史前时期与历史时期两种不同类型（凯撒，1987）。

上个世纪 80 年代期间，人们在出版的文字资料中还在努力对岩画点岩画的数量进行统计，但却未能形成档案。在公开出版的著作里，岩画地点的档案信息通常并不多见，但这些出版物对接下来的几十年的研究者而言，却是一种宝贵的资料。例如，我们可能利用这些信息资料，对许多岩画地点进行重新定位（虽然有时相当困难），另外，如果今后的研究者们需要增加更多的记录资料时，我们还能提供更好的岩画定位和岩画内容描述，同时还有综合的摄像图片档案资料。还有，通常在档案清单中只看到一些孤立存在的岩画地点，它们的存在可以帮助我们在这个岩画点附近找到更多新的、以前尚未发现过的岩画点。

考古承包制对岩画的记录与保护的贡献开始于 20 世纪 70 年代后期，并一直持续到今天。许多岩画地点已经被添加到数据库之中，而且这些考古项目对岩画的开发、实验、专业记录的精进与岩画保护方法的检讨，都是一种推动促进。例如，林恩．弗里德伦特在这一时期非常活跃，他发展出一种岩画记录档案方式，那是最早的调查检测的表格，包括仪表与相应的地图部分（弗里德伦特，1990；弗里德伦特与穆尔，1989）。传统的考古学方法与民族志方法的密切结合使劳伦斯．洛恩多尔夫在岩画内涵解读的研究上有很大进展。他在表格的基础上对所获得的信息资料进行发掘，同时也对岩画年代进行考证。弗里德伦特利用实验考古学的方法对岩刻画与岩绘画的制作方法进行研究，利用孢粉分析，同时结合岩画自身与民族志信息来推测岩画功能与民族关系。他还是第一个将绝对年代测定方法引进蒙大拿岩画研究中来的人（洛恩多尔夫，1984、1988）。

岩画记录的不断增速在 20 世纪 90 年代发展成为全球性的趋势。这在很大程度归因于人们逐渐清楚地认识到对岩画遗产分析的重要意义，还因为人们明确意识到随着工业化效应，例如酸雨等，已使岩画遗产的损毁在加速。同样，人口的增长导致新的娱乐业、住房建设、商业开发以及工业生产等不断向偏远的地方扩张，而这样一些地方以前正是因为地方偏僻才使岩画遗址得以保护。岩画记录不断加强还因为在岩画测年与记录方法上的进步。电脑的使用，加之图像拍摄更加清晰、数据与画面也更加准确，尤其是与测年分析的加入，都为数据编目与数据比较研究提供了新的动力。在这段时间里，我们对蒙大拿岩画的工作进入到一个密集阶段，由于计算机辅助工作以及仪器的不断改进与变化，促成了整个 90 年代我们的岩画调查报告与岩画点记录归档工作的进展（格里尔夫妇，1992、1993a、1993b、1994a、1994b、1996、1998）。

岩画记录的方法与岩画的保护

通过对岩画研究文献的回顾，我们发现上个世纪 80 年代是人们对于岩画记录方法思考与讨论最多的时期，此时应是一个讨论的高峰期，班克罗夫特图书馆出版的《岩画数据库》里，超过 350 篇的论文关键词里都能检索到“岩画记录方法”这一词汇（马丽莫尔，2013）。岩画的入门手册和论文里，也都会提到岩画记录的方法，还有由不同组织撰写的岩画记录指南，另外许多州也已经开发出在不断修订基础上出台的岩画地点调查表格以及提供标准的岩画点调查表。虽然目前仍未形成大家公认的唯一的岩画记录方法，但有几种岩画记录方法已经被公认应该属于被取缔的，因为这些记录方法会对岩画本身造成不利的影响。劳恩道尔夫（2001）曾就各种岩画记录方法的问题展开过讨论，尽管任何一种级别的岩画记录，都应该是具有自己的针对性与实用性的，但确实某些岩画记录的方法是不应该再继续使用的，包括之前一些被认为是可以接受的方法，甚至在前几年还被认为有很有用的方法，现在都被证明会对岩画造成破坏。下面我们就对此进行讨论。

不能使用加强岩画岩石画面物理性的方法。水或者其他任何液体（比如碳酸饮料、煤油和汽油），都绝不可以喷溅或喷洒到任何种类的岩画上，用以提高岩画的色泽度以及来使图案变得醒目突出。液体（包括蒸馏水）会造成油漆流动进而导致图像的混合，有时甚至可能将整个岩石画面完全损毁（图 3)。液体还会加速岩画的褪色。我们也已经看到一些案例，将一些涂料涂在岩绘画的画面上可以使色彩变得更加鲜艳（图 4）。

不能为了图像更加清晰明显而使用诸如粉笔或油漆这类的东西标出其外轮廓。在一些案例中有人尝试着将核心图像围圈起来的方法。在美国蒙大拿的三叉岩画（Three Forks Pictographs）(24GA402) 上面，至少到 20 世纪 50 年代都有人在岩画图案的轮廓上标出线条，但他们遗漏了部分手印岩画的图案（图 5）。同样有害的是在岩画图像上用粉笔勾勒线条或者为符号图案增添上颜色。这些添加剂可能会让原始的图案改变形状，而且它们还可能改变图案的化学物质形态。这样一来，准确的测年将几乎不再可能。例如在美国怀俄明州西部的岩刻画在 20 世纪 50 年代调查时曾用粉笔做出标记，直至今日这些粉笔标记仍然鲜明存在，而这种方法则直接对其考古测年产生潜在的影响（图 6）。

在岩石上涂鸦至少一个多世纪以来都被看做是岩画保护的敌人，然而，一些人仍然会以临时辨认识别，抑或是暂时性拍摄岩画图片的名义，在岩画石面上泼水、用粉笔标注图案等方式，进而毁坏岩画。今天数码相机的使用，再结合计算机先进的技术，使得粉笔标记以及其他物理性加强等处理方法完全被废弃。

对岩刻画制作乳胶模型或者使用石膏模型的方法，也同样必须摈弃，因为这也是一种损害岩画的方式。对岩画塑模，以前一直被看做是一种复制方式，并认为是对岩画的一种保护方式，有些文章还记述了若干种类似的方法。然而，后来人们发现模型塑造对图案有所污染，会影响到考古测年，并且在塑模的过程中，往往会一部分线条发生移动，改变线条的特征，或者在图案上或图案周围遗留下一些残渣（图 7），会损伤到岩画图案。今天，我们使用 3D 数码扫描以及 3D 物理／立体打印等方法来复制图案（以及墙壁特征特色），远比之前陈旧的模型方法要好很多。

下面是两种记录方法：拓片和直接用透明塑料膜描图，如果操作不正确或者不是经由熟悉当地岩画地质情况的人员来操作，就会对岩画造成不利的危害。上述这些记录方法，不能由那些可能出于娱乐消遣目的的业余爱好者们实施操作。

拓片是对岩石浮雕或凿刻类岩画图像的复制，方法是将一张纸或者其他材料放到岩石表面，然后整体将其拓下来，通常使用铅笔、石墨或者粉笔，这样纸下面的图案将会展现在拓片材料上。这个方法带有某些娱乐消遣性，目前仍旧作为用于岩画展览或宣传时使用的岩画图案复制的方法在世界的某些地方流行。然而，制作拓片会对岩画所在岩石表面造成侵蚀和损毁，只适合于一些极端的案例，例如当岩画已经遭受到了诸如水库泄洪或季节性洪水的严重磨损的情况下。在这种环境情况下的岩画点通常被看作濒临湮没，比较而言，抢救性岩画记录的急迫性远大于因触碰岩画本身而造成的麻烦。另外，一些石质坚硬的岩石上的岩画，诸如花岗岩或者片岩，会比像石灰岩或者砂岩那样基质柔软的岩石，更能承受拓片制作时的击打。

在意大利，当地人给我们介绍了一种不同的拓片方法。这种拓片制作方法是当地土地所有者为了能够清晰地观察他们家周围岩石上的岩画图案而创造出来的。在这些案例中，拓片是将一张纸放置覆盖于图形上面，用大块的软石墨（一种产于当地的产品）作为摹拓的工具，然后用柔软度很强的绿色树叶在整个画面上摹拓，这样可以强化、固定以及凝固在纸上的图案（图 8）。这个地区的岩画被刻在了水平的岩石表面，上面因没有植物覆盖而裸露在外，岩石的石质是非常坚硬的片岩，经过多年来的锈化、风化以及步行交通，岩面上的图案已很难被观察到。这些岩石因其表面已经受到气候、植被、农业以及娱乐活动的影响，因此在这种情况下，对其进行拓片也就不会对岩画产生更多的影响，拓片在这里也就成为岩画记录保护的一种方式。

使用透明的塑料纸直接描摹图形，也许是最为普遍的直接物理记录的方式。方法非常简单，在岩石的画面上放置一个柔韧而透明的薄纸，然后用记号笔在上面精准地描摹图形。一些研究者认为，使用这种方法也可能会对岩石表面造成潜在的影响，但如果操作过程作法正确、谨慎且掌握好分寸，基本上对岩石表面不会造成什么压力，那么使用这种方法对岩画的影响应该很小。由于这种方法在岩画记录的速度、效率、准确性、媒介的长久保存性以及其可直接在出版插图中再现原图等诸多方面的长处，目前在世界范围内仍然被广泛地应用。文献和网络检索表明，描图是最为常见的方法，可以用来记录岩绘画、岩刻画、地面上的岩画图案以及壁面上的装饰图案的图案，还有很多项目，我们都可从中学习到一般性的记录方法。直接描图可以复制出岩画图像的精确尺寸，理想的情况下，复制的图像可以与原始作者所绘出的岩画图案完全一致，但每个人的感知能力有别，另外每个人的笔法也同样会有差别。另外，实地田野的描图，在精准度上有明显不同，有的只表现出图形的轮廓，有的则是对岩石上出现的每一个凿痕、每一条线条或裂纹都做出标记，哪怕是无关的。一个简单的轮廓有时是能够很好地显示出图案的图形，但更多时候，图案内部图案的色彩和凿痕的精确度的显示也很重要。然而，如果标记出每一个细小标记、墙上的划痕及裂纹，通常会让岩画图像因过多细节的干扰而失去主要图像的显现。最好是做出一个系列性的描绘图，分层描绘，每幅图表现不同重点，首先是一张描绘出核心图案的图纸，第二张才是表现出所有的额外信息的绘图（如裂纹、岩石表面的不均匀区域，或重叠交叉的图案），采用分层处理的方式。支持在实地直接描图的研究者们认为，其他岩画记录的方法是无法完全取代它的准确性的，因为只有那些直接经历过现场观察岩画图像轮廓以及环境背景的岩画记录者，才不会出现对岩画图像理解上的偏离，也只有近距离观察过岩画的记录者才可能处于最初制作岩画的那些人所在位置，并与他们有过互动。

到了 1998 年，直接在野外进行岩画摹图的方法开始受到多方抨击，因为这种方式无法避免人们触碰岩画，而按压式的拓片制作，可能带来对岩画画面的破坏。推崇“不触碰”岩画的记录流派的产生源于岩画保护意识的增强，人们意识到触碰易碎的岩石表面，会不断地造成岩画本身及岩石表面的细微损耗。伴随“不触碰”理念的发展，还有对岩画直接考古测年技术的进展，此时人们注意到在进行直接考古测年实验时，一些岩画取样案例里显然出现了人为的干预以及更早时期其他材料的介入（如粉笔标记），这些都会对岩画产生严重污染，凡是使用过这种方法过的岩画图案，便不再能用新方法进行考古年代测定实验。

因此，主张“不描图”主义的人们，其理念直接来自于“不触碰”岩画运动，目的是为了让人不要直接接触原始岩画。“不描图”主义的政策很快就被写入流行的指南手册中，尤其是写给岩画当地的管理者们，他们试图减少旅游者以减少对岩画的影响。他们提出“绝不使用粉笔、拓片描图或者其他任何触摸岩画的方式”这样的共同主题，尽管这三种类型的操作并不相同。今天，对岩画的描摹记录更多被看成是一种特殊的方法，只能由一些受过训练的专业人员非常小心地操作。尽管拓片和描图由于其描绘的精确性而仍然被一些人使用和提倡，但是计算机技术的发展很快便使只靠拓片和描图的精确岩画复制成为过去式。

现如今特别强调摄影技术的应用以及计算机的图像处理（还有像 3D 扫描

仪和其他技术的方法），用这些方法记录岩画可以直接避免与岩画实体的物理性触碰。这些方法的进展反映了岩画记录从直接描图到改用透明薄膜进行记录方式的变化。作为新的材料，透明薄膜被放置在岩画的图像之上，通过摄影拍照下清晰而准确的岩画照片，然后放入电脑中。岩画图像的照片便可以被打印出来，被置放在岩画上的透明薄膜（所有被选中的细节），都可以被清晰地打印出来。另外，也可以直接在电脑屏幕上进行描图或是在岩画画面上显示出基础数据。这样，我们还可以将单独分开绘制的各种不同的图像最终整合到一个完整的画面之中。电脑绘图能够很准确地还原出原有的岩画图像，不会有一点儿失真，例如我们对美国蒙大拿印第安岩画洞穴（24CA347，图 9）岩画的扫描。最终数字图像的细节与格式，都很容易修改与调整，这些图片将很方便用于出版或其他用途。

描绘图像可以用不同的方式，利用多种照片，在处理过程中最终将所有照片上的信息合成为一个描绘版本，而这个绘图版本还可能比直接在野外作业的描图更为精确。将照片放大的极致后，一些特殊部位细节的清晰应该是在野外观察中也未必能够明显看到或甚至看不到的，当然更重要的是比起那些野外岩画记录常会遇到的暴晒，阴影，雨天，寒冷或大风，另外还可能由于岩石掉落以及其他经常影响野外记录的多种不方便，这样的描图工作所处的环境是完全可以控制的环境。如此一来，在屏幕或者多重显示器上可以看到不同尺寸的多视点图像，而且可以同时观察整体和细节情况。然而，最好还是要以岩石上的原始图画来对实验室描图进行复查，然后将直接的描图与计算机照片描图对照结合，应该是超越前两种岩画结果的最好的一种。

一旦照片拍摄得成功，我们就可以随时对图片进行任何方式的处理。岩画研究者常常提到“真实的图片”，所谓“真实的图片”意味着他们所得到的照片是用他们传统的 35 毫米的胶卷拍摄制作成幻灯片或打印出来的图片，抑或是他们用数码相机快照而成的照片。然而，传统打印图片的结果依赖于许多种影响因素，特别是最初的胶卷选择，相机和镜头的型号，处理技术以及呈现展示的方式。不同胶卷有不同的特性，颜色显示有区别、色度的饱和度、平衡度以及分辨率都不相同。胶片处理过程中的化学反应以及它们如何应用等，也都存在着变量。当然，暗室工作基于个人的习惯而有变化，特别是对曝光和对比的处理。许多传统的暗室工作现如今都用现代数码相机自动处理了，有时则由使用者来选择和设定，而高端的单反相机则有大量的内置设定，且其可供选择的性能远远超过了传统的暗室工作。公平地来说，从来就没有一个纯粹的真实反映自然景象而未经操作处理的拍摄图片。事实上，摄影原就是如此。

扫描软件和制图应用软件将照片的处理过程从物理的存在，转变至虚拟的暗室，目前数码相机和软件的持续更新升级，更让暗室技术比原先传统暗室的功能变得更为强大。所有的传统技术仍然可以利用，但计算机处理让这一切变得更简单，更快捷以及功能更强大；而且技术手段变得更丰富，也更容易操作。这些技术包括控制色彩平衡、修润色泽、控制阴影，调整对比度，图像清晰化处理，调整视角以及将各个部分或碎片重新拼凑成一个混合的图片，包括覆盖，总之各种各样的方式。

如今，有了各种型号的数码相机可供选择，不过拥有高分辨率全尺寸的感应器，加之专业的多层镀膜的光学器件的专业品质的机型，会拍摄出最高质量的照片，并容许最大范围的处理性能。照片最好是以原始格式记录，即在机内处理应用之前，相机图像传感器捕获的图片数据文件应该是一个未经压缩、未经处理的原始图片。从这层意义上说，图像虽然是数码图片，但它相当于一个未经处理的胶片，这样可以用各种软件进行图片处理，在处理上似乎有无限变化的可能。

今天，有很多图片后期处理的程序软件，Adobe PhotoShop? 无疑是最流行的图像处理软件之一。不过在过去的几年中，DStretch（哈尔曼，2013）也已成为岩画研究者们普遍偏爱的图片处理软件。DStretch——一种特殊的 J 图片(Image–J)插入程序，是由哈尔曼．乔恩(Jon Harman)专门编撰的程序软件，目的是通过对色彩的调适与选择从而能够提高图像质量。这个程序软件可以让那些不易用肉眼看到的(如果存在的话)部分能够显现出颜色，继而显示其图形。通常色彩看上去似乎是被扭曲了，不过最后呈现出来的图像结果是可以进一步进行颜色校正的，然后结合其他岩画画面的图层处理，形成 J 图片(Image–J)，或者再转移到 Photoshop 后于再做进一步的图像优化处理。由于 DStretch 软件可以安装到性能极好的数码相机里，现在的一些数字平板电脑上也同样可以应用，这样就可能去拍摄一些野外地方岩壁上的岩画画面，这些画面在现场观察可能也很难看清楚图像内容或无法识别其图像内容。即使是在野外工作时能够立即识别的岩画图像内容，也需要对这部分岩壁上的图像细节进行重新拍摄，然后将这些追加的照片定期带回到实验室进行图片处理。因此，DStretch 由于能够帮助研究者们发现和记录下人们肉眼看不清楚的图像细节，而对岩画保护贡献良多。一个明确的例子是美国蒙大拿州的印第安洞穴岩画（24CA347），使用 DStretch 帮助研究者发现最初在田野调查记录中弄错了那些岩画图像的细节（图 10）。

这些优化处理的图像也可以映射到已扫描的石壁／墙面的三维图像，以观测图像在一个精确描绘的自然环境／物理环境下的细节视图。还有可能来做 180 度、360 度以及全方位（水平与垂直）的线图，来提供所有视角的视图——从左至右，从上到下地对于一个景点或岩画画面进行全方位的观测。同样地，也可以做到将上百个高分辨率的子图像，最终拼成一个合成良好的全景式图像，使岩画画面有一种纵深的流动感，画面上的细节从远景纵观景象到近景图像的这个流动范围内的所有细节汇成一个整体。这些处理过程可以使得岩画图像能够以图像的方式被辨认和被理解，而不是其它阐释方式，另外它们还能够提供岩画档案中原先见不到的岩画地点位置的信息。缝合技术远远优于一个早期的广角照片，因为广角照片总有其固有的边缘，从而出现失真的问题，抑或是出现因广角镜头拍摄出现的分辨率降低的问题。例如，吉普孙桥岩画的全景图（24TT6）就是用 30 个单独的照片最后拼结完成的（图 11）。正如图 11 中上图所显示出来的那样，一些全景图留下了合成照片时的锯齿边缘，但是这些参差不齐的锯齿边缘是可以经过剪裁而得到一个完整的格式化的图片，就像在图 11 下图所展示的那样。

尽管一些人似乎对于计算机和制图应用软件有些不切实际的态度，标准的数码图像处理（与先进的图案创作和作品进行对照）是不会创造出一些并不存在的图片。然而，它们能够做到的是可以显现出田野调查时见不到或无法立即识别的图像的细节。美国蒙大拿州的水晶洞穴（24CA102）岩画便是一个可资证明的案例，其中熊掌的图像直到照片被优化处理后才呈现出黑色的痕迹（图 12）。不过一旦图片经过优化处理，之后我们再重返回洞穴，带着已经优化处理过的照片，便可清晰地看到那个黑色的熊掌图像，因为人们已经知道它们的具体位置与具体内容。

因此，这些简单的例子突出证明，在摄影技术上花费时间与财力是可以快速保护某个岩画点的重要性。这些记录成果将长存于世，且这些资料信息也超越其他形式的记录信息，它意味着用这种方法能够更好保护岩画。

保护与保护者

雇佣专业的岩画保护者来对岩画点进行清理已经变得很普遍了。这种保护方式的出现给予岩画遗址的保护以新的生机与活力，特别是那些广受瞩目的岩画点。不过，将保护者信息以档案问卷形式归档记录也是十分重要的，这样才能使后来的研究者们了解他们正在处理的岩画的改动是经过授权批准的改动，而不是盲目无知的行为。

在西南地区一个岩画地点工作期间，一幅经过计算机优化处理过的图片上，显示出岩画中的某些部分曾经被改动过。做这次项目的工作人员并不知道以前曾经有岩画保护者也到过这个岩画点，而且花费时间去寻找岩画改动的信息来源的努力当然是愈少愈好，只要能够在州立文物保护办公室（SHPO）找到岩画点记录档案便可获得这方面的信息。另外，不是所有保护者的现场清理都是在保护岩画。我们在美国怀俄明州的传说岩画（Legend Rock）地点工作时，对它的马图案进行过研究。画面中雕刻着一个非常棒的马缰绳，然而在附近区域中一些在马嘴和脖颈下方的涂鸦，被一个保护者给清理掉了，正如我们看到的过去的图片资料（图 13 和图 14）里所显示的那样，现如今我们已经不可能知道这个缰绳或者马勒是否是它最初原始的情形。岩画档案中应当精确地登记上这样一些内容，包括都对岩画做过什么，怎样做的以及哪些图案部分是至关重要的，同时附上岩画改动之前和改动之后的详细照片。

归档岩画文件

岩画点的各个类型和各种级别的记录以及所有岩画点的到访信息，都储存在一个永久性的中央资料库内，即美国的 SHPO 岩画档案办公室，及时地将所有相关研究信息——不仅是过去调查历史的记录，而且还要对岩画地点内容与状况的改变实行实时监测，所有这一切都是至关重要的。岩画地点的保护与岩画信息的保存，不仅仅是为了那些关注于岩画图像题材分布与岩画区域性差别等诸如此类的研究者们，也同样是为了涉入会对岩画点产生影响的项目的考古学家和岩画管理者。对上述这些相关人群的信息保密并不是真正的岩画保护，而是让岩画点可能走向死亡的一种潜在威胁。与此相同的是，把岩画地点定位或当地正在发生变化的信息搁置在从事岩画保护工作人员及日常工作人员无法接触到的地方，让其无法了解情况，也同样不是在保护岩画。随着这些岩画点正在经历来自于现代化扩张和发展压力不断增大的形势，再继续让它们保持以前的那种状况——几百年来的低影响的环境状态，已不再可能。因此今天的保护必须要放弃匿名隐藏的习惯，要让岩画地点尽快让世人所知晓，发现它们、认识它们，并对它们进行记录注册。

总 结

多年来的思考与实践，让岩画保护已进入到如何在岩画点进行调查记录和记录什么的焦点上。许多关于这一问题的讨论，实质上一个完整的岩画调查记录由哪些内容构成，哪些内容是必须的或者是需要足够的数据支持。正如对任何一个考古地点所做的调查记录那样，必须要提供基本的信息，例如岩画点数量、规范的地理位置、调查的日期、参与人员、完成了哪些项目、该地点的编号、对这一考古地点文化内容的描述、绘制的草图以及拍摄照片（全景图以及图像的近景图）的描述。除了这些，标准岩画记录形式以外的大多数附加信息，都只与岩画记录当事人当时当地的个人关注有关，而对于其他研究者来说完全不重要。例如：某个岩画图像位于岩画的倾斜角上，通过蒙氏色谱（Munsell Color chart）获悉的岩画颜色，图像分类可放预定的清单等，这些虽然有用，但至多只对某个特殊的研究项目有用，却对岩画地点的保护以及岩画地点岩画内容的记录没有什么用处。创建并不断地更新岩画记录标准化的能力，将会带来，而且是不断地带来对新的记录方法的开发、利用及实验的鼓励与刺激，而通过标准化的控制则很难获得进步。

这里为了我们的目标，非常重要的是任何一种记录，无论其级别如何，都对岩画点的保护有所帮助。当然，岩画保护最重要的资料之一是图片的拍摄，紧随其后的还有书面描述及草图。如果人们只有极少的时间来对岩画地点的信息进行记录的话，那么他们最好把时间放在拍摄图片上，因为以图片拍摄的方式能够及时记录下该岩画点的岩画信息。它将会为岩画点的保护提供最为基础的资料，并且随着时间的流逝还能够评估岩画点所发生的变化。与此同时，如果时间允许，还可以创建一个数据库，资金花费不多的、可以用于办公室内的岩画记录档案开发的数据库。标准的办公设备、专业的计算机应用技术以及其他材料和方法，也都可以应用于此类的原始数据和观测结果的记录档案。

岩画记录信息已经进入书籍、文章、报告、论文、新闻报道，以及宣传性标语。上述这些文献材料中的部分资料可以在图书馆中查阅到，但还有一些资料目前则找不到出处或很难弄到手，更有一些岩画记录信息保存在记录者私人手里或是其子孙住宅，而这些记录者的子孙后代并不知道这些记录资料的内容是什么。通常当地的博物馆、当地的考古或岩画学会也都保存有岩画记录档案，但这些地方的保存设施几乎都很难达到档案馆的质量水平，原始材料记录得不够精确，也没有完整的索引信息。所以最后的结果是纸张逐渐变脆变薄，照片慢慢褪色，小虫子们侵入资料盒。另一个普遍的趋势是创建一个与其他考古记录和史前古器物记录相分隔的岩画信息储存区域，尽管这些记录均从属于相同的遗址点、相同的行业和相同的工作人员。在这些案例中仍然存留的问题是这些设施都不能取代一个永久性的代理中介机构——将资料文件准确索引和正确储存，并且有着标准的档案管理以及一个研究学者们可以检索信息的系统。这个管理设施应当可以做到确保原材料以及遗址点的保存保护。就这一点来讲，为那些在档案文档中从未开放进入的新遗址点，以及那些原先所提及到的需要更多信息旧遗址点进行尽可能多的信息归档是遗址点保护的一个目标。只要遗址点还现存，那么持续不断地更新记录并且优化已存在的记录信息是应该一直进行下去的。

经过批准的代理中介机构的档案应当提供每个遗址点的一份完整历史信息。这里包括这个遗址曾经有谁在什么时间造访过以及他们对该遗址的所见所为，提供这样的历史信息的档案文件是必不可少的。经过多年来记录的一份关于遗址点的摄影资料，以及哪里可以获取这些资料，都对于核实原先存在的但由于损坏而丢失的岩画石板以及图像，以及是否有部分石墙被清除掉了或者只是添加了粉笔或颜料标记等有所帮助。而且主要文件不仅要提供信息，还应当提供原先参观考察人员的想法，他们的观察结果和建议对于新的研究人员来讲是无价之宝。其中尤其重要的是那些对收集的样本进行了测年和颜料分析的人员，以及那些进行专业岩画保护工作，并在其国家代理中介档案馆中详细记录了他们的考察情况的人员的考察结果和建议等。否则以后来到遗址点的考察人员有可能对之前人们曾经的工作缺乏了解甚至产生误解。对于所有遗址点来讲记录历史都是一个非常好的资源，不过对于那些提供关于岩画点在自然和人为影响下的变化或者稳定性的岩画点来说是尤为重要的。考察史的记录还将提供同一个考察者或者不同的考察者他们对岩画遗址的记录档案，为人们提供详细的资料对比，这种对比包括不同的情况，例如不同亮度和不同天气条件等等。而且这种历时性的记录里，还能清楚地发现有关岩画点变更信息以及人们对它们的解释或真伪等问题。

【 Mavis Greer 】博士，美国岩画学会主席，考古学家。
【 Greer Services 】博士，美国岩画学家与考古学家。
【李楠】 北京林业大学环境工程学院 2014 级学术硕士研究生。
【张亚莎】中央民族大学中国岩画研究中心教授，博士研究生导师。

Rock Art Conservation in Bolivia

Matthias Strecker
Freddy Taboada

Rock art conservation in South America

Rock art conservation, as well as site administration plays an ever-increasing role in rock art research, with a view to preserving this cultural heritage for future generations. In South America, well-administrated archaeological parks with rock art are still very scarce, although efforts are beginning in several countries to coordinate the preservation of sites (Taboada and Strecker 1998; Strecker and Pilles 2005; Strecker 2006). However, few conservation projects are under way, with the exception of Brazil (Prous and Ribeiro 2006: 118-119; Guidon 2006: 129), and, to a lesser extent, Argentina, Bolivia, and Chile.

In Argentina, the National Institute of Anthropology (INAPL) launched a program aimed atpreserving some rock art sites of exceptional value. The institute acts as a consulting agency; the program aims at effective collaboration with the provinces and especially the local communities which have a role to play in site management (Podestá 2006, Strecker and Podestá 2006).

In this article we wish to present an introduction to rock art conservation in Bolivia which to a large extent depends on the efforts of a private research society (SIARB).

Rock art research in Bolivia

In Bolivia, there are more than 1.000 rock art sites nationwide in the Andean highlands, valleys and tropical lowlands (Strecker 2001b; Taboada et al. 2011).(Fig. 1) Rock art in Bolivia has a very long tradition, apparently beginning in the Archaic, and continuing up to the Colonial and Republican periods. Numerous sites are still worshipped by present-day indigenous people who regard them as sacred places, and carry out offerings and rituals there.

Rock art research intensified with the founding of the Bolivian Rock Art Research Society SIARB in 1987. Members of this private society are professional archaeologists and dedicated amateurs who share an interest in the research and preservation of petroglyphs and rock paintings.

At present, rock art research in Bolivia is still in its initial stages given the lack of an exact chronology and the lack of intensive investigations in many regions. Many of the known sites have not yet been recorded in detail. We are aware of the need to carry out more research and to re-visit sites in order to improve documentation and conservation assessment. However, as a private institution lacking State support, our activities are limited.

On the other hand, SIARB has worked intensively in several regions and has collaborated with state institutions, municipal governments and communities in the protection and conservation of rock art sites and in the planning of archaeological parks (Strecker and Taboada 1995, 1999, 2002; Strecker and Podestá 2006; Taboada and Strecker 2009; Strecker, Taboada and Lima 2010).

"Preventive conservation" versus the destruction of rock art sites

The concept of "preventive conservation" means that measures are taken to prevent rock art sites being vandalized or being affected negatively in several ways. Education campaigns can raise awareness about the importance of rock art as our cultural heritage (Strecker 2001a). In 1993 SIARB edited a series of 9 stamps featuring photos of petroglyphs and rock paintings in conjunction with the Bolivian postal company. Our society has also organized exhibits on rock art as world cultural heritage and rock art of certain regions which were presented in the National Museum of Art, La Paz, and in other major cities, and were visited by the general public and many school classes. We edited a flyer for children explaining rock art in simple terms – see the educational section in our website www.siarb-bolivia.orgWe also organized seminars on archaeology and rock art for teachers and worked with an educational publisher in preparing chapters on these subjects.

While these activities have informed many people about the existence of rock art sites in Bolivia and the need for their protection, numerous sites have been affected by vandalism. On the other hand, particularly in the last ten years, we have observed that road construction or maintenance has destroyed important rock art sites and continues to do so. Unfortunately, there is a permanent threat to archaeological and rock art sites in Bolivia despite the isolated efforts of a few institutions such as SIARB to protect such sites.

Administrative decentralization has led to the creation of autonomous regional governments that are not prepared for heritage preservation. We believe that regulations for public constructions have to be improved including the obligation to hire professional archaeologists in order to salvage or protect sites. The expertise of professional rock art researchers and conservators should be taken into account before "protecting" rock art and efforts to turn sites into tourist attractions. We have acknowledged several cases of sites that were seriously affected by measures undertaken by municipal or regional governments to rescue the art for future generations and promote tourism; in fact, by drilling holes into the rock and installing a roof in front of a rock shelter, these projects actually contributed to the destruction of the site.

On the other hand, we must always be aware that archaeologists and other researchers sometimes adoptinappropriatemeasures. SIARB's Code of Ethics obliges its members to respect the integrity of sites and not reveal the exact location of unprotected sites to the public; it bans all potentially destructive recording methods.

Preservation and conservation of rock art in archaeological parks

State policies concerning the cultural heritage are characterized by centralism of the Ministry of Culture and the National Institute of Archaeology (UDAM, formerly INAR/DINAR), as well as decentralization with a more active role of the administration of regional 'departamentos' and municipalities which, however, lack preparation for this task and experience in this field (Strecker and Taboada 1999).

The National Archaeological Institute created four parks to protect rock art which were fenced in and whose guardians are responsible for their vigilance: the sculptured rock at Samaipata in the department of Santa Cruz; the rock paintings of Calacala in the department of Oruro; the rock seats at Copacabana in the department of La Paz; and, in collaboration with the municipality of Sucre, the rock art sites at Incamachay and Pumamachay, department of Chuquisaca. In this latter case, SIARB's offer to act as a consulting agency in the planning stage was rejected. Once the site was vandalized, presumably by workers constructing a wall around it, the municipality and DINAR recognized the need for a more comprehensive project involving rock art experts and supported the new project directed by SIARB.

The archaeological institute also tried to protect a few other isolated sites by fencing them in, without providing vigilance, which has had negative results: fences surrounding the petroglyphs of Toro Muerto and the rock paintings at Cerro Banquete, both in the department of Santa Cruz, were destroyed and more vandalism occurred. In these cases, fences only served to attract attention to the sites and provoke their destruction.

In December 1998, Samaipata was registered in the list of World Heritage by

UNESCO. Mass tourism is being tackled by restricting access of visitors to a wooden platform constructed around the sculptured rock and to the area of a 'lookout', a hill which allows a splendid view of the site. (Fig. 2a,b)

Due to very limited funding from the responsible state institutions, the work of the private society SIARB has increased more and more regarding investigation, recording and preservation of rock art sites. In 2002 SIARB received the Conservation and Preservation Award by the American Rock Art Research Association (ARARA).

SIARB researchers have worked with municipal governments and communities to protect sites in archaeological parks trying to implement projects that include: recording and research, a basic management plan, protective measures, assessment of the conservation status of the site, conservation measures such as cleaning of graffiti, a basic infrastructure including signposting, training of local guides, publication of a guidebook, and regulations concerning visits. Some of these projects have been successful, others have not met the objectives. Agreement and collaboration between all the involved groups are essential. The local people must understand their involvement and obligations.

We wish to explain a few of these factors:

- Working with the local community: The baseline of our work is an agreement with a local community that has requested the assistance of experts in preserving a rock art site and has agreed to a plan of action and a resulting project. A great deal of effort must be made to maintain close collaboration with the community and ensure its participation throughout the project. Training of local guides can be achieved through a variety of workshops or courses offeringbasic information on tourism, heritage legislation, archaeology, rock art, first aid, tourism and natural environment; there must be practical exercises in guiding, and participants could help bydrafting a proposal for a tourist circuit between the village and the rock art site. Once the project is concluded local people should take over the administration of the site.

In most cases, communities are unable to manage an archaeological park or rock art site which can be accomplished as a jointventure between municipality and community. However, the collaboration between municipality and a community is often deficient. In the case of JachaLlullu community at the Lajasmayu site near Betanzos (department of Potosí), members of the indigenous community strongly distrust the municipality, and they expressed their intention to continue the project on their own without "interference" from the municipal government. However, this seems to be quite unrealistic. So it is very important that both, community and municipality, are integrated in the project from beginning to end, which sometimes does not work out well.

- **Legal status:** Though all archaeological and rock art sites are considered national heritage by law, the recognition of a site as cultural heritage is strengthened by the declaration as municipal heritage. SIARB collaborated with the council of Moromoro municipality (department of Santa Cruz) in drawing up a resolution declaringPajaColorada cave as municipal heritage as well as defining its protected area (cave and surroundings).

- **Management plan:**A management plan for a cultural park or rock art site must take into account many factors such as sociocultural data of the local population and their relation to the site, natural environment, archaeology, rock art, conservation, management, tourism, etc. It explains the significance of the site to local people and visitors, both on a regional and national level. It may be valid for a few years and should then be updated. Due to the economic limitations of our work, in our projects we have only been able to present the basic outline of a management plan emphasizing the necessary factors for the administration of the site.

- **Protective measures:** Fencing in a site is a necessary step in many cases to protect a site and should always form part of a comprehensive project, since isolated measures will be of no use as we have remarked above. SIARB constructed fences at the entrance toPumamachay cave (department of Chuquisaca) and PajaColorada cave (department of Santa Cruz). (Fig. 3-4)Visits to these sites are still possible accompanied by a local guide.

Protection of a rock art site in Torotoro National Park was quite different. This park, located in the north of department of Potosí, has a deep canyon, an extensive limestone cave, and palaeontological and archaeological sites; it is visited by national and international visitors. Due to the size of the park, it is very difficult to control visits, and not all visitors go out to sites with a guide as required according to municipal regulations. Initially the administration of the park was assigned to the conservation association of Torotoro (ACT). Fernando Huaranca, member of SIARB and ACT, proposed a project, carried out in 1991, to protect rock paintings in the section BateaCocha. Holes in a vertical cliff that had been used by visitors to climb up to the paintings at 4 m height were filled in with natural stones from the surrounding region preventing access to the rock art (which is still accessible for investigation by using a ladder). This low-cost project did not interfere with the natural setting of the site, and Huaranaca also inserted plants in the walls trying to conceal the remedial work (Huaranca 1995). (Fig. 5)

- **Conservation measures:** Conservation assessment and treatments should be carried out by professional conservators according to international norms (Loubser 2001: 84-87).AtIncamachay (department of Chuquisaca) a conservation treatment (cleaning of graffiti) was carried out by an international team in 2004 (Loubser and Taboada 2005), at Betanzos (department of Potosí) we worked with a team of Bolivian conservators led by Freddy Taboada.

- **Infrastructure:** A footpath in front of the rock art panels of the rock shelter of Incamachaywas paved in order to avoid stirring up dust which would settle on the paintings, and information boxes for visitors were installed (Fig. 6).

In the archaeological park at Calacala, department of Oruro, a visitors' platform or boardwalk was inaugurated in 2002 (Fig. 7a,b).This measure has several positive results: it enables visitors to have a better view of the rock art and at the same time it keeps them at a distance from the rock art panels.

- **Guidebook for visitors:** We edited and published guidebooks in Spanish and English for visitors to several rock art sites in archaeological parks (Incamachay-Pumamachay, Betanzos, Peñas). They provide useful information to visitors on the cultural significance, chronology, etc. and stress the importance of appropriate behavior (etiquette) when visiting the site. They also help local guides to interpret and present the sites.

At present we are working with a community in the department of La Paz, near Titicaca lake. We suggest that the local municipality declare an outstanding rock art site municipal heritage which may help to raise awareness of its importance and ensure its ongoing protection. In our project weattempt to achieve the recording of rock art, an archaeological survey of the area, ethnohistoric research, protection of the site by constructing a fence around it, conservation measures, and guided visits by trained guides. Tourists visiting this and other heritage sites in the same area should pass through a circuit on a trail which requires careful planning and implementation. In the end, administration of the site by local villagers should be running effectively. However, regular monitoring by experts and advice to the local administrators will be necessary.

Outlook: what lies ahead

Protection and conservation of rock art sites depends on state institutions, regional and local governments as well as communities that are responsible for the maintenance and administration of cultural heritage sites. Unfortunately at present there is little awareness of the importance of this task and the responsible agencies have little knowledge regarding how to proceed. We hope that in the future our experience will receive further attention to implement a national and regional policy to preserve rock art sites.

Rock art conservation cannot be implemented by a few experts. We have to educate more people about this heritage. At present we are preparing a seminar-workshop for students on rock art, teaching them basic aspects of rock art research and documentation.

While we are trying to preserve a number of rock art sites in the above-mentioned projects, we are aware that many sites are being affected negatively or are even destroyed. It is of paramount importance to create a national register of rock art sites and record as many of them thoroughly and repeatedly which will not only facilitate research, but also help to assess any possible damage.

Acknowledgement

The authors are grateful to Lesley Haslam for revising the English text of this article.

References

Guidon, Niéde

2006 Zone 3: Brésil – nordeste – États du Piaui, Pernambuco, Rio Grande do Norte et Paraíba. Rock art of Latin America &The Caribbean. Thematic study: 122-132, 222-223. World Heritage Convention, ICOMOS, Paris.

Huaranca

1995 Protección de las pinturas rupestres del Parque Nacional de Torotoro, Dpto. de Potosí, Bolivia. Administración y Conservación de Sitios de Arte Rupestre(M. Strecker and F. Taboada, eds.): 112-123. Contribuciones al Estudio del Arte Rupestre Sudamericano, N° 4. SIARB, La Paz.

Loubser, Johannes

2001 Management planning for conservation. Handbook of Rock Art Research (D. Whitley, ed.): 80-115. AltaMira Press, Walnut Creek, California, USA.

Loubser, Johannes and Freddy Taboada

2005 Conservación en Incamachay: limpieza de graffiti. Boletín19: 49-57. SIARB, La Paz.

Pessis, Anne-Marie

1995 Parque Nacional Sierra de Capivara (Brasil): Políticas y acciones de preservación. Administración y Conservación de Sitios de Arte Rupestre(M. Strecker and F. Taboada, eds.): 82-91. Contribuciones al Estudio del Arte Rupestre Sudamericano, N° 4. SIARB, La Paz.

Podestá, Mercedes

2006 Zone 5: West-south-west and southern South America: Chile,Argentina, Uruguay. Rock art of Latin America &The Caribbean. Thematic study: 151-166, 225. World Heritage Convention, ICOMOS, Paris.

Prous, André and Loredana Ribeiro

2006 Zone 3: Brésil (État du Piaui et sert?o de Seridoexceptés). Rock art of Latin America &The Caribbean. Thematic study: 108-120, 221. World Heritage Convention, ICOMOS, Paris.

Strecker, Matthias

2001a ?Vandalismo vs. Conciencia? Las campa?as educativas de la SIARB. Rupestre N° 4: 22-29. GIPRI, Bogotá, Colombia.

2001b Rock art research in Bolivia.International Newsletter on Rock Art 30: 23-30.Foix, France.

2006 Zone 4: West-nortgh-west South America (north of the Andes, Peru, Bolivia, Paraguay. Rock art of Latin America &The Caribbean. Thematic study: 138-146, 224. World Heritage Convention, ICOMOS, Paris.

Strecker, Matthias and Peter Pilles

2005 Administration of parks with rock art – a symposium and workshop in Jujuy, Argentina. December 2003. Conservation and Management of Archaeological Sites7 (1): 52-55.

Strecker, Matthias and Mercedes Podestá

2006 Rock Art Preservation in Bolivia and Argentina. Coalition, SCIC Thematic Network on Cultural Heritage, Electronic Newsletter, Sevilla, Spain.http://www.rtphc.csic.es/boletin.htmN° 11, January 2006 – Conservation of Rock Art, Part II: 5-10.

Strecker, Matthias and Freddy Taboada

1995 Protección y conservación de sitios de arte rupestre en Bolivia. Administración y Conservación de Sitios de Arte Rupestre(M. Strecker and F. Taboada, eds.): 101-111. Contribuciones al Estudio del Arte Rupestre Sudamericano, N? 4. SIARB, La Paz.

1999 Rock art protection in Bolivia, South America. Rock Art Research, Vol. 16 N° 1: 36-41. Melbourne, Australia.

2002 Políticas y Acciones de Preservación del Arte Rupestre en Bolivia. 3er Congreso Virtual de NAyA: http://www.naya.orgar/congreso2002/simposio_rupestre.htm

Strecker, Matthias, Freddy Taboada and Pilar Lima

2010 Arte rupestre y comunidad. Experiencias en Bolivia. Anales de la XXIII Reunión Anual de Etnología (2009, publ. 2010). Vol. 1: 15-26. MUSEF, La Paz.

Taboada, Freddy and Matthias Strecker

1998 Protección y conservación del arte rupestre - una visión comparativa entre algunos p a í s e s del Viejo y del Nuevo Mundo. Chungara 28 (1-2) (1996, publ. 1998): 33-45. Universidad de Tarapacá, Arica, Chile.

2009 Enfoques en la preservación, conservación y administración de sitios de arte rupestre en Bolivia. Crónicas sobre la Piedra. Arte Rupestre de las Américas(M. Sepúlveda, L. Briones and J. Chacama, eds.): 25-32. Universidad de Tarapacá, Arica.

Taboada, Freddy, Matthias Strecker, Pilar Lima and Claudia Rivera

2011 25 a?os SIARB – logros, desafíos, proyecciones. Boletín N° 25: 20-42. SIARB, La Paz.

【 Matthias Strecker 】

【 Freddy Taboada 】

Bolivian Rock Art Research Society (SIARB) La Paz, Bolivia. siarb@acelerate.com

Illustrations

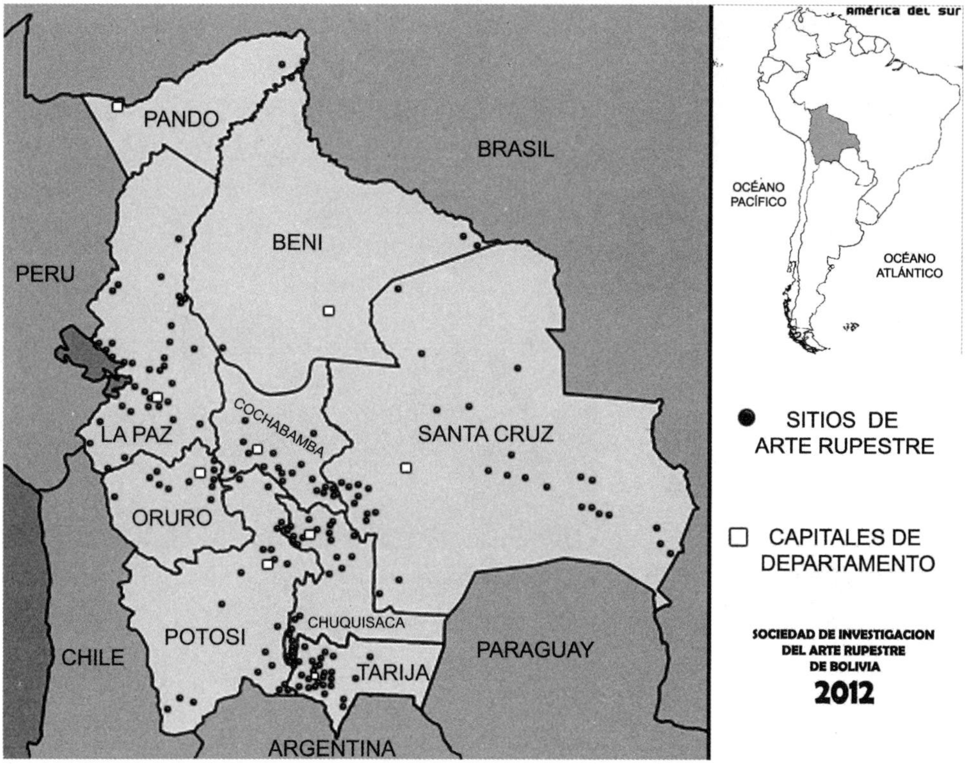

Fig. 1. Rock art sites in Bolivia. A dot on the map may indicate a single site or a concentration of numerous sites.

图片 1. 玻利维亚的岩画点。地图上的一个点可能是一处岩画点或者岩画群。

Fig. 2a,b. Wooden visitors' platform in the archaeological park at Samaipata, department of Santa Cruz. Photos: Rainer Hostnig.

图片 2a,b．隶属于 Santa Cruz 的 Samaipata 的考古公园的木质游客平台。图片来源：Rainer Hostnig。

Fig. 3.Fence at entrance to Pumamachay cave, department of Chuquisaca. Photo: Matthias Strecker.

图片 3．Pumamachay 山洞入口处的围栏，隶属于 Chuquisaca 部门。图片来源：Matthias Strecker。

Fig. 4.Fence at entrance to PajaColorada cave, department of Santa Cruz. Photo: Freddy Taboada.

图片 4．PajaColorada 山洞入口处围栏，隶属于 Santa Cruz 部门。图片来源：Freddy Taboada。

Fig. 5. Rock art site in Torotoro national park, protected by the construction of a stone wall. Photo: Matthias Strecker.

图片 5. Torotoro 国家公园的岩画点，由一面建造的石头墙保护着。图片来源：Matthias Strecker。

Fig. 6.Paved footpath and information boxes at Incamachay site, department of Chuquisaca. Photo: Matthias Strecker.

图片 6. 在隶属于 Chuquisaca 部门的 Incamachay 岩画点铺成的小路以及信息盒。图片来源：Matthias Strecker。

Fig. 7a-b.Wooden platform at Calacala site, department of Oruro. Photos: Freddy Taboada.

图片 7a-b. 在隶属于 Oruro 的 Calacala 岩画点的木质平台。图片来源：Freddy Taboada。

玻利维亚的岩画保护

Matthias Strecker
Freddy Taboada 撰
汪明水 译

一、南美洲的岩画保护

就为后代而保护这些文化遗产而言，岩画保护，以及岩画点的管理在岩画研究方面扮演了一个不断增长的角色。在南美洲，拥有岩画且管理体系完善的考古公园仍然非常罕见，虽然一些国家已经在努力去协调岩画点的保护。(Taboada 和 Strecker 1998；Strecker 和 Pilles 2005；Strecker 2006)。然而，很少保护项目正在进行，巴西是个例外 (Prous 和 Ribeiro2006：118 － 119；Guidon2006：129)，阿根廷、玻利维亚和智利则在较小程度上进行着。在阿根廷，国家人类学研究所 (INAPL) 开始实施了一项计划，旨在保护一些岩画点，这具有特殊价值。研究所也担当咨询机构的角色，该计划的目的是使一些省份，特别是能够在岩画点管理中扮演角色的当地社区进行有效的合作。(Podest á 2006，Strecker 和 Podest á 2006)。在这篇文章中，我们希望提交一个玻利维亚的岩画保护的介绍，这在很大程度上依赖于私人研究协会做出的努力。

二、玻利维亚的岩画研究

在玻利维亚，在安第斯高原，山谷以及热带低地 (Strecker 2001b；

Taboada et al. 2011）有超过 1000 处的岩画点。（图一）玻利维亚岩画拥有很长久的传统历史，大约开始于古代，并持续到殖民以及共和党时期。大量的岩画点在当今仍然被土生土长的人们崇拜，他们视其为圣地，并在那奉献贡品，举行仪式。1987 年，玻利维亚岩画研究所 SIARB 完善了岩画研究的建立。这个私人研究所的成员都是专业的考古学家，并在业余时致力于分享有趣的岩石雕刻以及岩画的研究和保护。现在，玻利维亚的岩画研究仍然处于初期，它们缺乏一个精确的年表，而且缺乏频繁的在很多区域的调查。许多已知的岩画点还没有详细的纪录。我们意识到需要进行研究，并且重新访问这些点，为了提高文档和保护工作的评估。然而，因为私人机构缺乏国家的支持，我们的活动始终受到限制。另一方面，SIARB 已经在一些地区集中开展工作，而且与国家，政府和社会等机构合作，进行岩画点的保护工作，并且正在规划考古公园。（Strecker 和 Taboada 1995，1999，2002；Strecker 和 Podestá 2006；Taboada 和 Strecker 2009；Strecker，Taboada 和 Lima 2010）

三、“预防性保护”对岩画点的破坏

“预防性保护”的概念意味着已经有相关措施来防止岩画点被破坏或者不同程度的消极影响。教育活动能够提高有关岩画是我们重要文化遗产的意识（Strecker 2001a）。在 1993 年 SIARB 和玻利维亚邮政公司编辑了一系列由 9 个印记组成的岩石雕刻图片和岩石画相结合。我们的社会也组织了岩画作为世界文化遗产展览，并呈现了部分地区的国家博物馆，La Paz，和其他一些主要城市组织的岩画展览，公众和学生都可以参观。我们编辑制作了一个用简单术语组成的向学生解释岩画的传单——参考我们网站 www.siarb-bolivia.org 的教育专栏。我们同时也为老师与教育出版商所组织的考古和岩画研讨会在准备这些课题的部分章节。这些活动使许多人了解了玻利维亚岩画点的存在，并意识到这些点需要人们的保护，同时发现大量的岩画点被恣意破坏等行为。另一方面，尤其是最近的十年，我们注意到道路建设或维护毁坏了重要的岩画点，而且这种情况还在继续。不幸的是，只有极少数的机构如 SIARB 在对这些岩画点尽力的进行保护，这种状况对玻利维亚的考古和岩画点来说是一种持久的威胁。行政分权已经导致了自治区政府不能为遗产保护所做准备。我们相信为公众建设制定的规章一定可以提高包括义务雇用专业考古学家，使他们来拯救或保护这些岩画点。专业的岩画专家研究以及监督者应该在“保护”岩画和努力转变这些岩画点变为旅游景点之前被重视及考虑。我们承认（感谢）一些岩画点的案例，这些案例深刻地影响了城市或地方政府为了后代而拯救艺术以及促进旅游业相关规定的实施；事实上，在岩石上钻孔以及在岩石遮蔽处前面安置一个屋顶，这些项目实际上对岩画点造成了破坏。另一方面，我们必须时刻意识到考古学家和其他研究者有时候会采取不恰当的措施。SIARB 的道德规范要求他们的成员尊重完整的岩画点，不能对公众泄露未被保护的岩画点的具体位置，这禁止了所有的潜在破坏性的数据采集方式。

四、考古公园岩画的保存和保护

国家政策，通过文化部的集中制和国家考古机构（UDAM，前 INAR/DINAR），以及分散的为数不少的原始的“部屋”和市民的活跃参与，得以保护文化遗产，虽然这些机构和人员缺乏为这项任务的准备以及在这个方面的经验（Strecker 和 Taboada1999）。

国家考古机构创建了四个公园用来保护岩画，这些公园用栅栏围起来，它们的监护人时刻保持警惕，为它们负责：那些在 Santa Cruz 部门的 Samaipata 的岩石雕刻；在 Calacala 的 Oruro 部门的岩画；在 Copacabana 的 La Paz 部门的岩画中心；以及，与 Sucre 自治地方的合作，Incamachay 和 Pumamachay 的 Chuquisaca 部门的岩画点。这几个近期的实例，SIARB 提出在规划阶段去扮演一个咨询机构的提议被拒绝。一旦这个岩画点被肆意破坏，也许将由工作人员建造一道墙围绕它，这个自治区和 DINAR 公认需要更多由岩画专家和由 SIARB 指导的新项目的支持的综合项目。考古机构也尝试在没有防范规划的情况下，通过围墙的方式来保护一些独立的岩画点，这样做会产生消极的后果：围栏周围的 Toro Muerto 的岩石壁画和 Cerro Banquete 的岩画，都属于 Santa Cruz 部门，这些岩画会被被毁坏，更多肆意破坏的行为也将发生。在这些事例中，围栏仅用来吸引人们对这些岩画点的注意力，但同时也带来人们对岩画的破坏。1998 年 12 月，Samaipata 注册了联合国教科文组织世界遗产。大众旅游正在被限制，通过限制游客去一个木质平台围绕着的雕刻岩石，以及去“观望台”地区，一座可以看到壮丽景色的小山。由于国家机构负责的财政方面的严重限制，私人机构 SIARB 越来越重视调查，记录以及保存岩画点的工作。在 2002 年 SIARB 获得由美国岩画艺术研究联合会的（ARARA）保存与保护奖。SIARB 研究者们已经与地方政府以及社区合作共同保护考古公园的岩画点，尝试了一些实施方案，包括：记录以及研究，一个基本的管理方案，保护措施，评估保护岩画点的状态，例如清理涂鸦，一个基本的基础设施包括设置路标，训练当地导游，发表一个指导手册，以及规范参观访问。一些措施制定得很成功，但另一些没有达到它们的目的。合作协议在所有参加的小组中都是必不可少的。当地居民必须明白他们的责任和义务。我们希望解释这几项因素：

（一）与当地社区的合作工作：我们与当地社区合作的工作底线是请求专家协助保护岩画点，并且同意一个活动计划和其所产生的一个项目。需要大量的努力去保持与社区的密切协作，并且确保他们参与整个项目。训练当地指导员能够通过大量研讨会或者提供有关旅游的基础信息课程所达成，遗产立法，考古，岩画，急救护理，旅游和自然环境；必须有指导的实际练习，参与者可以通过起草一条在村庄和岩画点之间的旅游线路。一旦当地人能够接手并管理这个项目，这个项目就结束了。在大部分的案例中，社区无法管理一个考古公园或岩画点，这些问题可以通过自治市和社区成为合资企业而得到解决。虽然，自治市与社区的合作通常存在缺陷。在 Lajasmayu 岩画点，靠近 Betanzos（属于 Potosi 部门）的 JachaLlullu 社区的这项案例中，原住民成员极度不信任当地政府，表达了他们要通过自己继续项目，反对当地政府的“阻碍”的这项意愿。然而，这看起来不太现实。所以非常重要的是，社区和当地政府，从项目的开始到结束都是一个整体，尽管有时合作得并不太顺利。

（二）法律地位：虽然所有考古学和岩画点都被法律视为民族的遗产，认出一个岩画点作为文化遗产的巩固通过作为当地政府遗产而宣布。SIARB 和 Moromoro 政府（隶属于 Santa Cruz）理事会合作拟定的一个决议声明，PajaColorada 洞穴作为当地政府的遗产，同时也定义为他们自己的保护区域（洞穴以及周围部分）。

（三）管理计划：一个文化公园或岩画点的管理计划必须考虑到许多因素，例如当地人口的社会文化数据，以及他们与岩画点的关系，自然环境，考古学，岩画，保存，管理，旅游业等等。这解释了岩画点对当地居民以及访问者的意义，都是处在一个区域和国家程度上。这也许在几年内都是有效的，并应被更新。由于经济限制，我们的项目只能够呈现出基本的管理计划，并强调岩画点管理者的必要因素。

（四）保护措施：岩画点的围墙在许多案例中是必要的一个步骤，用来保护一个岩画点并且应该一直属于综合项目的一部分，因为隔离措施是没有用的，正如我们上面已经说过的。SIARB 在 Pumamachay 山洞（隶属于 Chuquisaca 部门）以及 PajaColorada 山洞（隶属于 Santa Cruz 部门）入口处建造的围墙。（图片 3–4）这些点的参观者仍然有可能由一个当地导游陪伴着。岩画点的保护在托罗托罗国家公园有一些不一样。这个公园，坐落于 Potos 部门的北部，那里有一个很深的峡谷，一个宽广的石灰石岩洞，和古生物学和考古遗址，这里是供国内外的游客参观的。由于公园的面积，在这里很难控制游客，并且并不是所有的游客欣赏景点时都遵守市政法规指南的要求。最初公园的管理者被分配到 Torotoro 的保护协会（ACT）。Fernando Huaranca，SIARB and ACT 的成员，提出了一个项目，执行于 1991 年，去保护在 BateaCocha 地区的岩画。洞是在一个垂直的悬崖上，已经被游客所使用，画作在 4 米高度处被一些天然的来自周围区域的石头填满来预防通往岩石艺术的入口（仍然可以通过使用梯子进行访问调查）。这个低成本的项目不会影响到自然的景点环境，Huaranaca 墙缝中的植物也尽力去隐藏补救工作(Huaranca 1995).（图片 5)。

（五）保存方法：保存评定和治疗应该由专业管理员根据国际准则来进行（Loubser 2001：84–87）。在 Incamachay（Chuquisaca 部门）保存治疗（去除涂鸦）是由一个国际组织在 2004 年进行的（Loubser and Taboada 2005），在 Betanzos（Potos í 部门）我们曾经与 Bolivian 小组共事，管理员由 Freddy Taboada 所领导。

（六）基础设施：在 Incamachay 岩石庇护处的岩画展板前铺一个走道，以避免灰尘落在画上，并且为游客安装信息框（图 6)。在 Calacala 考古公园，Oruro 的部门，游客的平台或木板路落成于 2002 年（图 7 a,b)。这种方法有几个积极的结果：游客能更好地观察岩画，同时与岩石画展板保持一定的距离。

（七）游客指南：我们在考古公园（Incamachay–Pumamachay，Betanzos，Pe?as)的一些岩石画点为游客用西班牙文和英文编辑出版了指南。

它们从文化意义、年代学等方面向游客提供有用的信息，并且强调游览时恰当行为的重要性（礼仪）。它们还帮助当地导游解释和介绍这些岩画点。目前，在 Titicaca 湖附近我们正在与一个 La Paz 部门的社区合作。我们建议当地直辖市声明一个突出的岩石画点，市政遗产可能有助于提高认识的重要性，确保其受到持续的保护。在我们的项目中，我们试图实现岩画的记录、该地区的考古调查、人种史学的研究、通过建造围栏来保护岩画点以及保存措施，并且由训练有素的导游引导参观。在同一地区游览这里或其他遗址的游客，应该通过小路环行参观，但是尚需仔细地规划和实施。最后，岩画点所在的当地政府应该有效地进行管理。然而，由专家定期监测和对当地管理员的建议也是必要的。

五、前景：面对未来

岩画点的保护和保存取决于国家机构、区域和地方政府，以及社区。遗憾的是，目前很少有人意识到这个任务的重要性，而且负责的机构几乎不知道该如何继续进行。我们希望在未来我们的经验将得到进一步的重视以实现一个国家和地区保留岩画点的政策。一些专家无法实施对岩石画的保护。我们必须让更多的人了解这个遗产。目前我们正在为学生准备一个有关岩画的研讨会，教他们岩画方面的研究和史实的基础知识。当我们在上述的课题中试图保护大量的岩石画点时，我们意识到很多岩画点已受到负面影响，甚至被毁灭。创建一个对岩画全面的和反复的国家性的登记或记录是最重要的，这样不仅会促进研究，也有助于评估任何有可能的损害。

作者感谢莱斯利·海斯蓝修改本文的英语文本。

（相关图片参见前面英文）

【Matthias Strecker】玻利维亚岩画研究学会主席。
【Freddy Taboada】玻利维亚岩画研究学会岩画学家。siarb@acelerate.com
【汪明水】中央民族大学中国岩画研究中心2013级专业硕士研究生。

Reflectance Transformation Imaging (RTI) at Two Petroglyph Sites in Peru: Manufacturing Techniques, Deterioration, and Conservation

Gori Tumi Echevarría López
Ana Nieves

I. Introduction

Originally invented by Tom Malzbender at the Hewlett Packard labs [1] and later developed by Cultural Heritage Imaging (Mudge et al 2006), the computational photography technique known as Reflectance Transformation Imaging (RTI) has proven to be a practical tool for conservators and cultural heritage specialists around the world. We have been using RTI in Peru since 2012, focusing on petroglyph sites in the Nasca valley in the department of Ica and the Chillón valley in the department of Lima. Because RTI provides a more precise representation of the three dimensional surface of the rock and allows researchers to study details that are not always visible with ambient light photography, the systematic application of this imaging technique has

【1】The original version of the technique was called Polynomial Texture Mapping (PTM). Malzbender described the process in 2001 (refer to the Hewlett Packard website for additional information: http://www.hpl.hp.com/research/ptm/index.html).

been extremely useful for the documentation and study of manufacturing techniques in *quilcas*, or Peruvian rock art sites, and to track the deterioration of rock surfaces through time.

The two sites selected for the present article are site X02 in the Nasca valley and Checta in the Chillón valley, which are ideal testing sites for RTI due to the differences in the rock types at these sites and the different manufacturingtechniques used.

II. RTI basics

Among the many challenges that rock art researchers face, documenting rock art is one of the greatest. Drawing often depends on the draftsman's familiarity with the subject, ability, and the lighting conditions at the time the drawings were made. Tracing is no longer an acceptable practice due to the possible damage that the petroglyphs or pictographs may suffer during the process if there is any contact with the rock surface. Furthermore, drawings and tracings rarely document information about superposition of motifs or indicate specific manufacturing techniques used. Photography is often considered to be a more direct representation that bypasses the limitations of drawing and tracing, but it is also highly dependent on lighting conditions. Even when a photographer uses raking light or low light angles to emphasize petroglyphs, the angle in which the light is placed is an arbitrary decision by the photographer, and may emphasize only some of the motifs while obscuring others.

In an effort to work with clear and objective methods of rock art documentation, we adopted Reflectance Transformation Imaging (RTI). RTI is a computational photography technique that involves combining several photographs taken with different light angles. Two black reflective spheres which help the software program determine the light angle must be included in each shot. The photographs in the dataset must be taken carefully to ensure that none of the equipment moves during the image capture sequence (Fig. 1). Because the equipment never moved, the software program used to process the images (RTIBuilder) assumes that a particular pixel in the photographs corresponds to a specific point on the object photographed, and it is able to use the reflectance information in the pixels along with the light angle determined from the reflective spheres to calculate the normal vector for that point on the object's surface. Having this information, the software program is able to build a three-dimensional representation of the surface and creates an interactive file (a reflectance transformation image file also known as RTI). Using a computer program called RTIViewer, one can view this file and change the position of the virtual light source around the object, which allows a closer and more detailed study of the object's surface. Furthermore, the RTIViewer also includes several rendering modes that mathematically enhance the information stored in the RTI files, sometimes showing details that are not clearly visible when examining an object directly.

Compared to other imaging techniques such as photogrammetry or laser scanning, RTI does not require knowledge of complicated software programs or expensive equipment (Mudge et al 2012). The processing software is fairly intuitive, provided the image capture process was correctly executed. The image capture can be made with any DSLR camera, which can be tethered to a computer, although this is not a requirement. Additionally, because the captures of rock art motifs are done outdoors, the light source used during the image capture needs to be a powerful flash or strobe (we used an Alien Bee B1600 powered by a Vagabond Mini Portable Power System), used in combination with neutral density filters that will reduce ambient light.

We follow the workflow suggested by Cultural Heritage Imaging (CHI 2013), an organization based in San Francisco that promotes and develops digital imaging technologies for cultural heritage professionals. This suggested workflow includes keeping a log with the details of the image capture sequence (including the type of flash used, power setting and distance of flash, the people that participated in the capture sequence, the distance of the flash, and the filters used). Photographs are shot in the RAW format, but are converted to digital negatives (DNG) when the images are processed, so the metadata for each shot and any changes made to the files during processing are recorded. Furthermore, any observations based on the analysis of the RTIs can be verified by anyone with the RTI file.

Because the RTI image capture process does not involve any contact with the surface of the object being photographed, this technique is ideal for art conservation and particularly useful for rock art scholars. Considering the multiple factors that can affect and damage the surface of rock art panels, whether they are the result of natural processes or caused by human agents, a thorough and clear documentation of rock art panels is absolutely necessary. RTI allows us to do this and will also allow us to track changes over time.

III. RTI in Peruvian rock art sites

Any study of petroglyphs must consider the four categories of analysis that apply to rock art sites or quilcas: the motif or image, the support, the surrounding area, and the landscape (Echevarría 2009). Although defined as distinct and separate categories, their analysis is often interconnected. For example, a study of manufacturing techniques implies that the making of an image or motif transforms the support. Furthermore, during the production of petroglyphs, the surrounding area is affected and transformed into a production zone. The detailed imaging and thorough study that RTI allows should still consider these other levels of analysis.

As it was stated earlier, RTI is a non-invasive documentation technique because the surface of the rock is never touched during the RTI image capture. However, the process involves a considerable amount of movement and traffic directly in front of the boulders or panels, which could affect evidence in the production zone of a rock art site (although there is yet to be a documentation technique that does not involve activity or traffic in front of the rock art panels). Taking this into consideration, we determined a protocol which would reduce the traffic through these areas at X02 and Chectaand therefore minimize any unnecessary and unintentional alteration of the surrounding area that may have been used in the production of rock art. Additionally, drawings and descriptions of the rock art sites and panels were made in conjunction with the RTI image captures at these different sites.

Another important consideration is that, depending on the space or the condition of a site, it may not be possible to do RTI image captures on all or entire rock art panels.

Therefore, areas must be selected for these RTI image captures. The parameters for the RTI selections involve the potential for a selected area to show different petroglyph manufacturing techniques and other cultural marks and the potential for a selected area to show weathering of the rock surface and/or the deterioration of petroglyphs. Of course, ideally, a complete and systematic set of RTI image captures covering the entire rock surface is preferred.

IV. Quilcas from Checta, Lima

Checta (Fig. 2) is the largest archaeological site with *quilcasin* the central coast of Peru. The site has the longest rock art chronology in the region (Echevarría 2011), covering a period of 2000 years (approximately 2500 BCE - 200 BCE). The site was discovered by Dr. Pedro Eduardo VillarCórdova in 1925 (Villar 1935). Because of its exposure to the general public and its proximity to the city of Lima, Chectahas suffered constant vandalism which has disturbed practically the whole site, dramatically changing its original appearance and modifying most of the rock art motifs. To this day, there is no thorough and complete analysis of the severity of the petroglyphs' deterioration, whether natural or anthropogenic, which is why we decided to begin using RTI at this site.

Checta is located in the middle valley of the Chillón river basin, in the *yunganatural* region, characterized by a hot, dry climate with very little rainfall and low humidity (Pulgar 1946). The site is located approximately 800 meters above sea level, in the Andean mountain range, which is cut by the Chillónriver. This river flows into the Pacific Ocean about 50 km to the SW of the site. The site consists of a colluvial deposit (Fig. 3 and 4) formed by denudation and fragmentation of blocks of igneous and metamorphic rocks, which have emerged as a result of the rise of the Andes. These rocks were used as support for cultural marks. After the final occupation of the site, the area was affected by small alluvial processes, landslides, and finally was heavily modified by anthropic action around the year 500 EC.

Most of the rocks with petroglyphs consist of metamorphic chlorite schist fragments located at the base of the deposit.These rocks, and most of the rocks in the site,are very hard, and have irregular and angular shapes with flat facets derived from the natural detachment fractures. Petroglyphs were made using direct percussion techniques on these flat facets, and these have remained exposed to the elements since their original production, being subject to deterioration and damage, both natural and anthropic.

For RTI examination, we selected a petroglyph sample that belongs to Phase 2 at the site (Fig. 5). Because the area covered by the RTI is only a portion of the panel, we conducted an examination of the entire rock surface and the petroglyphs before beginning the RTI image capture sequence. At first glance, the rock displays a set of abstract-geometric motifs without an explicit formal arrangement. The grooves formed by percussion are clearly visible due to their width and depth, more than one centimeter wide in most cases and with an average of 2-3 millimeters deep. They are clearly patinated with a uniform color, which initially seems to indicate a good state of conservation. However, as we will demonstrate with the RTIs, this superficial observation is misleading because the true condition of the panel is difficult to see with natural light alone.

As seen in Figure 6, the panel is in poor state of conservation and all of the lines made with percussion have been scratched over, often completely altering the texture and shape of the grooves.The rock surface has also suffered the same deterioration. However, despite the fact that the original percussion marks have been distorted, RTI can help view the original contours of the motifs as these have been less affected than the lower portions of the grooves and this provides us with a better, albeit partial, picture of the original state of the petroglyphs (Fig. 7). Using some of the viewer's rendering modes and the interactive relighting of the subject in the viewer, we can enhance the volumetric perception of the marks in order to confirm our observations on the deterioration of this motif (Fig. 8) and/or verify them across different examples on the same rock (Figs. 9 and 10).

The original patinated surface of the stone is clearly visible in the RTIs. The rock surface is fairly regular and has small, natural holes that do not affect the overall shape of the stone surface (Fig. 7). The surface was first marked by direct percussion to create the petroglyphs and later additional strikes, lines, and scratcheswere made to mark over the first motifs. These techniques can be verified through direct observation. Seemingly random marks, also made by striking the surface of the rock, can be observed outside the petroglyphs as well (Fig. 11), and were probably made by throwing hard objects at the boulder.

Figures 8, 9 and 10 clearly show incised or scratched marks over the original petroglyphs. These were probably made over a long period of time and may have been made with sharp rocks at the site or other sharp objects such as nails or keys. These lines were made primarily by going over the earlier percussion lines, completely scratching over them. In some cases, the lower portions of the percussion marks have been completely altered or modifiedthrough repeated scratching events (see Figs. 7 and 8). In other cases, incised or scratched marks were used to make additional shapes over earlier motifs (see the letter M on the left side of Figure 6). Still, in other cases, random scratches were made over the entire rock surface (Fig. 10). Although not pictured here, some quilcas at the site were also painted over with enamel, chemicals, and other liquids.

Most of the scratched marks that are visible in the RTIs were produced after 1925 and are very difficult to see with the naked eye because they are not deeply carved into the surface of the rock. Additionally, the natural process of repatination of the rock surface is also obscuring the color variation caused by the scratched marks. Without the changes in the color of the patina and the depth needed to create shadows, these incised or scratched marks are also difficult to photograph with ambient light.RTIs allow us to demonstrate the degree to which these quilcas have been modified. It is clear that most, if not all, of the petroglyphs at this site have been altered in some form or another. From a conservation standpoint, this information helps evaluate the condition of the site in a far more precise way than any other type of documentation.

V. Quilcas from Nasca, Ica

Site X02 is one of the most important sites in the Nasca valley in the Department of Ica and was documented for the first time by Ana Nieves in the year 2000 (Nieves 2001, 2007). The site, formed by both delluvial and colluvial deposits, is located in one of the quebradas or dry stream beds in northeastern side of the lower portion of the Nasca valley (Fig. 12) and consists of a series of sandstone boulders situated in the right margin of the riverbed. The sandstone broke off in irregular, angular fragmentsfrom the sedimentary strata that form the geologic substrate of the region and those rocks served as supports for the petroglyphs and pictographs at the site (Fig. 13).

Because the site was formed throughout a long period of time, there are noticeable differences in the preservation of the rocks due to the degree of weathering. The rocks in the colluvial deposit have rounded profiles caused by high exfoliation and eolian erosion, and they show very little of the initial patination left on the surface since most of the original surface was lost. On the other hand, the rocks from the delluvialdeposit, in the middle part of the slope, show a more defined morphology with exposed flat facets, in some cases showing the original patina of the rock, with some light exfoliation.

This distinction in the conservation of the different rocks is significant because pictograms have survived only in the original patinated surfaces, which have not been lost due to exfoliation yet. It is also on these same surfaces that there is evidence of petroglyphs that were produced by sgraffito and incision, previously unknown in ancient Peruvian rock art sites,as well as other petroglyphs made by direct percussion. The evidence at Site X02 clearly demonstrates the fragile condition and high deterioration of the rock art sites of the Peruvian south coast. The pictograms in particular should be facing the taphonomicthreshold (Bednarik 2007) for this phenomenon in the region, and their conservation at X02 was due to local climatic conditions. X02 is located in the coastal desert region with hot prevailing climate,high solar radiation during the day and little humidity. The site is about 300 meters over the sea level, 52 km from the coastline along the Nasca riverbed to the southwest.

For RTI application we selected the rock 3 because it has one of the best preserved panels at the site. The rock is part of the delluvialdeposit and still exposes an original patinatedsurface on the lower half of the facet (Fig. 14). We chose an area containingdifferent motifs, including pictograms and petroglyphs, and we were particularly interested in three figures made by incision and direct percussion. We used RTI to assess the condition of these petroglyphs, but we also used DStretch to process digital photos of the rock art panel in order to bring out the faint pictographs in the panel (Figs. 15 and 16).

Figure 16 shows clearly that the panel was decorated extensively with pictograms before the introduction of petroglyphs, and, therefore, the earliest manufacturing episode recorded in this rock (and possibly the area) consists of the pictograms. As can be seen in the RTI photo (Fig. 17), the pictograms were made over a fine-grained patinated surface of sandstone. The rock has a laminated appearance and is crossed by natural fracturesfrom which an exfoliation process began (Fig. 18). The width of the exfoliated sheets is approximately 1 millimeter thick. Once these sheets break, they expose a granulated and irregular subsurface in the rock.

The three main motifs in the panel were produced with a combination of techniques visible with the naked eye (see Fig 17). The motif on the left of the RTI selection is the most irregular, and the average width of the lines used to make this motif is 1 cm. The contours of this figure show a combination of incision and percussion techniques. The rounded imprints of percussion impacts are clearly visible with RTI, especially on the outer contour of the lines that form the motif and particularly on the right arm of the figure (Fig. 19). The opposite side of the lines, and the V shaped cross section groove, appears to be beveled. However, the groove was never completely uniform. It is difficult to determine what the initial manufacturing technique was because the grooves appear to have been eventually drawn over using incision or percussion. It is possible however that the original motif was made with incision and then drawn over using percussion, which has resulted in the irregular outline of the figure. One of the linear appendices of the head (see Figure 19), on the right side of the figure, has been shaped by incision and perhaps this is a vestige of the original manufacturing technique used to make this motif.

On the other hand, the central motif in the area selected for RTI shows clear evidence of the manufacturing techniques, displaying percussion over incisionin several portions of the lines that form the figure. As can be seen in the RTI, the strokes of percussion were madeprogressively over the incised lines, mainly altering the outer edges of the grooves that form the body and the upper edge of the lines that form the arms (Fig. 20). Most of the marksare not regularly applied or consistent. In fact, direct percussion has been used to emphasize the head, arms and other small parts of the figure, without altering the regularity of the outline in the body and in the appendages produced with incision.Theinterior shape of the grooves in this figure, visible in the RTIs, suggest that it was a right handed man that made the marks on the surface of the rock, holding the tool at a shallow angle (Fig. 21).

The motif on the right of the RTI selection is also very interesting. Unlike the two motifs to the left, this motif shows no evidence of being drawn over with incision or percussion and its deterioration comes from the exfoliated areas around it, especially toward the upper part of the figure, where the lower portions of parallel, linear appendages have been damaged by this process (Fig. 22). The angle of the beveled incision is clearly visible in the RTI of this motif. As one moves the light around the figure in the *RTIViewer*, the angle of the beveled marksremains consistent throughout it. This suggests a single technique and a single episode of manufacture for this particular design. Additionally, two holes were made by percussion in the upper quadrants of this motif.

RTI shows that the entire panel was also affected by other types of marks, such as shallow lines on the surface of the rock that can be seen in some sections of the area analyzed. For example, there is a long vertical line with transverse lines located at the bottom right of the rectangular motif (Figs. 15, 17), and there are also very thin lines added to the appendages of the head of one of the anthropomorphic figures and to the right arm of the same motif (Figs. 20, 21). Furthermore, there are lines on the lower left portion of the rectangular motif (Figs. 17 and 22). There are also large marks made with percussion primarily over painted motifs (see Fig 16), although there are other marks randomly distributed over the rock. RTI can be used to emphasize and analyze these marks as well (Fig. 23).

X02 has great potential for the study of the manufacturing techniques used in Nasca valley rock art. Even a small sample can demonstrate the great complexity of the rock art traditions in this region. Further research with RTI will also contribute to the conservation and analysis of this particular site.

VI. Discussion

The significant contribution of our project is not the fact that this is the first time that RTI is being used for the study of rock art sites in Peru, but rather that its use led us to reevaluate past approaches and methods, and formulate a new methodology for Peruvian rock art research. Because of this, we consider the analysis an ongoing process that will result in more thorough data at each of these sites.

The detailed observations which are possible with RTI allow us to present a more precise technical discussion at Checta and X02. Limitations that are usually involved in studying petroglyphs with natural light can be bypassed with this imaging technique. RTI allows an interactive examination of a digital representation of the three-dimensional rock surface that can be further enhanced through filters. That said, RTI cannot replace the direct study of petroglyphs and its application also has some limitations. For example, the quality of the RTIs is dependent on the equipment used in the capture sequence, since cameras vary in resolution and lenses may introduce image distortions. Furthermore, the final product is a digitized representation of a three-dimensional surface based on reflectance information and it is not a substitute for the object itself. Rather, RTI should be considered as an important tool that supplements the direct study of rock art and rock surfacesin situ.

While having some limitations, there are considerably more advantages than disadvantages in the use of RTI. The ability to zoom into the petroglyphs and see details that are not always visible with the naked eye, to examine minute rock fractures or the subtle deterioration of the rock surface, and to move the light source around a petroglyph panel for a close inspection of the surface are all practical advantages of this technique. Most of the observations made in the present paper would not have been possible without RTI and we consider RTI as avaluable and important tool in the study of Peruvianquilcas.

VII. Conclusions

As an imaging technique that overcomes many of the problems with rock art recording, allows an interactive virtual relighting of the subject, involves no contact with the rock art panel and protects the rock surface because of it, and permits a close analysis of manufacturing techniques and detailed observations of the conservation of rock art motifs, RTI can help the field of Peruvian rock art research move beyond formal descriptions and iconographic interpretations into more detailed, technical analyses of quilcas and the changes these sites underwent through time, including damage caused byboth natural processes andhuman agency.

At Checta, we were able to clearly document the degree to which the petroglyphs have been affected by modern visitors. RTIs show the transformation and modification of the quilcascaused by human agents, even on rock art panels which seem to be in fairly good condition when examined with the naked eye. Even conventional, or two-dimensional, photography did not clearly illustrate the degree to which these quilcas had been drawn over and vandalized. It is now evident that in a little less than 100 years since its discoveryalmost all of the rock art motifs in Checta have been modified and damaged.

At the same time, RTIs indicate that whenever a motif was vandalized at Checta, the later marks were very shallow compared to the earlier petroglyphs. In most cases modern vandalism consists of scratching marks on the surface of the petroglyphs and the removal of the surface patina. In many of the damaged petroglyphs, repeated acts of scratching eventually modified the earlier marks, removing or altering the shape of individual motifs, in a process comparable to abrasion. However, most of the damage at Checta consists on the removal of the patina, rather than the modification of the percussion marks, and therefore the natural repatination process of these rocks surfaces could eventually return the site closer to its condition in 1925, at least partially. For this to happen, however, vandalism needs to stop at this site.

In the Nasca valley, RTIs provide clear images of rock art manufacturing techniques and the natural deterioration of sandstone surfaces. Since X02 was reported relatively recently (Nieves 2001), there has not been much damage caused by modern visitors at the site and there is no recent damage directly over the petroglyphs, as was the case in Checta. Rock 3 is particularly interesting because it clearly shows the complex history of this site and the various manufacturing episodes that took place within a single panel. This rock includes painted motifs and petroglyphs, some of which were made by combining manufacturing techniques, including incision. Because incised marks are the first to be destroyed due to natural processes, such the natural exfoliation of the rock, incised motifs on sandstone like those at X02 are very rare.

Unfortunately, X02 and other sites in the Nasca valley are quite vulnerable due to the lack of protection and the uncontrolled tourism in the region. Due to the fragile nature of these petroglyphs, which consist of shallow marks that often are destroyed by a superficial exfoliation of the rock, it is imperative that these sites be restricted from the public for their protection. A conservation plan could be particularly helpful at X02 and a thorough and systematic photographic record of the sites in the Nasca valley, such as the one we conducted at X02 in 2013, could serve as a valuable digital reference in the future. Furthermore, RTIs of the same motifs can help track the damage these petroglyphs have endured through time.

Detailed observations are without a doubt crucial for the scientific study of rock art and RTI provides additional and much needed data in the technical analysis of quilcas. Its use can contribute significantly to the development of new approaches to rock art research by allowing an analysis that goes beyond simple descriptions of form and iconography of rock art motifs, and includes a detailed discussion of conservation issues at these fragile sites.

Acknowledgements

The authors would like to express their sincere gratitude to Rubén García, Mario Olaechea, Enzo Mora, and Carlos Rodriguez Bejar for their help and support with the RTI image capture process in Nasca and Lima.

Gori Tumi Echevarría López, Ph.D Candidate.
San Marcos University, Lima.
Peruvian Rock Art Association (AsociaciónPeruana de Arte Rupestre – APAR)
E-mail: *goritumi@gmail.com*

Ana Nieves, Ph. D.
Northeastern Illinois University (NEIU)
E-mail: *a-nieves2@neiu.edu*

References

BEDNARIK, Robert. *Rock Art Science, The Scientific Study of Palaeoart.* Aryan Books International, New Delhi.

Cultural Heritage Imaging 2013.The RTI Workflow: What You Need. In http://culturalheritageimaging.org/What_We_Offer/Downloads/ [Review 20/7/13, 4:50 pm]

ECHEVARR?AL?PEZ, G. T. 2009. The four material categoriesof Peruvian rock art. AURA Newsletter 26: 5–11.

ECHEVARR?A L?PEZ, G. T. 2011. A tentative sequence and chronology for Checta.Rock Art Research 28: 211–224.

MUDGE, Mark, Tom MALZBENDER, Carla SCHROER, and Marlin LUM 2006.New reflectance transformation imaging methods for rock art and multiple-viewpoint display.In The 7th *International Symposium on Virtual Reality, Archaeology and Intelligent Cultural Heritage*, Nicosia, Cyprus. M. Ioannides, D. Arnold, F. Niccolucci, K. Mania, eds. Pp. 195-202. Geneva: Eurographics Association.

MUDGE, Mark, Carla SCHROER, NeffraMATTHEWS, SzymonRUSINKIEWICZ, and Cory TOLER-FRANKLIN 2012.Robust and scientifically reliable rock art documentation from digital photographs.In *A Companion to Rock Art.* Jo McDonald and Peter Veth, eds. Pp. 644-659. Oxford, Malden: Blackwell Publishing Ltd.

NIEVES, Ana 2001. *Los Petroglifos de la Cuenca del Río Grandede Nasca, Informe Final.* Reporte para el Instituto Nacional de Cultura,Perú, Expediente No. 5077-99. Lima.

NIEVES, Ana 2007. *Between the River and the Pampa: A Contextual Approachto the Rock Art of the Nasca Valley (Grande River System, Departmentof Ica, Peru).* PhD Dissertation.University of Texas at Austin, Austin.

NIEVES, Ana and Gori Tumi ECHEVARR?A L?PEZ 2012. Evaluación de la técnica de fotografía computacional "ReflectanceTransformation Imaging" (RTI) en las quilcas (petroglifos) de lacuenca del Río Grande de Nasca, Ica, Perú. Boletín APAR 13-14: 491-494.

PULGAR Vidal, Javier, 1946. *Historia y Geografía del Perú. Tomo 1. Las Ocho Regiones Naturales del Perú.* Universidad Nacional Mayor de San Marcos. Lima.

Figures

All images by Ana Nieves and GoriTumiEchevarríaLópez unless otherwise noted.

1. Set-up of the equipment in front of a petroglyph panel.
2. Google Earth satellite image showing the location of Checta in the Chillón valley, Lima. Image ? 2013 Digital Globe, Google.
3. Panoramic view of the archaeological site of Checta and the colluvial deposit that is part of the site. Chillón valley, Lima.
4. Ground-level view of the rocks of the colluvial deposit at the site of Checta, Chillón valley, Lima.
5. Facet of the rockselected for an RTI image capture. It shows motifs made by percussion. Checta, Chillón valley, Lima.
6. Reflectance Transformation Image (RTI)showing the damage on the petroglyph panel. Checta,Chillón valley, Lima.
7. Reflectance Transformation Image (RTI)highlighting the original marks made through percussion. Checta,Chillón valley, Lima.
8. Reflectance Transformation Image (RTI)emphasizing the scratched marks over the earlier petroglyph (see Figure 7). Checta, Chillón valley, Lima.
9. Reflectance Transformation Image (RTI)showing the motif at the center of the selected area, emphasizing the scratched marks over the motif. Checta, Chillón valley, Lima.
10. Reflectance Transformation Image (RTI)emphasizing the scratched marks over the earlier petroglyphs and other marks on the surface of the rock.Checta, Chillón valley, Lima.
11. Reflectance Transformation Image (RTI). The highlighted areas indicate damage caused by objects that hit the surface of the stone. Checta, Chillón valley, Lima.
12. GoogleEarth satellite image showing the location of site X02 in the Nasca valley, Department of Ica.

Image ? 2013 Digital Globe, Google.

13. Panoramic view of Site X02 and thedelluvial– colluvialdeposits at the site.

14. Pictograms and petroglyphs on Rock 3 at Site X02. Nasca valley, Ica.

15. Ambient light photograph of the portion of Rock 3 selected for an RTI image capture. X02, Nasca valley, Ica.

16. D-Streched photograph of Rock 3, clearly showing the superimposition of the petroglyphs over the earlier pictograms. X02, Nasca valley, Ica.

17. Reflectance Transformation Image (RTI)showing the quilcas and the sandstone support. X02,Nasca valley, Ica.

18. Reflectance Transformation Image (RTI)showing the exfoliation of the rock. X02, Nasca valley, Ica.

19. Reflectance Transformation Image (RTI)showing one of the anthropomorphic figures on the panel and the manufacturing techniques used in the making of this petroglyph. X02, Nasca valley, Ica.

20. Reflectance Transformation Image (RTI)showing an anthropomorphic figure, emphasizing different manufacturing techniques and modifications made to the motif. X02, Nasca valley, Ica.

21. Reflectance Transformation Image (RTI)showing an anthropomorphic figure, emphasizing different manufacturing techniques and modifications made to the motif (see Figure 20). X02, Nasca valley, Ica.

22. Reflectance Transformation Image (RTI)showing an anthropomorphic figure, its deterioration and manufacturing techniques. Nasca valley, Ica.

23. Reflectance Transformation Image (RTI)showing additional marks outside of the representational motifs. Some of them are marks made directly over the painted zoomorphic figures while others seem randomly placed. X02, Nasca valley, Ica.

1. Set-up of the equipment in front of a petroglyph panel.

1. 在岩画画面前安装设备

2. Google Earth satellite image showing the location of Checta in the Chillón valley, Lima. Image 2013 Digital Globe, Google.

2. 谷歌地球卫星图像所显示的切科塔（checta）在夏兰谷（Chillón valley）中的位置，利马。图像　2013 数字地球，谷歌。

3. Panoramic view of the archaeological site of Checta and the colluvial deposit that is part of the site. Chillón valley, Lima.

3. 切科塔（Checta）考古遗址的全景以及遗址的部分崩积物。夏兰谷（Chillón valley），利马。

4. Ground-level view of the rocks of the colluvial deposit at the site of Checta, Chillón valley, Lima.

4. 对切科塔（Checta）考古遗址崩积层岩石的地表观察。夏兰谷（Chillón valley），利马。

5. Facet of the rockselected for an RTI image capture. It shows motifs made by percussion. Checta, Chillón valley, Lima.

5. 被选中采集 RTI 影像的岩石表面。该岩石显示图像是通过敲凿形成的。切科塔（Checta），夏兰谷（Chillón valley），利马。

6. Reflectance Transformation Image (RTI)showing the damage on the petroglyph panel. Checta,Chillón valley, Lima.

6. 反射转换成像（RTI）显示岩画画面上的损害。切科塔（Checta）.，夏兰谷（Chillón valley），利马。

7. Reflectance Transformation Image (RTI)highlighting the original marks made through percussion. Checta,Chillón valley, Lima.

7. 反射转换成像 (RTI) 突出显示最初的记号是通过敲凿形成的。切科塔（Checta），夏兰谷（Chillón valley），利马。

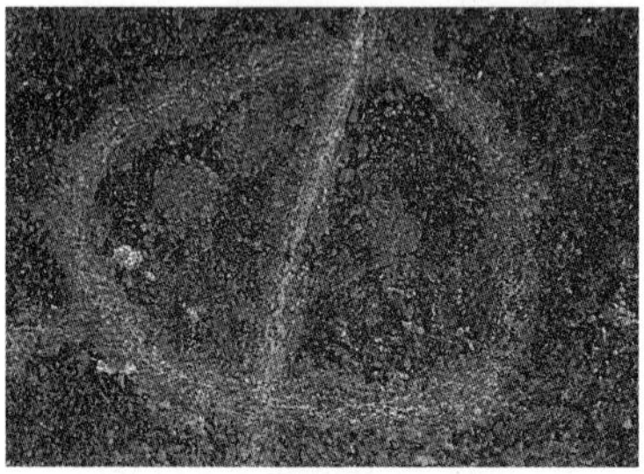

8. Reflectance Transformation Image (RTI)emphasizing the scratched marks over the earlier petroglyph (see Figure 7). Checta, Chillón valley, Lima.

8. 反射转换成像 (RTI) 突出损毁痕迹覆盖了较早的岩画（见图 7）。切科塔（Checta），夏兰谷（Chillón valley），利马。

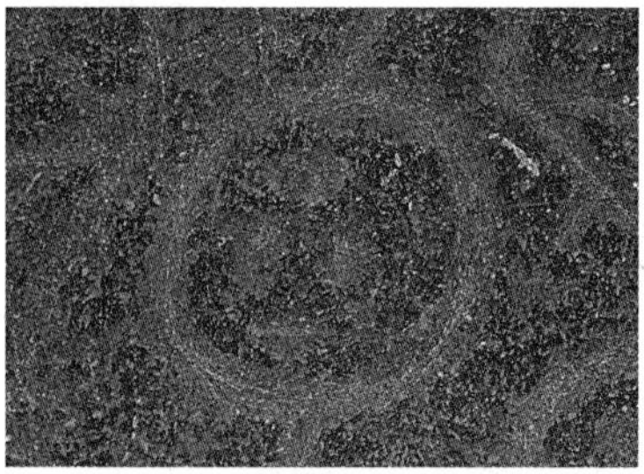

9. Reflectance Transformation Image (RTI)showing the motif at the center of the selected area, emphasizing the scratched marks over the motif. Checta, Chillón valley, Lima.

9. 反射转换成像 (RTI) 显示选定区域中心的图像，强调覆盖图像的损毁痕迹。切科塔（Checta），夏兰谷（Chillón valley），利马。

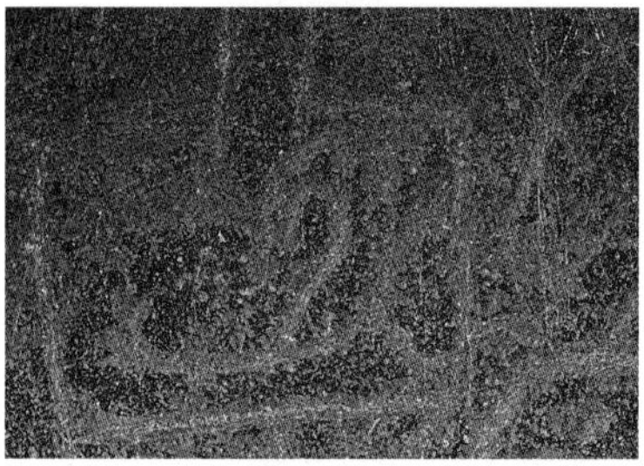

10.Reflectance Transformation Image (RTI)emphasizing the scratched marks over the earlier petroglyphs and other marks on the surface of the rock.Checta, Chillón valley, Lima.

10. 反射转换成像 (RTI) 突出损毁痕迹覆盖在较早的岩画上，而其他痕迹则在岩石的表面上。切科塔 (Checta)，夏兰谷 (Chillón valley)，利马。

11. Reflectance Transformation Image (RTI). The highlighted areas indicate damage caused by objects that hit the surface of the stone. Checta, Chillón valley, Lima.

11. 反射转换成像 (RTI)。突出显示的区域表明破坏是由敲击岩石表面造成的。切科塔（Checta），夏兰谷（Chillón valley），利马。

12. GoogleEarth satellite image showing the location of site X02 in the Nasca valley, Department of Ica. Image ? 2013 Digital Globe, Google.

12. 谷歌地球卫星图像所显示的X02遗址在纳斯卡山谷位置，伊卡省。图像 2013数字地球，谷歌。

13. Panoramic view of Site X02 and thedelluvial– colluvialdeposits at the site.

13. X02遗址全景及遗址的洪积——塌积。

14. Pictograms and petroglyphs on Rock 3 at Site X02. Nasca valley, Ica.

14. X02遗址3号岩石上的象形文字和岩画。纳斯卡山谷，伊卡。

15. Ambient light photograph of the portion of Rock 3 selected for an RTI image capture. X02, Nasca valley, Ica.

15. 被选中采集 RTI 影像的 3 号岩石的一部分的自然光照片。X02，纳斯卡山谷，伊卡。

16. D-Streched photograph of Rock 3, clearly showing the superimposition of the petroglyphs over the earlier pictograms. X02, Nasca valley, Ica.

16.3 号岩石的 D-Streched 照片清晰地显示了岩画叠压在早期象形文字上方。 X02，纳斯卡山谷，伊卡。

17. Reflectance Transformation Image (RTI) showing the quilcas and the sandstone support. X02,Nasca valley, Ica.

17. 反射转换成像 (RTI) 显示奎尔克斯 (quilcas) 以及砂岩的支持。X02，纳斯卡山谷，伊卡。

18. Reflectance Transformation Image (RTI) showing the exfoliation of the rock. X02, Nasca valley, Ica.

18. 反射转换成像 (RTI) 显示岩石表层的剥落。X02，纳斯卡山谷，伊卡。

19. Reflectance Transformation Image (RTI)showing one of the anthropomorphic figures on the panel and the manufacturing techniques used in the making of this petroglyph. X02, Nasca valley, Ica.

19. 反射转换成像 (RTI) 显示一幅拟人的岩画画面以及该岩画使用的制作手法。X02，纳斯卡山谷，伊卡。

20. Reflectance Transformation Image (RTI)showing an anthropomorphic figure, emphasizing different manufacturing techniques and modifications made to the motif. X02, Nasca valley, Ica.

20. 反射转换成像 (RTI) 显示一个拟人的图像，强调不同的制作方法以及对图像的改变。X02，纳斯卡山谷，伊卡。

21. Reflectance Transformation Image (RTI)showing an anthropomorphic figure, emphasizing different manufacturing techniques and modifications made to the motif (see Figure 20). X02, Nasca valley, Ica.

21. 反射转换成像 (RTI) 显示一个拟人的形象，强调不同的制作方法以及对图像的改变（见图 20）。X02，纳斯卡山谷，伊卡。

22. Reflectance Transformation Image (RTI)showing an anthropomorphic figure, its deterioration and manufacturing techniques. Nasca valley, Ica.

22. 反射转换成像 (RTI) 显示一个拟人形象的恶化和制作方法。X02，纳斯卡山谷，伊卡。

23. Reflectance Transformation Image (RTI)showing additional marks outside of the representational motifs. Some of them are marks made directly over the painted zoomorphic figures while others seem randomly placed. X02, Nasca valley, Ica.

23. 反射转换成像 (RTI) 显示代表图案之外的印记。其中有一些直接覆盖在动物形象的或其他的岩画之上。

对秘鲁的两个岩画点的反射转换成像分析

—— 关于岩画制作技术、岩画图像的退化以及保存的研究

Gori Tumi Echevarría López
Ana Nieves 撰
余卓然 荆琰清 译

一. 简 介

最初由惠普公司实验室的汤姆－摩尔兹本德（Tom Malzbender）发明，后来通过文化遗产成像机构（马奇等 2006年）发展的可计算摄影技术，被称为反射转换成像技术（RTI），在世界范围内被证明是保护者和文化遗产专家的实用工具。自从2012年，我们一直在秘鲁使用RTI，集中于伊卡辖下（department of Ica）的纳斯卡山谷（Nasca valley）和利马辖下（department of Lima）的奇利翁山谷（Chillón valley）的岩画点。因为RTI可以对岩石的三维表面提供更精确的展示，同时允许研究者们了解通常在环境光摄影下不明显的细节，这个成像技术的系统应用对资料搜集和了解奎尔克斯（quilcas）或秘鲁人的岩画点使用的制作工艺，同时对于追踪岩石表面随着时间的退化现象有很重要的意义。

本文挑选出的两个岩画点是纳斯卡山谷的X02和奇利翁山谷的切科塔（Checta），由于不同的岩石类型和不同的制作工艺，这两个岩画点是RTI理想的试验场。

二．RTI 的基本要素

在岩画研究者们面临的诸多挑战中，岩画资料的搜集是其中最大的难点之一。素描的方法通常取决于绘图员对主题的熟悉度、绘图能力，以及绘图时的光照条件。由于在接触岩石表面的过程中可能对岩刻画和象形文字造成损害，临摹也不再是一个可接受的实践方法。此外，素描和临摹也很少能对图案的叠加和所使用的制作工艺提供证明性的信息。摄影一般被认为是可以回避素描和临摹的局限性的，是更直接的表现方法，但摄影在很大程度上取决于光照条件。即使当摄影师用侧光和低照度来突出岩刻画，光照角度也是由摄影师主管决定的，这样可能只突出一部分图案，而使其他图案显得模糊。

为了试图用清楚而客观的方法对岩画进行资料搜集，我们采用了反射转换成像技术（RTI）。RTI 是一种包括合并几张从不同光线角度拍摄的照片的可计算摄影技术。两个黑色的反射球用来帮助程序软件确定包含每一次曝光的光线角度。每一张资料组中的照片都应该被细心地拍摄来确保没有设备在图像捕捉过程中产生位移（图 1）。因为设备没有位移，程序软件（RTIBuilder）通常通过假设照片中的个别像素符合主体照片中的特定点来处理这些图像，而且其可以利用沿着反射球确定的光线角度的像素中的反射比信息来计算主题表面上的法向量。有了这个信息程序软件可以建立一个表现主体表面的三维模型，并且建立一个交互式的档案（反射转换成像图像档案也叫做 RTI），利用一个叫 RTIViewer 的电脑程序，人们可以观察到这个模型并且变换主体周围光源的位置，从而更近也更细致地了解主体表面。此外，RTIViewer 还包括几个透视模式，精确地增强保存于 RTI 文件的信息质量，有时候可以显示一些直接观察时并不清晰明显的细节。

与摄影制图或者激光扫描等其他成像技术相比，RTI 不需要复杂难懂的程序软件知识或者昂贵的器材（马奇等 2012 年）。假如图像捕捉的过程得到正确执行的话，处理 RTI 的软件是相当直观的。图像捕捉可以通过任何能连接电脑的单反相机来完成，然而这并不算什么要求。此外，因为岩画图案的捕捉都是在户外完成的，在图像捕捉中需要的光源应该是强力闪光灯或者频闪灯（我们使用的是由流动微型便携式电源系统驱动的“外星蜂”B1600），用于与中性密度滤光器结合来减少环境光。

我们采用的工作流程是根据文化遗产成像机构（CHI 2013）的建议制定的，文化遗产成像机构（CHI）是一个坐落于旧金山的，旨在提升和发展文化遗产专业人员数字成像技术的机构。这个建议的工作流程包括对图像捕捉的细节做记录（包括使用的闪光灯类型、电源设置和闪光灯距离、参与图像捕捉的人以及所使用的过滤器）。照片以原始格式被拍摄，但是在图像处理的过程中会被转换为数字胶片格式（DNG），所以每次曝光的元数据和处理文件中的每一次改变都是被记录下来的。此外，所有基于 RTI 分析的观察结果都可以被任何人用 RTI 文件来进行复核。

因为 RTI 图像捕捉过程中不包含对被拍摄主体表面的接触，这项技术是艺术保护领域的理想技术，其中对于岩画学者们来说尤其有用。考虑到可以影响和破坏岩画表面的多个因素，不论这些因素是基于自然原因还是人为原因，一个对岩画面周密和清晰的资料搜集绝对是必要的。RTI 使我们可以实现这一点并且允许我们进行后期的变化追踪。

三. RTI 在秘鲁人岩画点中的应用

任何针对岩刻画的研究必须考虑用于岩画点或 quilcas 的四种类型的分析：图案或者图像、载体、周边区域，以及风景（Echevarría 2009）。尽管被解释为四种独特和明显的类型，这些分析却经常是相互联系的。例如，对制作工艺的研究蕴含通过制作图像或图案改变载体。此外，在岩刻画的制作过程中，周围的区域也受到影响而被转换为一个生产地带。RTI 允许实现的精细成像和深入研究仍需要考虑这些对其他层次的分析。

事实上，根据早期的定义，RTI 是一个无创的资料搜集技术，因为岩石表面在 RTI 图像捕捉的过程中不会被接触。然而，这个过程包含大量直接在岩石或岩面之前的移动和行走，这会影响到岩画点的制作地带的一些证据（尽管现在还没有一种资料搜集技术是不包含在岩画面之前的活动和行走的）。考虑到这一点，我们制定了一个可以减少在 X02 和 Checta 的这些区域走动的草案，并由此把对可能是用来制作岩画的周边区域的不必要和无意识的改变降到最低。此外，岩画点和岩画面的图示和描述会和不同点的 RTI 图像捕捉结合在一起。

另外一个重要原因是，根据一个岩画点的空间和环境，也许不是在所有的岩画面上都可能做 RTI 图像捕捉。因此，用于 RTI 图像捕捉的区域一定要经过挑选。挑选因素包括被选中区域有显示不同的岩刻画制作工艺和其他文化记号的潜在可能，以及显示岩石表面风化和（或）岩刻画退化现象的潜在可能。当然，理论上，一套完整而系统的 RTI 图像捕捉能覆盖整个岩石表面是最好的。

四. 利马省切科塔的 Quilcas

Checta （图 2）是秘鲁中部海岸最大的有 quilcas 的考古遗址。这个遗址点有该地区最长的岩画年表（埃切维里亚 2011） ，涵盖期为 2000 年（约公元前 2500 – 公元前 200 年） 。该遗址点是在 1925 年被佩德罗？爱德华多？比利亚尔科尔多瓦博士发现的（比利亚尔 1935） 。因为其暴露在公共区域并且邻近利马市区， Checta 遭受了几乎扰乱了整个遗址点的不断的破坏，极大地改变了原来的外观，并改变了大部分岩画图案。直到今天，仍然没有针对岩画恶化严重程度的彻底和全面的分析，无论是对自然的还是人为的，这就是为什么我们决定在这个点开始使用 RTI 的原因。

Checta 位于西庸流域中部的山谷，在 yunga 自然区，其特点是炎热、干燥的气候，降雨少、湿度低（ Pulgar 1946） 。该遗址点海拔约 800 米，在安第斯山脉，由西雍江切割。这条河流从该点的西南约 50 公里流入太平洋。该遗址点由火山岩和变质岩的剥落和碎片沉淀积压而成，这也被公认为是安第斯山脉形成的原因之一（图 3 和 4） 。这些岩石被用来作为文化符号的载体。在遗址点形成之后，该点经受了少量的冲击、山体滑坡，最终被近 500 年的人类行为严重地改变。

大多数有岩画的岩石都是由沉淀底部的变质岩、绿泥石、页岩碎片组成的。这些岩石，以及这个遗址点的大多数岩石，都非常坚硬，并有不规则的，棱角分明的形状，以及因自然分离和断裂形成的平坦面。岩画是用垂直凿刻的方法在这些平坦面上制作的，这样岩画的一部分从它们被创作开始就暴露在环境中，受到自然和人为的双重破坏。

为了 RTI 检查，我们在该点的第二部分挑选了一处岩刻画样本（图 5）。因为这个区域只有一部分岩画面被 RTI 覆盖，我们在开始 RTI 图像捕捉排序之前对全部的岩石表面和岩刻画进行了一次检测。乍看之下，岩石上展示的是一组杂乱无章的抽象几何图案。由于其宽度和深度，这些凹槽很明显能看出是因为敲击碰撞形成的，大部分情况下宽度为1厘米多，深度则平均为2−3毫米。它们很明显是用同一种颜色涂绘过的，最初看起来这表现了一个好的保存状态。然而，和我们将用RTI证明的一样，这样表面的观察是具有误导性的，因为岩画面的真实面目是难以单靠自然光看清楚的。

由图6可见，岩画面的保存状况十分糟糕，并且所有凿刻的线条都被刮掉了，常常完全改变了凹槽的质地和形状。岩石表面也同样恶化。然而，尽管最初的凿刻痕迹被破坏了，RTI可以帮助我们观察到受到后来的刻痕较小影响的图案最初的轮廓，这向我们提供了一个关于岩刻画最初状态更好的（尽管是局部）图片（图7）。用一些观察者的透视模式和对主体的交互式补光，我们可以提高对这些刻痕的立体感官，从而证实我们对图案退化的观察结果（图8）和（或）核实它们在相同的岩石上有不同的例子（图9和图10）

岩石上最初涂绘的表面可以清楚地通过RTI看到。石头表面是非常规则的，并且有不影响整个岩石形状的自然形成的小孔（图7）。这个表面最初是通过垂直敲凿岩石刻画的，然后加上撞击、刻划和刮花造成最初图案上的痕迹。这些技术可以通过直接观察证实。看起来随机的标记，仍然是通过敲击岩石表面造成的，同样也可以通过岩画的外部观察到（图11），并且可能是通过往卵石上投掷坚硬的物体形成的。

图8、9，以及图10清楚地显示在最初的岩刻画之上雕刻或者刮划的痕迹。这可能是在很长的一段时间内造成的，并且可能是用锋利的岩石或者其他例如钉子和钥匙等锋利物造成的。这些线条首先是通过复刻最初的刻画线条创造的，完全在其上刻划。在某些情况下，下方的刻痕会被后来重复的刻划完全改变（见图7、图8）。在其他情况下，雕刻或刻划的痕迹经常会在早期的图案上添加新的图形（见图6左侧后期刻划的“M”）。尽管如此，在别的情况下，随意的刻划会出现在整个岩石的表面（图10）。尽管这里没有图片，这些点的有些quilcas也会被油漆、化学原料以及其他液体覆盖。

通过RTI可以看到大多数的划痕是在1925年后制造的，并且这些划痕非常难以用肉眼看到，因为它们没有在石头表面刻划得很深。此外，岩石表面自然的风化过程也使划痕造成的颜色变化显得模糊。没有残留的颜色以及需要造成阴影的深度变化，这些雕刻和刻划的痕迹也难以在环境光下拍照。RTI 允许我们能够显示这些 quilcas 被改变的程度。很明显，如果不是全部也是大部分的该点岩刻画都以这样或那样的形式被改变了。从保存的观点来看，这样的信息帮助我们以远精确于其他资料搜集的方式评估该点的状况。

五、Quilcas from Nasca, Ica

X02 遗址是位于伊卡省的纳斯卡谷地最重要的遗址之一，2000 年安娜 · 尼瑞斯就曾首次记述过。由（洪水）delluvial 和崩塌堆积而成的该遗址，位于纳斯卡谷地较低部分东北部的一条山涧小溪或干河床上（图 12）。它由许许多多坠落在河床右侧边缘的砂岩岩石构成。这些砂岩将构成地质基层的沉积层断裂成无规则的、有棱的碎片，这些石块的边缘被用于雕刻岩石和象形文字（图 13）。

由于这个遗址形成的时间很长以及风化的程度不同，保存的石头有明显的差别。由于高度脱落和风蚀，塌积层的石块具有圆形的特征。并且，由于最初的表层已脱落，这些石头几乎没有原始的绿锈。另一方面，在斜坡的中部，由洪水沉积的石块则具有扁平的截面，有的有原始的绿锈和轻微的脱落。

即使剥落，也没有丢失的象形图只存在于有原始绿锈的石块表面，不同石块在保存上的差别也就显而易见。在同一表面也有由对比画法和雕刻形成的岩石雕刻存在的证据。这些在古老的秘鲁岩石艺术遗址中不为人知。同时也有由直接冲击形成的雕刻。在遗址 X02 发现的证据清楚地表明，秘鲁南部海岸的岩石艺术遗址环境的脆弱和高度变化。该地区的迹象也表明特别是象形图应该经历了一个石化过程的阈值，它们在 X02 遗址的保存得益于当地的气候条件。X02 位于靠海的沙漠地区，高温，白天高辐射以及低湿度，这个遗址距纳斯卡河床到西南的海岸线 52 公里，高于海平面 300 米。

我们选择岩石 3 作为 RTI 应用研究的对象，因为它有一些保存最好的图形。这块岩石是洪水沉积层的一部分，在其较低的一面仍暴露一些原始的有绿锈的截面（图 14）。我们选择一个包含不同图形的区域——象形图和岩石雕刻。我们特别感兴趣的是由雕刻和直接冲击形成的三个图案。我们用 RTI 评估这些岩雕的环境，同时我们也用 Dstretch 获取这些石刻艺术图案的数字照片（图

15、16）。

图 16 清楚表明在制造岩雕之前，这个图案已经被象形图装饰过许多次，因此可以说，留在这块岩石上的最早的人工手艺包括这些象形图。由 RTI 图片（图 17）可以看出，这些象形图案是刻在砂岩的细粒且有绿锈的表面。这块岩石有薄板似的外貌并且被自然形成的断层划过——剥离过程从这里开始（图 18）。剥离片的宽度大约 1 厘米厚，一旦这些片层断裂，它们就会在岩石上暴露出一个粗糙的不规则的表面。

一眼就可以看出，平面上的三个图案是由不同的技术组合创作的（图 17）。在 RTI 挑选的最左边的图案是最不规则的，创作它的线条的平均宽度是 1 厘米。这个图案的轮廓显示了雕刻和冲击的结合。用 RTI 可以清楚地看见冲击的圆形印迹，尤其在形成图案的线条外侧，特别在图的右侧（图 19）。在线条相反方向，V 形凹槽是倾斜的，但是，凹槽一点也不均一。由于这些凹槽看起来是由雕刻和冲击创作的，很难确定最早的创作技术是什么。很可能最早的图案是雕刻，然后冲击导致不规则的外形。在图的能是最早创作这个图案时留下的痕迹。右边，头部的一个线形附属物已经被雕刻变形了，这可能是最早创作这个图案时留下的痕迹。

另一方面，使用了 RTI 的中间图案清楚地显示了创作技艺。形成图形的线条的几个部分都是冲击明显的雕刻。从 RTI 可以看出，这些冲击是沿着雕刻的线进行的，主要是改变形成身体的凹槽的外延和形成手的线条的上部边沿（图 20）。大多数痕迹都是不规则的或不一致的。事实上，直接敲打已被用于强调头部，手臂和图中其它细小部分，而不影响身体外廓的规则性和雕刻的附加物。从 RTI 看到的图案中凹槽的内部形状表明，这是一个惯用右手的人，他在一个浅显的角度拿着工具在岩石表面创作标记（图 21）。

RTI 挑选的右侧图案也很有趣。和左边的两个图案不同，没有证据表明这个图案主要是由雕刻或冲击创作的。它的恶化是由于周边的剥落，尤其是朝向图的上部，那里许多平行的线条状的附属物已被这个过程损害（图 22）。这个图案的 RTI 可以清楚地看到倾斜雕刻的角度。如果在 RTI 中沿着这个图形动光，斜痕的角度保持一致。这表明，对于这个特别的设计有一个单一的技术和一个单一的创作意图。此外，在这个图上部的四分之一处有两个敲打形成的洞。

RTI 显示整个图案受到了其它形式的痕迹的影响。比如岩石表面的浅线条。

这在分析区域的某些部分可以看到。举一个例子，在长方形图案底部右侧有一条直立的线被许多线条横切（图 15,17），在一个人神同形的头部的附饰和右臂有一些很细的线条。此外，在长方形图案的左下方也有线条（图 17,22），尽管在石头上有一些随意的痕迹，但是在着色的图案上有敲打的大的痕迹。RTI 也可以用来加强和分析这些痕迹（图 23）。

X02 对于研究纳斯卡谷地岩石艺术的创作技术有很大的作用。即使一个小小的样品也足以表明这个地区岩石艺术的巨大复杂性。今后用 RTI 进行的研究必将对这个地区的保护和分析做出贡献。

六、讨 论

这项研究的最大贡献不在于这是头一次将 RTI 用于研究秘鲁的石刻艺术，而主要在于该项技术让我们重新评估过去的手段和方法，并创造新的方法学用于研究秘鲁的石刻艺术。因此，我们认为分析正在进行的过程将会得到该地区每个遗址的详细数据。

RTI 技术使得详细观察成为可能，从而使得我们对于 checta 和 X02 的研究可探讨采用更为精细的技术。过去用自然光研究石雕的局限性可以被这项图形技术克服。RTI 允许我们交互式地检测岩石三维表面的数字显示并可以通过选择过滤方法来改进。要说明的是，RTI 不能代替石刻的直接观察研究，而且它的应用也有局限性。举一个例子，RTI 的性能依赖于图像采集用的设备，因为相机的分辨率不同，镜头也可能导致图形变形。此外，最后的产品是一个基于反射比信息的三维表面的数字替代品，而不是研究对象的替代品。更确切地说，RTI 应被视为岩刻直接研究和岩石表面研究的补充技术。

尽管有一些局限，使用 RTI 明显利大于弊。该技术应用中的益处包括它的放大岩刻内部的能力，看到肉眼看不到的细节，检测岩石碎裂的细微处，或岩石表面轻微的腐蚀，以及通过在岩刻周围移动光源来详细观察其表面等等。没有 RTI，本篇文章中的许多观察都是不可能的。因此我们认为 RTI 是研究秘鲁岩石艺术的无价而且重要的工具。

七、结 论

作为一项克服了许多石刻艺术保存中的问题的技术而言，RTI 允许我们和研究对象互动，不需要接触石刻艺术图案，从而保护了岩石表面，允许近距离分析创作技术和详细观察石刻艺术图案的保存。这些能帮助秘鲁石刻艺术研究领域从形式的描述和图解进入到更细致的技术性分析石刻艺术，以及这些遗址在历史长河中的变迁，包括由于自然和认为的损害。

在 checta，我们有能力清楚地记录现代观光者对石刻的影响程度。RTI 可显示认为因素导致的石刻的变形和修正，这些变化肉眼看起来很正常。即使常规的二维照相也不能揭示石刻被破坏的程度。现在已经很清楚，在被发现不到 100 年的时间里，几乎所有的石刻图案都已经被修改并损害。

同时，RTI 显示在 checta，如果一个图案被破坏，相对于早期的岩石雕刻，近期的痕迹还很浅。大多数情况下，近代的破坏源于石刻表面的划痕和表面绿锈的脱落。在许多已被破坏的石雕中，重复性的划痕已改变了早期的痕迹，除去或改变了单个图案的形状，有些类似剥蚀。但是，在 checta 的多数损害包括除去绿锈，而不是改变敲打的痕迹。因此，自然界的重新绿锈过程有可能是这些岩石表面返回到接近 1925 年的状态，至少部分如此。但是，要想这成为可能，这些对遗址的破坏必须终止。

在纳斯卡谷地，RTI 技术提供了石刻艺术创作技术和砂石表面自然恶化的清晰图案。由于 X02 相对而言最近才报道，那里没有多少人为的损害，对于石雕也无近期的损害，这和 checta 不一样。岩石 3 之所以特别让我们感兴趣是由于它清晰地展示了这个遗址的复杂历史以及在一个单一图案中展示的不同创作意图。这个岩石包括着色图案和石雕图案，其中一些使用了组合创作技术雕刻。因为雕刻的痕迹由于自然过程，比如岩石的自然脱落而最先损害，像 X02 砂石上的雕刻图案是很少见的。

不幸的是，由于缺少保护和无控制的观光，纳斯卡谷地的 X02 和其他遗址非常易于损害。

毫无疑问，细致的观察对于石刻艺术的研究至关重要。RTI 提供了分析石雕艺术的额外且重要的数据。RTI 技术的应用将极大地促进石雕艺术研究的新方法，包括详细讨论这些易碎地区的保护问题，而不仅是简单地对石刻艺术图案的形式的简单描述和图解。

【Gori Tumi Echevarría López】秘鲁利玛圣马尔科斯大学博士研究生，秘鲁岩画研究学会（APAR）秘书长。E—mail：goritumi@gmail.com

【Ana Nieves】东北伊利诺斯大学博士。E—mail：a—nieves2@neiu.edu

【余卓然】中央民族大学中国岩画研究中心 2014 级专业硕士研究生。

【荆琰清】中央民族大学中国岩画研究中心 2013 级博士研究生。

Conservation, Preservation and Protection of Rock Art Sites in Saudi Arabia

Dr. Majeed Khan

Rock art is a universal phenomenon, It is located in almost every country of the world. During the last few decades special attention has been given towards its preservation and protection. The painted caves of France, Spain and the painted rock shelters in Africa , Australia and China in addition to tremendous amount of pteroglyphs all over the world are mostly in danger of destruction and vandalism. Although, these are preserved for thousands of years, these are now under serious threat with the public and tourists and other adventure visitors.

There is an increasing tendency of developing rock art sites for cultural tourism. Sometime uncontrolled visitors disturb petroglyphs or painted figures by touching,, taking photographs by flash lights and even scratching or spraying and inscribing their names on these rocks and sometimes even over the figures. In far off places, in the deserts or in hilly areas there are no guards, visitors engrave and even superimposed their names over the existing figures. The vandalism cannot be controlled easily; also it is not possible to station guards on all these sites, There are 1,400 rock art and inscription sites in Saudi Arabia(*Figure 1*). Bedouin (desert dwellers) even use rock art images as targets for shooting with their guns. Several rock art sites in Saudi Arabia are badly damaged by such target shootings (*figures2.3*) . Also, modern development of new towns and settlements, construction of roads and development of agriculture in Saudi Arab have caused serious destruction and damage to many rock and archaeological sites

(*figure 2*)

Such vandalism could only be controlled by education, through electronic and printed media and through local government officials from the department of education, local schools or municipalities. It is most practicable and valuable to create awareness among local people about the importance of the cultural heritage of their ancestors. This is however done in Saudi Arabia by the teachers in the local primary and high schools, and through local museums and archaeological offices scattered throughout the country. The Saudi Commission for Antiquities and Tourism has been trying to use all such sources to control vandalism by public, tourists and expatriates.

In Saudi Arabia most of the rock art sites (99%) are either engraved or pecked while painted sites are extremely rare. Destruction of these sites mostly consisted of over writing, spray paints and engraving over the existing petroglyphs, once engraved over the figures it is impossible to remove them. However by photo-shop these extra images could be removed but the panels never recover their original form (*figures 4,5,6,7*)

Keeping in view the importance of cultural heritage and the damage to the sites by various agencies and visitors over 300 rock art and archaeological sites have been fenced by the archaeological department in various parts of the Kingdom. The fences are made of strong steel and barbed wires. There is a guard room inside each fenced area, and guards are appointed from the local Bedouins living near such sites. Thus, the guards not only protect the fenced site but all other sites found in the same area. This is the highly ambitious monitoring, controlling and protection arrangements made in any country of the world (*figures 8-13*)

The natural consequences such as rain, temperatures, earthquakes, wind storm etc., cannot be controlled but surprisingly for thousands of years the petroglyphs and painted sites in caves and under rock shelters are still preserved. In a hot country like Saudi Arabia extremely high and low temperatures in winter and summer, and wide range in day and night temperatures caused fractures in the rocks and many rocks containing petroglyphs have been disintegrated or are in the process of destruction (*figure 14,15*).

Growth of lichens, grasses and bushes around the rock art sites usually covered the rocks that contain petroglyphs, wind storm directly striking the rocks and sand granules hitting the figures during sand storms erode the images and inscriptions..

Saudi Commission for Antiquities and Museums controls and protects all the antiquities of the country. It has a very ambitious program of fencing and guarding major archaeological and rock art sites (*Figures 6,7,8*) There are laws in the country that govern and protect theft, vandalism, destruction and illegal export of antiquities. Antiquities laws in Saudi Arabia were imposed by a Royal Decree in 1971. Specific rules, laws and punishments are imposed to protect the antiquities.

As a result of large sale publicity and efforts of the Saudi Commission awareness has been developed among the local people, especially those living in the desert such as Bedouins also those settled in small villages and towns. Bedouin do not know who created petroglyphs on the rocks and they thought it may be the work of some unknown people of the past. But, now with proper education and publicity they understood its importance and believed to be the work of their ancestors. Understanding it as their own cultural heritage, they protected and safeguard theantiquities and rock art imagery found in their own territories. It is not possible now for strangers to visit the rock art and archaeological sites and destroy them, or dig there or paint or spray the names on the rock art sites.

The Saudi Commission of Tourism and Antiquities gives honorarium to those who discover new sites and inform SCTA about any rock art or archaeological sites. This also encourages and creates awareness andinterest among the local people about the importance of these sites.

Almost all the country has been comprehensively surveyed and hundreds and thousands of archaeological and rock art sites have been documented. The material obtained is properly catalogued and fed in the data base. Modern digital cameras are used for photography, while those figures which are either not clear or are fading are traced and recorded on the plastic sheets in the field (*figure 16,17*).

Thus as a result of comprehensive rock art and epigraphic survey , proper documentation of archaeological and rock art sites , the study of geology, hydrology and climate and impact of day and night temperature differences on the petrolgyphs were used as a major source of conservation. Attempts were made to remove the names or memorial remarks of the visitors engraved or painted but in many cases the engraved or pecked names could not be removed. Avoiding the use of chemicals to remove paint water was used to clean the engraved rocks. However, it was seen that the danger of vandalism is extremely rare by the visitors but mostly by the local residents, who used the figures as shooting targets or superimposing their names.

On a major rock art site at Shuwaymis in the north of the country natural disaster, disintegration and fallen of rocks resulted in the destruction of many rock art panels and many are lying upside down as the rocks rolled down from their original location. These need large scale protection and preservation and huge amount of money to do the job (*figure 15*).

Hundreds and thousands of rock art galleries that contain canvasses of prehistoric artists are the manifestation of the ancient Arab's social, cultural and religious life. It is the record of past history, if overlooked; the first chapter of the history of this nation will be lost. Thus, let us collect the messages inscribed on those scattered leaves of our past history lying as rocks and boulders on the hills, in the deserts and valleys. Let us preserve, protect, safeguard, record and revive the missing link of the history. Preservation and protection of rock art is of utmost importance as it is a major source to understand the ideology, psychology, social and cultural life of the ancient people.

Bibliography

Anati, E (1968a). *Rock Art in Central Arabia, Volume 1.The Oval Headed People of Arabia.*Institute Orientaliste, Louvain.

Anati, E. (1972). *Rock Art in Central Arabia.* La Neuve. Inst.Orientaliste.

Bednarik, R.G. and Khan, M (2002) . The Saudi Arabian rock art mission of November 2001,.*Atlal, vol.*17: 75-99.

2005. Scientific Study of Saudi Arabian Rock Art. *Rock Art Research vol.22 no.1 49-81.*

Clarke, C. (1970). Rock Art at Jubbah, northern Saudi *Arabia.Proceedings of the Seminar for Arabian Studies.Institute of Archaeology London. Vol.4. 80-81.*

Khan Majeed.(1985). Rock Art and Epigraphic Survey of northwestern Saudi Arabia, *Atlal,* vol.9.

1986. Rock Art and Epigraphic Survey of Northeastern Saudi Arabia, *Atlal* vol.10.

1988a. Rock Art and Epigraphic Survey of Northern Saudi Arabia, *Atlal* vol.11.

1988b. Schematization and Form in the Rock Art of Northern Saudi Arabia, *Atlal* vol.11,

1990. Art and Religion: Sacred Images of Prehistoric Metaphysical World, *Atlal* vol.12: 55-58

1991a. Female Profile Figures from WadiDamm, NW Saudi Arabia, *Atlal* vol.,13.

1991b. Recent Rock Art and Epigraphic Investigations in Saudi Arabia, *Seminar for Arabian Studies,* University of London..

1993a. Origin of Urbanism in Saudi Arabia - *Seminar on Urbanism* , Kenya.

1993b .*Origin and Evolution of Ancient Arabian Inscriptions.* Bilingual (Eng./Arabic) published by the Ministry of Education, Kingdom of Saudi Arabia.

1993c. *Rock Art of Northern Saudi Arabia.* Book based on Ph.D. thesis published by the Ministry of Education (bilingual Eng./Arabic).

1996. Rock Art of the Arabian Peninsula, Levant and Anatolia. *World Rock Art series*, London, U.K.

1998. A Critical Review of Rock Art Studies in Saudi Arabia, *East and West* vol.48,no.3. Italy.

1999. Human Figures in the Rock Art of Saudi Arabia. *Publications of the International Rock Art Congress,* Ripen, Wisconsin USA.

2000a. *Wusum - the tribal symbols of Saudi Arabia.* Bilingual (Eng./Arabic) published by the Ministry of Education, Kingdom of Saudi Arabia on the occasion of "Riyadh, the Capital of Arabian Culture 2000".

2000b. BirHimma – the Center of Prehistoric art and culture.*Admatu* Issue no.6,July.

2005- Jubbah – the most prominent rock art site of Saudi Arabia. *Indo-Koko*-Kenkyu, no.26:2004-2005, Japan, page.63-72.

2000c. Rock Art of Saudi Arabia across twelve thousand years.Ministry of Education Riyadh.

2010. Jubbah – *The Land of Golden Sand and the Lost Civilization of Arabia.* Published by the Saudi Commission for Tourism and Antiquities.

2012. *The Arabian Horse -Origin, Development and History* (2012), Layan Cultural Foundation, Riyadh Saudi Arabia.

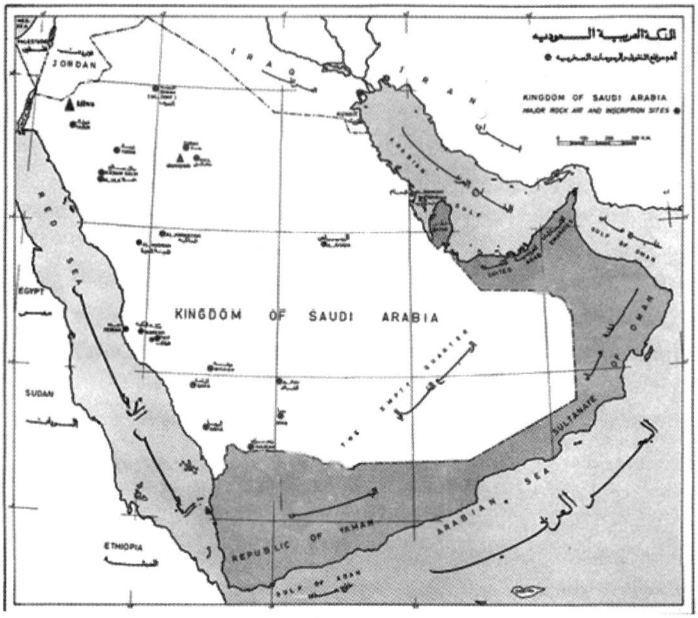

Figure 1. Major rock art sites in Saudi Arabia.

图 1 沙特阿拉伯主要的岩画点

Figure 2. Impact of target shooting at rock art images in the desert of Arabi

图 2　阿拉伯沙漠的岩画被作为射击目标而受到的影响

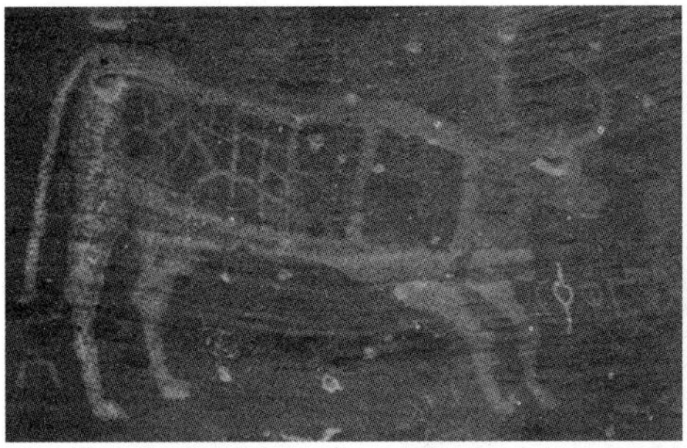

Figure 3. Shooing marks on the image of an ox, Himma, Najran, southern Arabia.

图 3　位于阿拉伯南部的 Himma， Najran 地区，牛身上显示出射击的痕迹。

Figure 4. An example of vandalism by local people. Recent names painted over the images of Arabian horse and Thamudic inscriptions dated 3,000 years Before Present.

图 4　当地百姓破坏岩画的案例。这个 3000 年前的阿拉伯岩画上面近期被乱涂乱画。

Figure 5. A Neolithic, ten thousand years old rock art panel, has been destroyed by superimpositions of personal names and recent graffiti. Located at Jubbah, north of the country.

图 5　新石器时代，万年古岩画岩面，已经被最近刻上去的人名和涂鸦叠印毁坏。位于 Jubbah，该国北部。

Figure 6. Overhting by engraving a Neolithic rock art panel at Jubbah.

图 6 位于 Jubbah 的新石器时代凿刻岩画

Figure 7. Cleaning the damage rock by photo-shop and saved in the data base.

图 7，通过电脑处理后的损坏岩画照片，并保存在数据库中。

Figure 8. Fenced site with a guard room at Jubbah, northern region

图 8 位于 Jubbah 北部地区带有门卫室的围栏网点。

Figure 9. Jabal Umm Sanman, one of the largest and oldest rock art site has been protected by erecting 7 km long iron fence around the mountain to avoid vandalism both by local people and the visitors.

图 9 Jabal Umm Sanman 地区，规模最大，最古老的岩画点之一，周围已经架设长 7 公里的铁栅栏来防止当地居民和游客的破坏。

Figure 10. Not only rock art but archaeological sites are also fenced in far off hilly regions of Najran, southern Arabia.

图 10 在南部阿拉伯 Najran 丘陵地区，岩画和考古遗址已用围网加以保护。

Figure 11. Rock art site at Yatib, has been fenced all around the hill and warning sign has been posted.

图 11 岩画保护网点 Yatib，已设立围网并有警告标志。

Figue 12. The site guard closing the door of the site located far deep in the desert.

图 12 位于沙漠深处紧闭大门的围网。

Figure 13. Bedouin tents in the desert located near rock art site. They have been appointed as guards to monitor and protect the sites

图 13 在沙漠岩画点围网附近的贝都因人的帐篷。他们被指定承担监控和保护岩画的工作。

Figure 14. Natural consequences of the destruction of rock art , a large crack has been developed dividing the figures in two parts.

图 14 自然对岩画破坏的结果，一个大裂缝将图像划分成两半。

Figure 15. Detached and fallen rocks with upside down figures at Shuwaymis northern region an example of Destruction by nature.

图 15　位于 Shuwaymis 北部地区，岩画被大自然破坏的例子，断裂并脱落的岩石上倒刻着的图案，岩画已经断裂和脱落。

Figure 16. Tracing the faded figures on plastic sheets and later transferring them on the Calque paper to preserve and enter in the data base.

图 16　用塑料片将褐色的图案进行拓印，然后将它们输入并保存在数据库中。

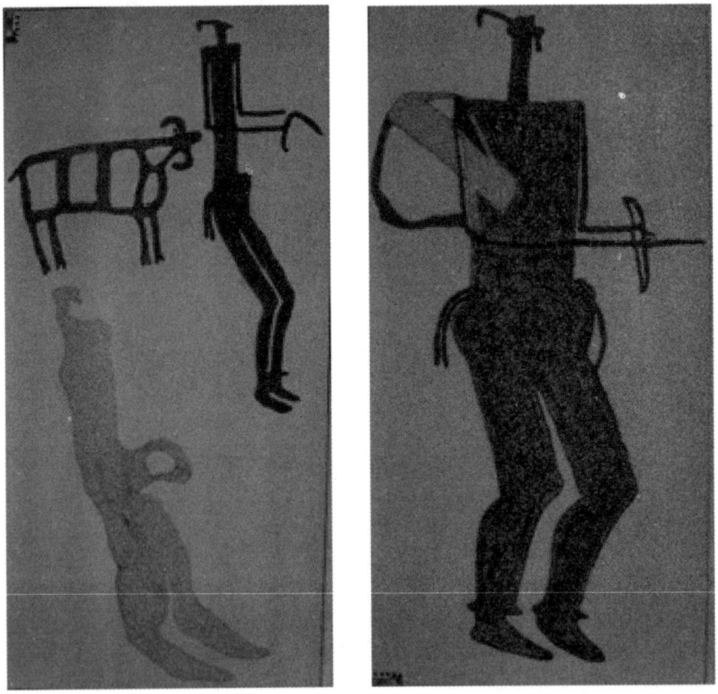

Figure 17.Tracings of the figures give excellent results and helped in documentation and preserving to be lost images of the past.

图 17　数字追踪技术在岩画的处理上有很好的效果，并在文档的帮助下恢复了过去丢失的图像。

沙特阿拉伯岩画遗址的保护、保存和维护

Dr. Majeed Khan 撰

罗益清 泽

岩画在世界上几乎每一个国家都有，是一种普遍的现象。在过去的几十年中，我们对岩画保护和保存给与了特别的注意。世界各地数量巨大的岩画如法国、西班牙的涂绘岩画和非洲、澳大利亚、中国的岩刻等，大多数都处在毁灭和被破坏的危险中。虽然，这些岩画都保留了数千年，但它们现在处在市民和游客及其他探险者的严重威胁之中。

目前，岩画遗址旅游处于正在发展的趋势。有时游客的触摸，拍摄照片时闪光灯的闪烁，甚至刻画喷涂他们的名字在这些岩石上，都影响和覆盖了原有的岩画及造成破坏。在比较偏远的地方，或是旷野和丘陵地区没有警卫，游客们雕刻自己的名字叠压在原有的岩画上。人为的这些破坏不容易控制，也不可能对所有的岩画点设置警卫。沙特阿拉伯 1,400 年前的岩画和分布状况图（图 1）。贝都因人（沙漠居民），甚至将岩画图像作为他们机枪射靶的目标。在沙特阿拉伯好几种岩画遗址由于成为射击目标（ figures2.3 ）而被严重损坏。此外，新的城镇和定居点，道路建设和农业的发展，沙特已经严重地破坏和损害了许多岩石和考古遗址（图 2）。这种破坏行为只能通过教育来控制，像媒体及当地学校或市政府部门的地方政府官员来教育和普及岩画保护知识。让当地民众意识到自己祖先遗留下来的文化遗产的重要性是最可行的方法。在沙特阿拉伯就是这样做的，在当地的小学和中学老师的教育下，并通过当地的博物馆和各地的考古办事处来作用于人们的观念。沙特委员会古物及旅游业一直试图调动所有公共资源，游客和外籍人士来控制对岩画的人为破坏。

在沙特阿拉伯的大部分岩画（ 99 % ）上的刻划或绘涂都是极为罕见的。这些破坏包括了写作，喷油漆和雕刻在原有的岩画上，曾经刻上去的图像是不可能删除的。就算通过照片将这些额外的图像删除，但岩面再也无法恢复其原来的面貌（图 4,5,6,7 ）。

保持文化遗产重要性的意识在慢慢提升，300 个岩画和考古遗址已经用围墙围住，为防止游客对岩画的破坏。该围墙是由高强度的钢和铁丝网制成。此外，每个围栏在一定范围内都有门卫室和警卫，他们是从附近的贝都因人中任命的。因此，警卫不仅是保护围栏里的岩画，其周边的岩画也要一同保护。这是一个非常高效的检测系统，这个系统可以用于世界上任何一个国家的岩画管理和保护（图 8–13）。

自然性的破坏，如雨水，气温，地震，风暴等，这些是无法控制的，但令人惊讶的是几千年的岩刻和洞穴彩绘，岩棚都还保留着。在一个炎热的国家如沙特阿拉伯，极端高温的夏季和极端低温的冬季，以及很大的昼夜温差，导致有些岩面产生裂痕，许多岩刻类岩画已经碎裂或正在碎裂。（图 14,15）围绕岩画的草和灌木植物的生长通常是覆盖着有岩画的岩石，风暴直接敲打岩石，沙子颗粒打在岩石上，侵蚀着上面的图像和铭文。

沙特委员会和古物博物馆决定控制和保护该国所有的文物。它有一个警惕性非常高的围栏警卫项目来护卫重大考古和岩画遗址（图 6,7,8）。在该国设有法律来防止盗窃，破坏，和非法出口文物。在沙特阿拉伯文物保护法是由皇家于 1971 年颁布实施的，主要是通过法律和制裁以加强对文物的保护。

由于大量的公开销售，沙特委员会意识到要努力促进当地居民的发展，特别是那些生活在沙漠中的小村庄和小城镇的贝都因人，这导致了大量岩画被公开出售。贝都因人并不知晓谁在岩石上创作了这些岩刻，他们认为这可能是一些不明身份的人在过去创作的。但是，现在，在适当的教育和宣传下，他们知道了岩画的重要性，并认为是自己的祖先的创作。了解岩画并把岩画作为了他们的文化遗产，保护和守卫在自己的领土上发现的古物和岩画。确保陌生人在参观岩画和考古遗址的时候不会破坏它们，不能再岩画上涂鸦和书写自己的名字。

沙特阿拉伯的旅游和文物委员会给予酬金给那些发现新岩画点的人，并通知SCTA 关于岩画点或考古遗址的地点。这也培养和鼓励了当地人的保护意识，认识到这些岩画点的重要性。

全国有数百个经过全面调查的岩画点，数千人被记录在案。对获取的材料进行了编目和数据的收录。数码相机在摄影中的应用，使得可以通过数字技术来记录不清晰的或被破坏了的岩画（图 16,17 ）。因此，全面的岩画和碑文调查，在考古和岩画点的文献中要适当地记录地质、水文、气候、昼夜温差的影响等，作为对岩画进行保护的重要依据。试着去除游客在岩画上的签名和刻画，但大多数情况下刻画的痕迹很难去除。要避免用化学的方式去除涂绘的痕迹，而要用水进行清洗。然而，游客对岩画的破坏是极为少见的，大多数破坏是由于当地居民造成的。他们把岩画当做射击的目标或在岩画上叠加他们的名字。有一个主要的岩画点位于该国北部。由于自然灾害，断裂和脱落的岩石导致许多岩画从原来的位置掉下来，从而造成了破坏。这些都需要进行大规模的保护，需要用巨额的资金来完成这项保护工作。（图 15）

在古代阿拉伯社会，百家岩美术馆包含数千件史前艺术家的作品，它们体现了古代阿拉伯人的社会、文化和宗教生活。是对过去历史的记录，如果忽略了这些，这个国家历史中的第一个篇章将会丢失。因此，让我们收集刻有我们过去历史的那些遗落在山上的岩石和石块。让我们保存，保护，维护，记录和恢复历史的缺失环节。保存和守护岩画是极为重要的，因为它是我们理解古代先民意识形态、心理、社会和文化生活的主要来源。

【Majeed Khan】沙特阿拉伯旅游与古代遗址总局的学者，博士，教授。
【罗益清】中央民族大学中国岩画研究中心 2013 级学术硕士研究生。

PREHISTORIC CAVE ART IN ITALY

—Preservation of the Sites, Conservation of the Memory

Dario Seglie

Keywords: *Italy, palaeolithic art, iconography, symbols, conservation, preservation.*

Abstract

Palaeolithic cave art can be seen at various sites located on the Italian peninsula and on the Mediterranean islands. At a particular time in Man's history, approximately 40,000 years ago, the phenomenon of Rock Art appeared, formed predominantly by signs engraved on rocky surfaces, in caves, shelters or in the open air. They can be typified in numerous ways: from figurative, naturalistic and descriptive signs to abstract geometric and symbolic configurations.

Rock Art was a vehicle for intercommunication between two worlds or better between two dimensions of one universe: the intangible realm of the sacred and divine, and the tangible realm of man, where the daily drama of life unfolds.

The universe as represented by Rock Art requires empirical research into the origins of the signs and into the hypothetical effects which they produced on behaviour; it should take into account the semantics of material signs and syntax; ideally it should involve a combined approach going beyond their specific meaning to their importance with regard to behaviour.

Today Rock Art is merely a relic, often the only surviving testimony of a complex cultural assemblage, of which all the vital component parts (such as rites and chants, sounds and smells, dancing and mimed actions) have been erased by time usually leaving no trace in known tradition.

Gestures do not fossilize! "Powerful places" made so by the presence of Rock Art, were regarded as manifestations or messages from the genius loci or the protective spirit of the place associated with some fundamental feature of human culture: landscaping. Landscape is no longer to be seen as a mere physical facet of territory or a purely geographical notion but should be regarded as a site of spiritual reverence, interlocutory interaction and crucial transformations.

Starting from the consideration that visible signs are the residue of a larger, more complex phenomenon, a total social fact (Mauss), belonging to the Prehistoric world, in this paper we present a recent Italian project to re-examine the entire patrimony of cave art in Italy, a new census, following on from the work of Prof. Paolo Graziosi in the last century. The central foci of the study were problems related to their conservation and preservation. The project was undertaken with the Italian cooperation of museums in Pinerolo and Florence; the Superintendents of Cultural Heritage in Ligury, Sicily, Calabria and Puglia as well as the universities of Florence, Siena and Rome.

Introduction

At a particular time in Man's history, approximately 40,000 years ago, the phenomenon of Rock Art appeared, consisting of signs engraved on rocky surfaces, in caves, shelters or in the open air. There were numerous typologies: from figurative, naturalistic, and descriptive signs to abstract geometric, and symbolic notations.

This vast quantity of signs which men inscribed in their surrounding world is not the result of a sudden transformation in the intellectual capacity of Homo sapiens but a gradual maturation of cognitive processes, based on the psychic and social dimension involved in behavioural stages which led to an enlarged Self knowledge, grounded in reflexive thought associated with the knowledge of another dimension to the world perceived as separate from the personality of the members of a given group.

A manifestation of this abstract thinking can be seen in stone artefacts, e.g. bifaces, denoting a search for symmetry and aesthetics, far beyond that of mere functionality, already evident in Lower Palaeolithic times.

There exists an evolutionary momentum inducing Man to prove his worth over and above Nature, as arbiters of reality, despite his being overcome from time to time by the forces of wild animals and atmospheric and telluric events – possibly, this is why he often submits himself to the numinous, the sacred, the extra-human, the super-human, or the divine – the transcendent Other.

Rock Art is thus a vehicle for intercommunication between two worlds: the intangible realm of the sacred and divine versus the tangible realm of man where the daily drama of life unfolds.

For more than a century now, Rock Art has been the subject of scientific studies, of interpretation, debate and disputes, sometimes passionate. If it were possible to condense all of the documentation produced by scholars in this field thus far – publications, reports, sketches - the material would fill the mythical Ancient Library of Alexandria in Egypt to overflowing.

Short of attaining a place in this utopian and virtual global library, the activities of the IFRAO - International Federation of Rock Art Organizations - have constituted the first modest step towards conserving and preserving the memory of Rock Art. Unfortunately, despite acquiring continually fresh evidence, thanks to specialized research in the four corners of the earth, every day we witness the loss of considerable quantities of material data. Our horizons are certainly more extensive today than in the past: discoveries have multiplied in every continent; and while some sites have disappeared or been destroyed, an impressive number of new sites of Rock Art are being discovered, with an exponential increase in documentation which at times seems to follow a developing curve of pandemic proportions!

The aim of our past Masters in the field was the authoritative management of all disciplinary knowledge; given the flood of empirical evidence available on the internet this goal is currently in danger. The flood provokes fresh

awareness of our congenital inadequacies in coping with the sea of data stowed in the electronic bilges of websites all over the world.

The science of signs

In order to conduct a study on Rock Art, some basic concepts from the science of signs are useful when navigating through the oceans of information presently available. These will be crucial when trying to answer the first of three of the most fundamental questions confronting mankind: where do we come from? What mental maps controlled the cognitive activities of Man, resulting in his present course, more or less deliberately pursued up till now?

I intentionally omitted the third question: where are we going from here? Since the present times are not particularly encouraging as far as the future of humankind is concerned: the chimpanzee armed with a machine gun has once again jumped off the subway, according to the tragic metaphor coined by Edgard Morin; we are constantly on the edge of an abyss.

An investigation of the universe represented by this complex whole of Rock Art requires a pragmatic approach and empirical research into the origins of these signs and their effects in relation to the hypothetical or conjectured behaviour which they may have provoked. Consequently; our methods involve the analysis of rock signs by taking into account different ways of interpreting material signs – notably a syntactic approach implying the combinatorial study between signs, going beyond their specific meaning to their impact on behaviour (intended or induced expressions and gestures).

According to Ferdinand de Saussure (1857-1913), the Helvetic father of Semiology, or rather Semiotics, sign systems are multifarious (e.g., writing, deaf-mute alphabet, symbolic rites, military signals, etc.). Language however is the most important. Hence it is "a science that studies the life of signs within society - une science qui étudie la vie des signes au sein de la vie sociale".

Saussure conceived Semiology as a science that studies the role of signs as part of social life. A sign, according to Saussure, does not merely link a thing to a name but a concept to an icon; it is like a medal with two faces (the signified and the signifier - signifié-signifiant), a relationship fixed on an abstract system of rules (language, la langue) that springs from collective use. This fact presupposes that all the members of a particular society give an identical value to the various signs which become true "codes", rigid and conventional, namely a system of correspondence.

Roy Harris (Emeritus Professor of Linguistics, Oxford University), one of his translators, summarized Saussure's ideas and impact on linguistics as follows: "Language is no longer regarded as peripheral to our grasp of the world we live in, but as central to it. Words are not mere vocal labels or communicational adjuncts superimposed upon an already given order of things. They are collective products of social interaction, essential instruments through which human beings constitute and articulate their world. This typically twentieth-century view of language has profoundly influenced developments throughout the whole range of human sciences. It is particularly marked in linguistics, philosophy, psychology, sociology and anthropology."

Actually, the various schools in the area share a common theoretical matrix and there thus emerges a conception of semiotics as a global science or heuristic analytic paradigm seeking to conceive the world as a "Whole" made up of systems of signs considered as communicative tools, as models of the world, as elements that regulate behaviour. Semiotics, in this sense, is proposed as a general theory of culture and of social environment; the communicative process is defined in turn – at the level of elementary structure – as an information model, a "*total social fact*" (Mauss).

Concerning Rock Art, since we are confronted with situations that derive their peculiar characters in connection with space, with time and with different individuals that interact within a complex of signs, it is possible to utilize theoretic patterns deriving from the semiologic and meta-linguistic fields.

Sign production work can be assimilated to praxis, because the human subject is the actor of the semiotic practice, the central point lying in the pragmatic relationship between sender and addressee. The base of every quest as to the nature of the communicative acts, realized in a determined logistic situation (by actors placed in systems of socio-historic, biological, psychological, perceptive conditioning and so on) is synthesized by the centrality of the human being.

Rock Art is located at the top of this antinomian divide: by slight interventions, by little superficial modifications on the cave walls, shelter, open air rocks, man has transformed the territory creating the sacred panorama, an operation of enormous political, economic and social importance.

The iconographies traced on soils, on sands, on skins, on bark, wood, leaves, textiles, on adobe plaster, have often not resisted the passage of time, and most are definitively lost.

Only Rock Art, exactly because it is rock solid, has been conserved and gives us the data –for over 30,000 years- on one aspect of the cognitive activities of man as a symbolic thinker: there are sufficient few surviving signs on rock to culturally connote the territory – even the most desolate desert – and for the re-emersion of peculiar landscapes, the hearth and homeland of man, for us to read minimally today.

There are special places associated with prehistoric art where the numinous and the supernatural make their presence known and felt by their epiphanies and where often rock art still exists today as the surviving sign of sacredness and of rituals that have suffered the ruin of time.

The multiple valences, the relationships and the symbolic connections that existed between imagination and surroundings have almost completely disappeared but there still persist the specific characters of the phenomenon that enable us to insert it in the category of the religious - taking the term at its etymological value namely that of "being bound together" – rock art thus still echoes the social life, the obligatory bonding of communities in the remote past.

In fixing a centre that organizes the territory and then orders the universe or cosmos emerging from the primordial chaos, the "internal" territory is established in all its reassuring familiarity, a reliable source of daily living in opposition to the "external" territory, unknown and untrustworthy, peopled with prevailingly hostile forces.

"Powerful places" instanced by the presence of Rock Art, considered as genius loci present us with data relating to a fundamental phenomenon of the human culture: landscaping. In the light of these considerations, landscape is not simply a portion of territory or a geographical notion, but assumes the valence of the highly spiritual building up of Humanity.

And it is in this open theatre formed by rock art sites that it is possible to make a museum of the most ancient cognitive activity of Man.

The projection that we often risk to apply to Prehistoric Art, reminds us of the masterly warning by André Leroi-Gourhan: "*to avoid putting in the mouth of prehistoric man Bantu words pronounced with a European accent*"

PALAEOLITHIC CAVE ART IN ITALY.

Preservation of the sites, conservation of the memory

During the last century, and particularly after the Second World War, the evidence of prehistoric art in caves and on artefacts increased in Italy, in particular relative to the Upper Palaeolithic and to the Post- Palaeolithic periods.

With regard to the most ancient populations, the so-called Pleistocene hunters and gatherers, a new wave of researchers and centres specializing in prehistoric and rock art has emerged, Italy being no exception, it has produced new field research and is accumulating fresh data in a systematic and ordered manner.

Some Centres have focused on Prehistoric Art. In 1988 at the international level there took place in Darwin (Australia) one of the most important events in this area of scientific investigation, namely the founding of the IFRAO (International Federation of Rock Art Organizations) with the role of networking the institutions devoted to rock art in the four corners of the world. Thanks to this initiative impressive progress was fostered, implying fresh scientific collection of data, meetings, publications and vulgarization. IFRAO is still very active and hopes to continue to be so in the future.

In Italy, a pioneer in the prehistoric art field was Prof. Paolo Graziosi, an anthropologist of Florence University, supporter of the Istituto Italiano di Preistoria e Protostoria, the Italian department of the international UISPP – UNESCO. Graziosi's professor in Florence was the Pinerolese Prof. Silvio Pons.

Together with Piero Barocelli, they inspired and guided the creation, in 1964, of the CeSMAP, Study Centre and Museum of Prehistoric Art of Pinerolo, Italy.

Paolo Graziosi focused on particular aspects of Palaeolithic Prehistoric Art in Italy, located mainly in the coastal caves of the peninsula as well as on some islands – the whole constituting a sort of "Mediterranean Province". Since the 1950's in Italy only one cave with parietal engraved figures has been thoroughly investigated: the Romanelli Cave, near Castro in Terra d'Otranto, discovered in 1905.

The Romanelli Cave in the Puglia region presents a series of carved figures on the walls and on the ceiling of the cavern. One can see a bovine like semi-naturalistic, synthetically outlined figure together with other schematic – geometric figures evoking the stylized silhouettes of women and vulvas.

In subsequent decades further discoveries were made: the Paglicci Cave, in the Gargano peninsula, Puglia; the Cala dei Genovesi Cave, on the island of Levanzo; the Addaura and Niscemi Caves, at Monte Pellegrino near Palermo, and minor sites in the Palermo and Trapani area (Za Minica, Dei Puntali, Racchio and Isolidda caves); the Romito Shelter in Papasidero, Calabria; the Caviglione Cave, at the Balzi Rossi in Liguria.

The caves containing parietal art, linked to the Upper Palaeolithic and Epipalaeolithic horizons, contain mainly carved signs; only a few possess paintings, notably the Paglicci and Levanzo Caves. In a few grottoes it was possible to connect the archaeological levels with the wall decoration.

The Paglicci Cave has paintings, discovered by Francesco Zorzi and Franco Mazzena in 1961, located in the deepest and darkest part of the cavern, in a sort of niche. Some positive red hand prints can be seen, together with two complete figures of horses, plus a cervical-dorsal line of an equine, still visible in red ochre.

Silhouettes and anatomical details are clearly underscored; the big abdomens possibly denote images of "pregnant" mares.

The figurative style of Franco-Cantabrian type, also present in various engraved stone plaquettes found in situ in the cave in archaeological levels, can be ascribed to Gravettian and Epigravettian horizons.

The Cala dei Genovesi Cave is located on the island of Levanzo, in the Egadi Archipelago, about 30 metres above present-day sea level; it was discovered by Anna Vigliardi, Francesca Minellono and Paolo Graziosi in 1950. About 30 Palaeolithic engravings have been recorded, almost all in naturalistic style, animals of small dimensions (from 15 to 30 cm) and only four, (three engraved and one painted in red ochre), are anthropomorphic. Among the zoomorphic figures there are cervid, bovid and equid representations .

The archaeological layers of the Cala dei Genovesi, relate to Epipalaeolithic horizons and can be associated with the parietal figures which date from the end of the Pleistocene, when the sea level was about 40 metres lower than today – the site then being on an isthmus whose surviving element is the present day islet of Levanzo.

In 1952 Jole Marconi and Luigi Bernabò Brea discovered prehistoric engravings in the small cave of Addaura, on the slopes of Mount Pellegrino, near Palermo, in Sicily. The sunlit cave has revealed a *"unicum" or hapax* in Pleistocene art: scenes where, concentrated in the middle, human figures prevail, surrounded by marginal figures of animals. The style is "naturalistic" with about ten figures delineated by contour lines, skilfully made.

A few metres away is a second cave (Addaura II) contains two deeply engraved bovine profiles.

In 1954, still on the Monte Pellegrino, but on the slope facing Palermo, another small cave, (Niscemi) was discovered, containing engraved figures, two horses and three bovines, similar to the representations of the Levanzo and Addaura sites. In the nearby Puntali Cave figures of two equids and one cervid can be found.

In 1961 Agostino Miglio discovered animali figures in the large Romito Shelter, near Papasidero in Calabria. An important archaeological deposit present in the shelter and in the cave has permitted accurate chrono-cultural evaluations relating to an Epipalaeolithic period.

On the boulder located at the western end of the shelter are placed the animal figures which are among the most impressive, masterly and aesthetically highest realizations of the whole of Palaeolithic naturalism. A large figure of a bull is carved with a deep V-shaped line, a masterly delineation in lateral profile. The anatomical details (nostrils, mouth, eye, cutaneous folds, split hoofs, penis and scrotum) are naturalistic and of exceptional quality.

The caves on the border between Liguria and the C?te d'Azur, on the Tyrrhenian littoral, have been studied and excavated since the first half of the XIXth century. But the discovery of Palaeolithic art in these caves is relatively recent, 1971; thanks to surveys by Giuseppe Vicino, linear and geometric signs have been found, such as vulvae and phallic motifs, and an outstanding engraved figure of a horse in naturalistic style, outlined in lateral perspective, associated with linear strokes deeply carved by the "polissoir" technique.

Parietal Pleistocene art in Italy, present particularly in the South of the peninsula and in the Mediterranean Sicilian islands, constitutes an ensemble of forms presenting naturalistic, sub-naturalistic (zoomorphic and anthropomorphic) styles and abstract or geometric signs.

Chronologically, this important phenomenon extends over a long period of time - over 10,000 years, starting from a complete facies of the Gravettian Era dated to 22,000 years B. C. to the end of the Epipalaeolithic, about 11,000 years ago.

This general analytical framework of Italian Prehistoric Art can be largely attributed to the studies of Prof. Paolo Graziosi in the 1970's and today this

remains the fundamental synthesis, although more recent studies and detailed surveys are contributing to a more refined definition of Pleistocene Art in Italy.

A recent Italian project concerns the study of the entire patrimony of cave art in Italy, a new census, after the main works of Prof. Paolo Graziosi in the last century. The central core is focused on conservation and preservation problems. This co-operative project encompasses the Pinerolo and Florence Museums; Superintendences of Liguria, Sicily, Calabria and Puglia; and the Universities of Florence, Siena and Rome. It will start in 2013.

The main goals are the preservation of the sites by a plan of pluriannual management, and a project of conservation that encompass educations, didactics, cultural tourism, guided visits.

Dario SEGLIE

Prof. Dr. Dario Seglie
IFRAO Representative of Italy
IFRAO-ICOM-UNESCO Liaison Officer
CeSMAP-Museum of Prehistoric Art, Director
Polytechnic of Torino – Course of Museology
e-mail: dario.seglie@alice.it

Postal Address:

CENTRO STUDI E MUSEO ARTE PREISTORICA – CeSMAP
Museo Civico di Archeologia e Antropologia
Viale Giolitti 1 – 10064 Pinerolo, Italy
Phone: +39 0121794382 – Fax: +39 012175547
CeSMAP@cesmap.it - www.cesmap.it

Bibliography

ALSLEBEL, K., Asthetische Redundanz, Quickborn, 1962.
ARNHEIM, R., Il pensiero visivo, Einaudi, Torino, 1974.
BAILEY, R. & MATEJKA, L., The Sign - Semiotics around the world, Michigan, Ann Arbor, 1980.
BARTHES, R., Éléments de sémiologie, Communications 4, 1964.
BOUISSAC, P., Iconicity and Pertinence in BOUISSAC, P., HERZFELD, M., & POSNER, R. (ed.), Iconicity.
Essays on the Nature of Culture (Festschrift for T.A. Sebeok, on his 65th birthday), Tübingen, Stauffenburgverlag, 1986.

BOUISSAC, P., HERZFELD, M., & POSNER, R. (ed.), Iconicity. Essays on the Nature of Culture (Festschrift for T.A. Sebeok, on his 65th birthday), Tübingen, Stauffenburgverlag, 1986.

CARUSO, P. (editor), Conversazioni con Lévi-Strauss, Foucault e Lacan, Milano, Mursia, 1969.

CECCATO, S., A reasoning Perceptron. Symposium NATO, Paris, 1967.

COQUET, J.-C., Sémiotique - l'école de Paris, Paris, Hachette, 1982.

CRUZ, R. A.,. Sentido estético e mitologia, A arte pré-historica como escrita indecifravel. Arkeos 10, Tomar, 2000.

DENIS, M., Imagery and thinking. Springer, Verlag, 1991.

DUFRENE, M., Fenomenologia dell'esperienza estetica. Lerici, Roma,1969.

ECO, U., Apocalittici e integrati, Milano, Bompiani, 1964.

ECO, U., La struttura assente, Milano, Bompiani, 1968.

ECO, U., Segno, Milano, ISEDI, 1973.

ECO, U., Trattato di semiotica generale, Milano, Bompiani, 1975.

ECO, U., Semiotics and the Philosophy of Language, Bloomington, Indiana U.P., 1984.

GRAZIOSI, P., L'arte preistorica in Italia, Firenze, Sansoni, 1973.

HABERMAS, J., Logica delle scienze sociali, Bologna, Il Mulino, 1970.

HELBO, A. (ed.), Le champ sémiologique, Bruxelles, Complexe, 1979.

KANT, I., Kritik der reinen Vernunft, Akademie-Ausgabe der K?n. Preuss. Ak. der Wiss., 1781

KRISTEVA, J., La sémiologie comme science critique in TEL QUEL, Théorie d'ensemble, Paris, Seuil, 1968.

KUHN, T.S., The Structure of Scientific Revolutions, Chicago, Chicago U.P., 1970

LEROI-GOURHAN, A., Le fil du temps, Paris, Fayard, 1983.

LOTMAN, J., e.a.,The Semiotic Study of Cultures, in SEBEOK, T.A. (ed.), The Tell-Tale Sign, Lisse, The Peter
De Ridder Press, 1975.

METZ, Ch., Essais sémiotiques, Paris, Klincksieck, 1977.

MORIN, E., Il paradigma perduto, Milano, Bompiani, 1974.

OOSTERBEEK, L., A past for the future and a past for the present. Arkeos 9, Tomar, 2000.

OOSTERBEEK, L., Art Préhistorique: la nature de la culture. Arkeos 10, Tomar, 2000.

OTTE, M., Aspects sémiotiques dans l'art Paléolithique européen. Arkeos 10, Tomar, 2000.

PANOFSKY, E., Idea, Ein Beitrag zur Begriffsgeschichte der alteren Kunstheorie.Tenbuer G. B., Leipzig-Berlin, 1924.

PEIRCE, C.S., Collected Papers, Cambridge, Harvard U.P., 1931-1966.

RADMILLI, A., Piccola guida della Preistoria Italiana, Firenze, Sansoni, 1965.

READ, H., Icon and Idea. Harvard University Press, 1965.

SAUSSURE, F. de, Cours de linguistique générale, Paris, Payot, 1972.

SEBEOK, T.A., Contributions to the Doctrine of Signs, Bloomington, Indiana U.P., 1976.

SEBEOK, T.A., A Perfusion of Signs, Bloomington, Indiana U.P., 1977.

SEGLIE, D., (Ed.) Arte Rupestre nelle Alpi Occidentali, Torino, 1987.

SEGLIE,D., Biological aspects in Rock Art. Indira Gandhi National Centre for the Arts, IGNCA, New Delhi, 1993.

SEGLIE, D., Nature and Culture in Rock Art phenomena. University of Liege, Liege, 1993.
SEGLIE, D., Rock Art: Cultural and Noncultural Aspects. ARARA - American Rock Art Research Association, Northern Arizona University, Flagstaff, U.S.A., 1994.
SEGLIE, D., La science, la recherche et l'épistémologie de l'art rupestre. Eléments pour un débat. Arkeos 10, Tomar, 2000.
SEGLIE, D. (Ed.), Prehistoric Art: Guide to Good Practice. EuroPreArt, UE, Pinerolo, 2001.
SEGLIE, D., Arte Rupestre: de l'Arqueologia a la Museologia; un itinerario para la conservacion. Arkeos 12, Tomar, 2002.
SEGLIE, D., Art Rupestre: archeologie du paysage: parcours de Muséologie appliquée au territoire. Arkeos 12, Tomar, 2002.
SEGLIE, D. Arte rupestre Paleolitico en Italia. Arte sin Artistas. Una mirada al Paleolitico, Madrid, 2012.
SEGLIE, D, P. RICCHIARDI and M. CINQUETTI, An Archaeo-anthropological pattern for Rock Art. AURA - Australian Rock Art Research Association, Darwin, 1988.
SEGRE, C., Du structuralisme à la sémiologie en Italie in HELBO, A. (ed.) Le champ sémiologique, Bruxelles, Complexe, 1979.
SENECHAL, M., Visualization and visual thinking. MA, COMAP, Arlington, 1991.
THOM, R., Modèles mathématiques de la morphogénèse, Paris, Christian Bourgois, 1980.
THOM, R., L'espace et les signes, Semiotica, 29-3/4, 1980.
VICINO, G., Scoperta di incisioni rupestri paleolitiche ai Balzi Rossi, Rivista di Studi Liguri, anno XXXVIII, 1, 1972.
VON ECKART, S., Theorie des Strukturalismus, Bonn, Bouvier, 1977.
WHITE, L. L., Aspetti della forma, Dedalo, Bari, 1977.

【 Dario Seglie 】 IFRAO-ICOM-UNESCO Liaison Officer, CeSMAP Director
Course of Museology, Polytechnic of Turin, E-mail: dario.seglie@alice.it

ILLUSTRATIONS AND CAPTIONS

Fig. 1 . Marcel Mauss (1872-1950) and Paolo Graziosi (1906 – 1988).
(mauss.jpg) (graziosi.jpg)
Marcel Mauss was a French anthropologist with extremely broad interests, including sociological theory, magic, religion, and exchange as a '*total social fact*'.
Paolo Graziosi was an Italian archaeologist and anthropologist. During the last century, his studies were landmarks for all specialists, at international level, in the field of Prehistoric Art.

图 1. 马瑟 · 牟斯 (1872–1950) 和保罗 · 格雷斯 (1906–1988)
(mauss.jpg) (graziosi.jpg)
马瑟·牟斯是一个具有极其广泛兴趣的法国人类学家，兴趣范围包括社会学理论、巫术、宗教和作为“整个社会事实”的交流。
保罗·格雷斯是意大利考古学家和人类学家。在上个世纪，他成为了史前艺术领域具有国际水平的专家型代表人物。

Fig. 2. Romanelli Cave. (Grotta Romanelli.jpg)
Since the 1950's in Italy only one cave with parietal engraved figures has been thoroughly investigated: the Romanelli Cave, near Castro in Terra d'Otranto, discovered in 1905.

图 2 罗马内利洞穴 (Grotta Romanelli.jpg)
自 19 世纪 50 年代以来，在意大利只有一个洞穴顶壁的岩刻图案被整体地研究过，这个洞穴发掘于 1905 年，位于特拉德奥特兰托海峡的临近斯特罗的罗马内利。

Fig. 3 . Romanelli Cave. (Romanelli – bovide.jpg)
The Romanelli Cave in the Puglia region contains a series of engraved figures on the walls and on the ceiling of the cavern. One can see a bovid in semi-naturalistic, synthetic outline, and other schematic – geometric figures similar to the stylized silhouettes of women and vulvas. (Photo Paolo Graziosi)

图 3. 罗 马 内 利 洞 穴 (Romanelli bovide.jpg)
罗马内利洞穴位于普利亚区，含有一系列洞壁岩刻和洞顶岩刻。人们可以从一个类似于女性和女阴的半自然风格、综合性轮廓和几何型图画中看到牛科动物图像。

Fig. 4 . Cala dei Genovesi Cave. (Levanzo - Cala dei Genovesi.jpg)
The Cala dei Genovesi Cave is located on the ilsand of Levanzo , in the Egadi Archipelago, about 30 metres above present-day sea level.

图 4 卡拉 · 代 · 杰诺韦西洞穴 (Levanzo – Cala dei Genovesi.jpg)
卡拉 · 代 · 杰诺韦西洞穴坐落于埃加迪群岛的勒瓦佐岛，大约在今天海平面以上 30 米。

Fig. 5. Cala dei Genovesi Cave. (Levanzo – Cervo.jpg)
About 30 Palaeolithic engravings have been recorded, almost all in naturalistic style, animals of small dimensions (from 15 to 30 cm). Among the zoomorphic figures there are cervids. (Photo Paolo Graziosi)

图 5. 卡拉 · 代 · 杰诺韦西洞穴 Levanzo Cervo.jpg)
大约 30 件旧石器时代的岩刻被登记入册，几乎所有的都是自然主义风格的 15 到 30 厘米的小体型动物。在这些动物型的图形中有鹿科、牛科和马科的动物形象。(Photo Paolo Graziosi)

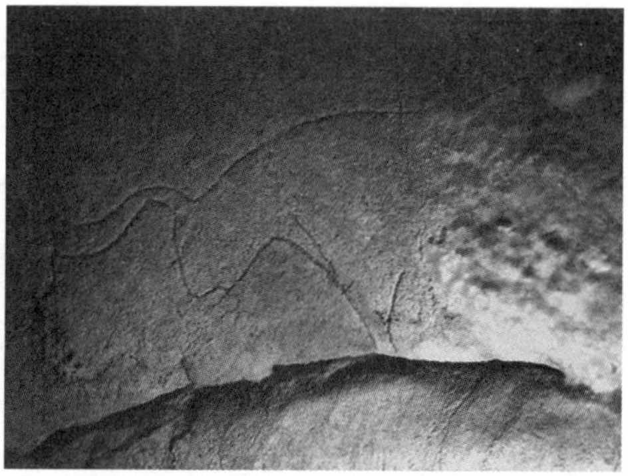

Fig. 6. Cala dei Genovesi Cave. (Levanzo - Bovide.jpg)
An engraved bovid figure. (Photo Paolo Graziosi)

图 6. 卡拉 · 代 · 杰诺韦西洞穴 (Levanzo – Bovide.jpg)
一个牛科动物的岩刻。(Photo Paolo Graziosi)

Fig. 7. Paglicci Cave. (Paglicci – Cavalli.jpg)
The Paglicci Cave has paintings, located in the deepest and darkest part of the cavern, in a sort of niche. Two vertical figures of horses in red ochre. (Photo Franco Mezzena)

图 7. Paglicci 洞穴 (Paglicci Cavalli.jpg)
Paglicci 洞穴最深邃最黑暗的部位在类似壁龛中有岩绘图案。还有两个立着的土红色马的图象。(Photo Franco Mezzena)

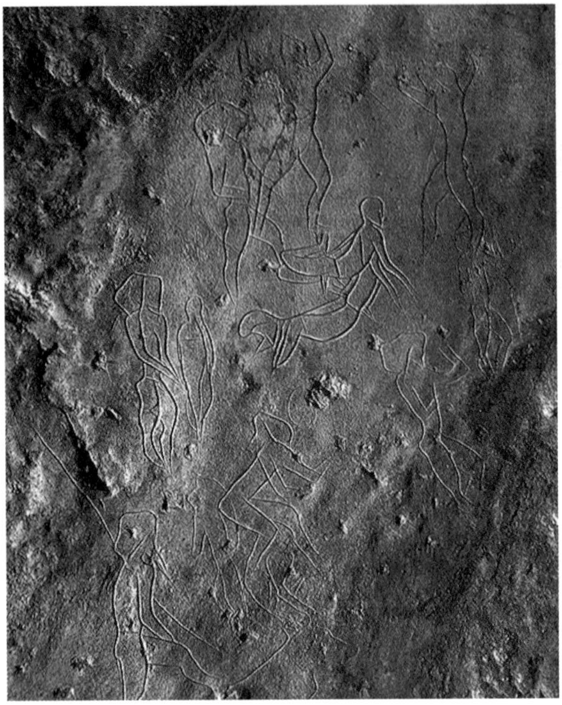

Fig. 8. Addaura Cave. (Addaura - scena. jpg)
On the slopes of Mount Pellegrino, near Palermo, in Sicily, the cave constitutes a "unicum" in Pleistocene art: scenes in which human figures prevail, concentrated in the middle, surrounded by marginal figures of animals. (Photo Paolo Graziosi)

图 8. Addaura 洞穴 (Addaura – scena. jpg)
在西西里岛临近巴勒莫的佩莱格里诺山的斜坡上的洞穴构成了更新世艺术中的"罕物"：人物形象集中在图像的中间，边缘被动物图象所环绕。(Photo Paolo Graziosi)

Fig. 9. Romito Shelter. (Romito - toro.jpg)
Near Papasidero in Calabria, on a boulder in the shelter, a large figure of a bull is engraved with a deep V-shaped line, a masterly delineation in lateral profile. (Tracing by Dario Seglie – Tere Grindatto, CeSMAP, 1974)

图 9. Romito 岩棚 (Romito – toro.jpg)
临近卡拉布里亚区的帕帕西德罗，在岩棚里一块巨砾上面有一个巨大的公牛岩刻，线条成深 V 形，整个侧面的形象展现了熟练的技法。（由 Dario Seglie Tere Grindatto 临摹，史前历史研究中心和史前艺术博物馆，1974）

Fig. 10. Caviglione Cave. (incisioneBalzi.jpg)
An outstanding engraved figure of a horse in naturalistic style, outlined in lateral perspective, associated with linear strokes deeply carved by the "polissoir" technique. (Photo Giuseppe Vicino)

图 10 Caviglione 洞穴 (incisioneBalzi.jpg)
一个自然主义风格的优美的马形岩画，这个马形的岩刻采用了侧面的视图，用"磨光"的技术在岩面上刻下了深深的线条。
(Photo Giuseppe Vicino)

Fig. 11. Caviglione Cave. (Caviglione_Old01.jpg)
The caves on the border between Liguria and the Côte d'Azur, on the Tyrrhenian littoral, have been studied and excavated since the first half of the XIXth century. But the discovery of Palaeolithic art in these caves is relatively recent, 1971. (Archive Giuseppe Vicino)

图 11. Caviglione 洞穴 (Caviglione_Old01.jpg)
利古利亚和蔚蓝海岸边界上伊特鲁里亚沿岸的洞穴自 19 世纪前半叶以来已经被发掘并研究。但是这些洞穴中旧石器时代艺术的发现时间在 1971 年，相对较近。(Archive Giuseppe Vicino)

意大利史前洞穴岩画艺术
——记忆的保存与岩画遗址的维护

Dario Seglie 撰
张嘉馨 译

摘 要

在意大利半岛和地中海的岛屿中的不同的遗址中，可以见到许多旧石器时代的洞穴岩画艺术。在大概距今 4000 年左右的人类历史上的某个特殊的时期，岩画现象开始出现，这个时期的岩画主要是将一些符号刻于岩面上、洞穴里、或外部的岩棚上。它们可以分为几种不同的类型：具象的、自然的，以及通过抽象的几何和象征图形描绘出的符号。

岩画是沟通两个世界的渠道或者更确切地说是一个世界中的两个维度：神圣的精神世界和人的实体世界，这两个世界展现着生活戏剧般的色彩。

岩画需要对符号起源进行实证研究和对人类行为结果的大胆假设，并由此反映出世界观；应考虑实体符号的语义学及其语法结构；最理想的是将它置于具有特定内涵和行为方式相结合的研究方法中。

今天我们仅有的少数岩画遗址，往往是一个聚合的复合文化幸存的证明，其中所有的重要组成部分（例如：仪式和吟唱、声音和气味、舞蹈和拟态表演）在我们已知的传统中已经被时间不留痕迹地抹去。

人类的行为不是固定不变的！岩画的出现造就了这些“极具感染力的地方”，并且被认为是地方守护神或者是与人类文明基本特点相关联的具有保护性宗教内涵的证明和心理寄托：即景观。景观不再被看做是单纯物理层面的地域或者是纯粹的地理概念，而应该被看做是一种心灵敬畏、交互对话的空间和决定性转变的场所。

从视觉符号作为大规模的复杂现象出现开始考虑，到属于史前世界的整个社会事实（莫斯），本文将讨论近代的一个意大利工程，以此来对意大利全部岩画遗迹进行重新审视，并验证上个世纪保罗·格雷斯教授研究工作所得出的新的统计数据。研究的重心是与岩画保存和保护相关的问题。皮内罗洛和佛罗伦萨的意大利联合博物馆和利古里亚、西西里岛、卡拉布里亚和普利亚区的文化遗产主管部门，以及佛罗伦萨、锡耶纳和罗马地区的大学接手了此项工程。

前言

在距今 40000 年左右的人类特殊历史时期，岩画诞生了。这个时期的岩画形式主要表现为一些刻于岩面上、洞穴里、岩棚里或者露天场所的符号。根据不同的表现形式可以分为以下几类：从具象的、自然主义风格的和描述性的符号类到抽象的几何图形和象征符号的组合结构类。

人类在周围世界刻写的这些大量的符号不是智人种智力突然转化的结果，而是智人种认知过程逐渐成熟的结果。基于行为层面在精神和社会维度的不断发展导致自我认知的深入，反射性思维基于族群成员对个性的分化的认知不断发展。

这种抽象思维的表现可以从石器中发现。例如，两面器，对对称和美学的追寻，远远超过了它纯粹的功用，这在旧石器时代早期就已经非常明显了。

这是一股进化的动力，尽管他们时而会被野兽的力量以及气候和陆上的活动所屈服，但这股动力诱导着人类去证明他们超自然的能力，成为现实的主宰者。但这也可能是他们屈服自己于超自然的神灵、圣者、超人类或者是神学家以及其他超常的物象的原因。

岩画因此成为沟通两个世界的媒介。一个是无形的神圣精神世界，一个是有形的人类实体世界，这两个世界展现着生活戏剧般的色彩。

在当今的一个多世纪里，岩画已成为伴有阐释、争论和辨议，间或热忱的科学研究的主题。如果可以把迄今为止该领域学者所有的研究文献进行浓缩的话，那么随之而来的出版作品、报告和图纸等材料可以填满神秘古老的埃及亚历山大图书馆直至满溢。

除了在这个乌托邦的和虚拟的世界性图书馆取得一席之地，岩画组织国际联合会的活动已经朝着保存和保护岩画的方向迈出了谨慎的第一步。不幸的是，尽管已经获取了连续不断的新证据，但是由于全世界范围内研究的专门化，我们每天也在目睹着相当大数量的资料数据遗失。当今我们的视域理所当然比过去更加广阔了：每个大洲的发掘数量都在成倍的增加；与此同时，一些遗址已经消失不见或者遭到了破坏；一大批数量惊人的岩画正在被发掘；与此同时，不断增加的史料文献也在不断增加。

过去研究这一领域的大师们的目标是掌控所有与岩画相关的知识，但考虑到网络上大量的可用的实验性证据，实现这一目标就当前来说就有些危险了。这一数据泛滥的灾难使我们重新意识到了我们在处理存放在全世界网站电子库里的海量数据方面的管理能力先天不足。

符号学

当遨游在目前可用的信息海洋的时候，为了进行岩画的研究，我们发现符号学的一些基本概念还是非常有用的。在试图回答人类面对的三个基本问题（我们从哪里来？什么样的心理构造控制着人类的认知活动、导致现今的状况、有多少作用于现在？）在问第一个问题的时候，这些概念将是十分关键的。

我故意漏掉了第三个问题：我们将要到哪里去？我们现在所关心的未必是将来的人所关心的：根据埃德加德·莫兰创造的悲剧式隐喻，手持机关枪的黑猩猩已经再次跳下了地铁。我们一直待在深渊的边缘。

一项有关岩画内容的世界性调查要求对符号起源进行实证研究和对人类行为结果进行大胆假设。因此，我们通过考虑用对不同的符学阐释的方式去分析岩石上符号，显然这是一种语法分析法，这种方法意味着符号间组合优化的研究，符号的具体内涵超越了对行为（预期的或者诱导的表现和趋势）的影响。

根据瑞士的符号学之父，更准确地说是符号语言学之父弗迪南·德·索绪尔(1857–1913)所说，符号系统是各式各样的（例如：写作、聋哑字母表、符号仪式、军事信号等等），但是语言才是最重要的。“因此，这是一个研究社会中符号生活的科学。”

索绪尔把符号学设想成一门科学，而这门科学研究的是符号作为社会生活的一部分扮演的是什么角色。根据索绪尔所说，符号不仅仅把事物与名称联系起来，而且把概念和图式也联系起来。符号就像是一枚双面的硬币（意指的一面和符号的一面，也就是法语的所指和能指），一种固定在一个来源于共同使用规则的抽象系统（语言）上的一种关系。这个事实假定了一个先决条件，那就是某个特定社会的每位成员都为各种各样的符号创造了相同的价值，而这些符号则变成了真正的、精确的并符合惯例的“代码”，即一致的系统。

罗伊·哈里斯（英国牛津大学语言学名誉教授）的一名翻译曾把索绪尔的观点以及他对语言学的影响总结如下：语言不再被视作我们掌控这个世界的外部设备，而是被视作我们掌控这个世界的中心总机。言语不只是声音的标签或者叠加在已经存在的事物秩序上的交流助手。他们是社会相互作用的共同产物，也是人们建立和连接世界的必要工具。这一典型的20世纪语言观已经深深地影响了并贯穿着整个人类科学的发展。它的影响在语言学、哲学、心理学、社会学和人类学方面尤为显著。

事实上，该领域的不同学派都有一个共同的理论模型，因此涌现出了一种符号语言学的概念，这种概念作为全球科学或者探索式分析范例力图把世界设想成是沟通工具的符号系统所组成的一个“整体”，设想成世界的模型，设想成控制行为的要素。从这个意义上来说，符号语言学则被认为是一种文化和社会环境的通用理论。反过来，沟通的过程在基础架构的层面上被定义为一种信息模型，一个“完整的客观事实”（莫斯）。

就岩画而言，因为我们面临着种种空间、时间，以及在复杂符号中相互作用的个体之联系中获得意义，所以使用源于符号学和后设语言领域的理论模式成为了可能。符号的生产过程可以被比作实践，因为人类主体是符号学实践的作用物，是发送者和接收者之间实际关系的中心。作为在已经确定的逻辑情景中实现对交际行为本质的探索（通过被置身在社会历史，生物学、心理学以及认知调节等系统中的作用物而实现），是通过人类的向心性得到综合的。

岩画处于唯信仰论者分水岭的顶端：没有过多的干涉，也没有对洞穴岩壁、岩棚和露天岩石进行过多的表层上的改造，人类已经通过创作这幅神圣的全景画将这块岩石彻底改造了。这是充满政治、经济和社会重要性的一幅巨作。

绘画的载体涉及土壤、沙漠、毛皮、树皮、木头、树叶、纺织品，土砖灰泥，但它们常常抵抗不住时光的流逝，并且最终大部分都遗失了。

恰恰是岩石的坚固才令岩画得以被保存下来，并为我们提供了超过30000年的数据，而这些数据是关于人类使用符号进行思考的认知活动的一个方面。而现在仅存的少数岩石符号从文化的角度显示了曾经人类活动的范围，甚至在最荒芜的沙漠地区也有岩画。这些符号同时再现了独特的地理环境、人类的家园，并为我们今天提供了少量的阅读素材。

还有一些与史前艺术有关的特别的地方，在这里，精神上或者超自然的东西得以通过图像被人们了解和感知；这里，如今岩画依然存在，如同那些经历过时间洗礼的神圣而富有宗教色彩的依然存在的符号。

存在于想象和周围事物之间的多种关系和象征性联系几乎已经完全消失了，但是仍然延存着能够使我们进入宗教体系的独特特征。用词源学中的术语，称作“结合”，岩画依然反映着社会生活和远古群体间的强制性结合。

在地域的组织中，以中心为固定点，原始人宇宙观中的序列逐渐在原始混沌中展现出来，“内部”地域建立在比较熟悉有安全感，并具有日常生活所需资源的地方，与此相反，“外部”地域充满了不可知、不可依赖性以及敌对势力。

以岩画的存在为例，被视作地方守护神的“极具感染力的地方”给予了我们人类文化基本的现象数据：景观。基于这些考虑因素，景观不单单是一个领域的某一个部分或一种地理概念，而是呈现了人类高度精神文明的建设成果。

正是在这个由岩画遗址形成的露天剧院里面，设立一个人类最古老认知活动的博物馆才成为了可能。

我们经常冒险推测史前艺术的行为，这使我们想起了安德烈·古尔汉的巧妙警告：“不要让带有欧洲口音的班图语从一个史前人类的嘴里发出来。”

旧石器时代的意大利洞穴艺术：遗址保存　记忆留存

在上个世纪，尤其是第二次世界大战之后，史前洞穴艺术的证据和文物数量在意大利猛增，并与旧石器时代早期和旧石器时代晚期相联系。

关于最古老的人类，也就是所谓的更新世的狩猎和采集者；一批新的研究史前艺术和岩画的学者和机构涌现出来。意大利也未能例外，意大利衍生了新的研究领域并且正以一个系统化的和有序的方式积累新的数据。

一些机构致力于史前艺术的研究。1988 年，在国际范围内，科学研究领域最重要的事件之一在达尔文市（澳大利亚）发生了，也就是用于联络世界范围内致力于岩画研究机构的国际岩画组织联合会成立了。由于这一自发的骄人进步，也意味着科学研究数据的更新以及将有更多的会议、出版物和文化将被大众所熟知。现今的国际岩画组织联合会仍旧非常活跃并且希望能够在将来继续保持如此状态。

在意大利，史前艺术领域的开拓者是保罗 · 格雷斯教授。他是佛罗伦萨大学的一个人类学家，是史前史和早期历史的意大利协会、史前史和早期历史科学国际联盟和联合国教科文组织的拥护者。佛罗伦萨的格雷斯教授和皮内罗洛的希尔维奥 · 庞斯教授一道致力于此。

和皮耶罗 · 巴罗塞利一起，他们在 1964 年授意并设立了史前历史研究中心和史前艺术博物馆以及意大利皮内罗洛的史前艺术研究中心博物馆。

保罗 · 格雷斯致力于意大利旧石器时代史前艺术的项目，主要是位于潘尼苏拉和其他一些岛屿的海岸洞穴，它们都位于地中海沿岸。自 19 世纪 50 年代以来，在意大利，只对一个洞穴岩壁的岩画进行了深入的调查；这处岩画发掘于 1905 年，位于靠近特拉 · 德 · 奥特兰托的卡斯特罗的罗马内利洞穴。

普利亚区的罗马内利洞穴发现了很多位于壁顶的岩画。我们可以看到一个半自然主义风格的牛科动物，轮廓与其他类似女阴的符号组成一幅岩画图像。

在随后的数十年间有了一些更深入的发现：普利亚区加加诺半岛的 Paglicci 洞穴、勒瓦佐岛的卡拉 · 代 · 杰诺韦西洞穴、临近巴勒莫的蒙特 · 佩莱格里诺的 Addaura and Niscemi 洞穴以及巴勒莫和特拉帕尼地区的较小遗址 (Za Minica, Dei Puntali, Racchio and Isolidda caves)、帕帕西德罗的 Romito 岩棚、利古利亚区 Balzi Rossi 的 Caviglione 洞穴。

这些洞穴包含有一些独特的艺术，它与旧石器时代早期和旧石器时代晚期相关，主要是岩刻符号和少量的彩绘岩画，尤其是在著名的 Paglicci 和勒瓦佐岛洞穴。在一些岩洞中，我们可以把考古学的水平和岩壁上的岩画联系起来。

1961 年，弗朗西斯科 · 索希尔和弗朗哥 · 米曾在最深邃最黑暗的洞穴底部类似壁龛中发掘出了岩画。从中可以看到一些鲜红的手印和两个的马的完整形象，马的土红色颈背部线条仍旧清晰可见。轮廓和结构细节很明显地被强调了，饱胀的腹部大概意指怀孕母马的形象。

法兰克坎塔布连山的人物样式，在洞穴的考古层中发现了多种类型的岩刻，这些岩刻被认为创作于旧石器时代早期到旧石器时代晚期之间。

卡拉·代·杰诺韦西洞穴位于埃加迪群岛的勒瓦佐岛之上，大约在现在海平面以上 30 米。它是由 Anna Vigliardi、 Francesca Minellono 和保罗·格雷斯在 1950 年发掘的。大约 30 件旧石器时代的岩刻被登记入册，几乎所有的都是自然主义风格的 15 厘米～ 30 厘米的小体型动物，只有四个是拟人化的（三个是雕刻的，一个是土红色绘画）。在这些动物型的图形中有鹿科、牛科和马科的动物形象。

卡拉·代·杰诺韦西洞穴的考古层在时间范围上主要涉及旧石器时代晚期，并且可以与追溯到更新世末期的岩画图形相联系。当时海平面比今天的海平面低大约 40 米。位于一个地峡之上的那个遗址就是现在的勒瓦佐群岛中的小岛。

在 1952 年，乔尔·马可尼和 Luigi Bernabò Brea 在西西里岛上临近巴勒莫的佩莱格里诺山的斜坡上，发现了 Addaura 小洞穴内的史前岩刻。这个被日光照射的洞穴揭露了更新世艺术的一个的“奇葩”和“罕物”：在这幅岩刻中，画面的主要内容集中在中间位置，人物图像非常流行，并被周围的动物图像环绕。这种岩刻被称为“自然主义风格”，画面中大约有 10 个人物是用娴熟而精巧的线形轮廓描绘出来的。

不远处就是第二个洞穴 (Addaura II)，它包含两个刻画很用力的牛的轮廓。

在 1954 年，依旧是在佩尔格里诺山面向巴勒莫的斜坡上，另一个小洞穴 (Niscemi) 被发掘出来，以岩刻的形式，主题包含了人物、两匹马和三个牛，与勒瓦佐岛和 Addaura 遗址的代表岩刻有相似之处。在附近的 Puntali 洞穴，两只马和一个鹿的岩画被发掘出来。

1961 年 Agostino Miglio 在卡拉布里亚区临近帕帕西德罗的大型 Romito 岩棚发现了动物图像。在岩棚和洞穴内的考古沉积层发现了旧石器时代末期的时间序列。

在岩棚西端的巨砾有动物图形，这可以说是在整个旧石器时代的自然主义风格中给我印象最深刻、最精巧，也是最具审美性的作品之一。一个使用深 V 型线体刻画的巨大公牛图，体现了对侧面象描绘的熟练掌握。结构细节（鼻孔、嘴巴、眼睛、皮肤褶皱、分开的蹄、阳物和阴囊）展现出了这事一幅优秀的自然主义风格的作品。

利古利亚和蔚蓝海岸边界上的伊特鲁里亚海岸洞穴自 19 世纪前半世纪以来已经被发掘并研究。但是这些洞穴中的旧石器时代艺术的发现时间相对较近，是在 1971 年。多亏 Giuseppe Vicino 的调查，线形和几何型符号被发掘出来。例如女阴和男性生殖器图案以及一个沿袭自然主义风格的优美的马形岩刻，这个马形的岩刻采用了侧面的视图，用“磨光”的技术在岩面上刻下了深深的线条。

更新世的意大利壁顶岩画，在潘尼苏拉半岛南部和地中海的西西里岛体现的尤为突出，这一区域的岩画由自然主义、半自然主义（兽形和拟人化）风格和抽象符号及几何符号构成。

按年代顺序排，这种重要的现象从旧石器时代晚期追溯至公元前 22000 年再到晚旧石器时代末期（大约 11,000 年以前），延续了很长一个时期，有 10000 年以上之久。

这个大概的意大利史前艺术分析架构可以很大程度上归因于保罗 · 格雷斯教授在 19 世纪 70 年代的研究，现在，尽管更多较新的研究和详细调查有助于更精确地定义意大利的更新世艺术，但这个分析架构仍旧是基本的综合体。

一项最近的意大利工程开始关注对意大利整体岩画遗迹的研究，一项新的统计调查将紧随保罗 · 格雷斯教授上个世纪的主要研究成果。重点将集中于遗迹的保护和保存问题。这项合作的工程覆盖了皮内罗洛和佛罗伦萨博物馆、利古利亚、西西里岛、卡拉布利亚和普利亚区的主管部门以及佛罗伦萨、锡耶纳和罗马地区的大学，并于 2013 年正式启动。

工程的目标是通过多年的管理规划来保存遗址，并且有一项专门的保护工程包含了教育、、文化旅游和指导访问等内容。

【 Dario Seglie 】国际岩画组织联合会 – 国际博物馆协会 – 联合国教科文组织联络官，史前历史研究中心和史前艺术博物馆主任，意大利都灵理工大学博物馆学课程教授。E—mail：dario.seglie@alice.it

【张嘉馨】 中央民族大学中国岩画研究中心 2014 级博士研究生。

PREHISTORIC ROCK ART: CONSERVATION AND DISPLAY

Dr.Stan Beckensall

To conserve rock art, you first have to know what you are conserving, and why. Once you have made a decision, you may then wish to share your discoveries with others by providing access to some of the rocks and by helping people with what it may signify – involving good display. The way that this is done is by deciding how much of the land surrounding the carvings is to be taken into account. As carvings are not an exclusive, detached phenomenon, but exist in areas where people have lived, worked, or passed through, all known prehistoric factors have to be taken into account.

For many years in Britain rock art has concentrated on developing accurate and non-invasive recording techniques. Before that, there were large areas where coverage was already substantial, such as Northumberland and NW Yorkshire, some parts of which were recorded again using different techniques, such as laser scanning and photogrammetry. This recording has been well-financed but patchy, and has involved teams of professionally-led, volunteer archaeologists who have brought many skills from outside archaeology to enrich it. This has been very useful in training many to search and to survey, but many of the groups so formed have dispersed. There are, however, many people who are trained to search out and record rock art, and hopefully they will continue the pursuit and refine their skills. (*Barnett and Sharp 2010*).

Although the recording process has often been successful, the location and description of sites and individual marked rocks have not answered the questions we ask about chronology, meaning and possible use of rock art – questions that began when the motifs were first discovered (Beckensall 2009) Generally, although there has been a great emphasis on what rock art looks like, where it is found and the need to manage it, very little progress in managing sites well is evident nationally. This seems to be because there an inability to make decisions on what should be displayed and how it should be conserved. Often a lack of funding is the reason given, but far more has been spent on recording than on anything else – an easy option.

The future is not to throw more money away into the recording 'pool', but to move more effectively towards scientific work; this may involve, for example, exploring what conditions of the physical environment are best suited to its preservation. Detailed knowledge of mineralogy is a good start. Then there are considerations such as what effect various lichens have on an exposed rock surface. Scandinavian countries have used interesting studies which act as a guide for other countries to follow (eg. Bjelland and Edberg 2006 at Bergen University). The questions asked about lichens are : do they harm the rock, and how? Do some species protect rock surfaces by holding minerals and the weathering surface stable? Does the removal of lichens damage the rock? Wherever there is lichen growth, these questions have to be asked. Some lichens are more aggressive than others, and should be removed to prevent further damage, but generally lichens should be left, and where they have to be removed they should be sprayed with ethanol, the rock then covered for two years and then re-sprayed each year,

In some countries such as Sweden some rocks are covered over to give them a rest ("parking") and an image of what is buried is painted on the cover (*Adoranten 2006*).

The job of identifying lichen is a specialised one, and good botanists and biologists must be brought into making decisions. In Argyll this year (2013) a black lichen is beginning to cover some fine, exposed carving, and will need to be assessed and treated.

Ormaig lichen (***Figure 1***)

There are other things too. At Ormaig (Argyll, Kilmartin) swathes of planted coniferous trees have been removed from around some spectacular rock art, where acidic pine needles had covered a large decorated surface of compact metamorphic rock. Tree roots had also cracked some rocks. Lichen here was not considered to have damaged the metamorphic rock surface, but had repelled moisture and acted as a thermal insulator. (*Ellis, Webb 2007*)

Ormaig needle cover (***Figure*** *2*)

The black lichen on the surface of one of the Ormaig panels, after long exposure, is unsightly and has appeared also on the largest rock art panel in Britain, at Achnabreck, also in Argyll.

Achnabreck (***Figure*** *3*)

It is important to see rock art in a 'context', where the surrounding area must be examined for other signs of prehistoric activity. This may start with an assumption that there may be other unrecorded marked rocks in the area - a generally accepted practice. To give a very recent example in Northumberland: an area of upland pasture at Ravensheugh has a cup-marked setting of four stones that may have contained a cremation burial, and one hut-circle some distance away.

Ravensheugh 'four poster' with cup marks

Further examination located many cup-marked boulders within an area of cairns that were either for burial or field-clearance.

Ravensheugh cup-marked boulder A scheme to train and interest people in practical archaeology, called 'Altogether Archaeology' had helped to train a married couple who surveyed the area independently and found more cup-marked stones and did an admirable survey of the area. The Northumberland National Park authority saw this as an opportunity to train more people in search and recording techniques, with the great advantage that this area has revealed a wealth of hitherto 'new' carved rocks, cairns and another roundhouse. This project raises important questions about conservation and display. All the discoveries have had the most up-to- date recording, but what next? (*Stewart 2003 forthcoming*)

Ravensheugh: a recently-exposed cup-marked stone

Although numerous, the simple cup-marked rocks are not going to interest the

public as much as big panels of rock art do, although to others the actual pecking out of cup-marks means that this area has an important significance to the people who did so over 4,000 years ago. Not all rock art can be safely displayed.
Research demands that some sites should be excavated around the marked rocks to see whether other features account for the carving of that particular site, for there is a link between, for example, the use of cup-marks within the stone structure of a cairn and on (or in) some cists. It is unusual to find no rings with the cups on an extensive site, and the number of marked rocks at Ravensheugh is an exception, so it presents an opportunity to ask why this should be so. The hammering of so many depressions into scattered sandstone boulders is in itself a statement of belief in that practice being important. But even if the site is excavated, the question remains as to whether it ought to be kept open for the public to see. I doubt this, and consider that the priority has to be to prevent the rocks from eroding further, perhaps by burying them.

A similar configuration of cup-marked stones has recently been examined through search and excavation in the Stanbury Hill Project, NW Yorkshire (Brown, Boughey et al, 2013) in a similar upland environment to Ravensheugh. Previously no detailed study had been made, partly because monuments of all periods there are small and unobtrusive. The survey and excavation, which trained local people in archaeological techniques, included palaeoenvironmental analysis and radiocarbon dating. There were some small marked rocks, cairns and vestigial walls of prehistoric date. It is part of a landscape where people made use of the environment for thousands of years, grazing animals, planting a few crops, and gathering fuel. It would have been a struggle to live there with its altitude and poor soil. So, having excavated and recorded, the excavators were not left with evidence of a flourishing culture, but what was left had to be carefully covered over.

It could be that an excavation of the Ravensheugh site, like that at Stanbury Hill, will not lead to any dramatic discoveries, but the joy of archaeology is to find out what is there. It may happen that the end result is not a 'displayed' site, but a report.

Not all rock art sites are going to justify public access on a large scale. As so many exposed surfaces of rock art are showing the effects of erosion, and some damage through natural forces, human carelessness, acid rain, quarrying, adverse vegetation growth and animals, many ought to be covered up for their own good once they have been thoroughly recorded . This heritage belongs to all of us, though some sites must be in part or wholly covered over, and when that decision has been made, the rock art must be displayed clearly and intelligently.

An example of good practice in conservation and display is the Kilmartin Glen in Argyll, Scotland, where some of the rock art is outstanding in its interest (*Beckensall 2005*) The Glen is an extensive prehistoric landscape, focused on a flat valley running from the sea in the south west to hills in the north east, a line of large cairns arranged in a long valley, with decorated standing stones and two stone circles.

Kilmartin standing stones (*Figure 4*)

It was the monumental and natural focus of many routes from the hills around it from many directions. The high ground around the glaciated valley has many panels of carved outcrop metamorphic rock that are profusely decorated with a combination of varied motifs, mostly on view. People around 2000BC created this ritual landscape, which was preserved by climate change that brought in a covering of blanket peat that was not removed until the 19thcentury.

This outstanding landscape is now accessible and well-managed, with a centre at Kilmartin House Museum. Access to monuments is controlled: fences keep animals off and direct visitors to places of interest. The monuments, including rock art, are well signposted and supplied with information boards, and there is further information available at the Museum and in books and booklets. The largest panel of British rock art, among others, is high above the Glen at a dominant viewpoint which gives views of the sea and many miles of landscape. The rock is fenced in but has viewing platforms arranged around it. The notice boards are based on accurate surveys of what is on the separate outcrops.

Achnabreck viewing platform

The advantage of a reasonably well-managed large area like this is that it welcomes people to visit, directs them along fenced paths and walkways so that rock surfaces are not walked on, and across fields without interfering with famers' livelihoods, and giving visitors plenty of on-site information. It satisfies curiosity and activates respect, inviting them to share in these exciting features of the past. It is not restricted to a privileged group.

Guardians of the sites, however, must not use too much artistic licence in portraying what might have happened in the past. There is a big difference between reconstructing cairns and stone circles and giving examples of artefacts that have been found on the sites and indulging in some flights of fancy where people with painted bodies take part in strange rituals. The meaning and use of rock art are still not clear, so it is better not to speculate in this way. We need facts and not fantasy.

Kilmartin notice board

I have suggested that much rock art should be covered over, but what is chosen for display should be well-protected and explained. In Northumberland, where I have done much of my work, and where the University of Newcastle website of my work has attracted millions of 'hits', people can easily and freely find out what is known, but it would be impracticable to keep every site open (Mazell 2005). Despite having over 1000 marked rocks, the county still lacks any convincing plan for preservation or display, although many of the sites have been known for over 150 years. On the other hand, more spectacular remains such as Hadrian's Wall are treated quite differently and attract most of the tourists. The largest prehistoric marked rock in northern England is at Roughting Linn, but it has only recently been tidied up; tree roots that were damaging the rock have been removed and so has a most hideous information board and fence.

Roughting Linn, Northumberland

Unfortunately there are still people who enjoy vandalising such sites by hanging things from trees, painting in the motifs, lighting fires, or scratching their initials in the hope of some kind of immortality. Such people are arrogant, sometimes enacting what they think went on there in prehistoric times, and legislation alone does not prevent this. On the whole it is local landowners and farmers who will be the best guardians, and they deserve payment for this. Bureaucracy is often remote from these sites and can do little. There is no magic chemical that can preserve a rock surface from natural, animal or human threats, so we have to explore other ways to preserve our rock art heritage. We are very lucky that the carvers chose rock to express their beliefs, as much of it has stood the test of time, but science must continue to do more to preserve it.

REFERENCES

There are now hundreds of books and articles about rock art, but here I give only a few that guide people on the path that I have chosen in this short discourse.

Adoranten 2006 Scandinavian Society for Prehistoric Rock Art , Tanums Hallristingmuseum, Underslos

Barnett, T and Sharpe, K (Eds) 2010. *Carving a Future for British Rock Art.* Oxbow Books

Beckensall, S. 2005. *The Prehistoric Rock Art of Kilmartin.* 2005. Kilmartin House Trust, Lochilphead, Argyll

Beckensall, S. 2009.*Prehistoric Rock Art in Britain.* Amberley, Stroud

Brown,L. Boughey,K. et al. 2013. *Stanbury Hill Project.*

Ellis, C. and Webb, S. 2007. *Excavation at Ormaig Cup and Ring Marked Rock Site in Argyll.*

Mazel, A.,D, 2005, http//: rockart.ncl.ac,uk

Sharpe, K , Barnett, T., and Rushton, S. 2008 *The Prehistoric Rock art of England.* English Heritage and Northumberland County Council. London

Stewart, Gemma. Unpublished, on-going. *Ravensheugh Northumberland.*

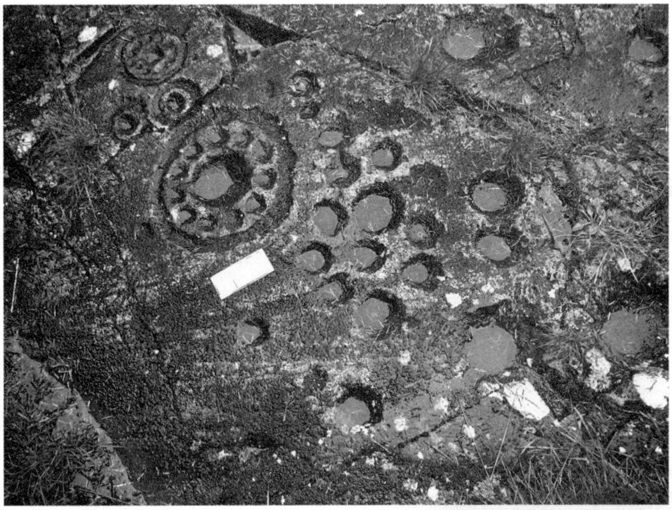

Figure 1

图 1

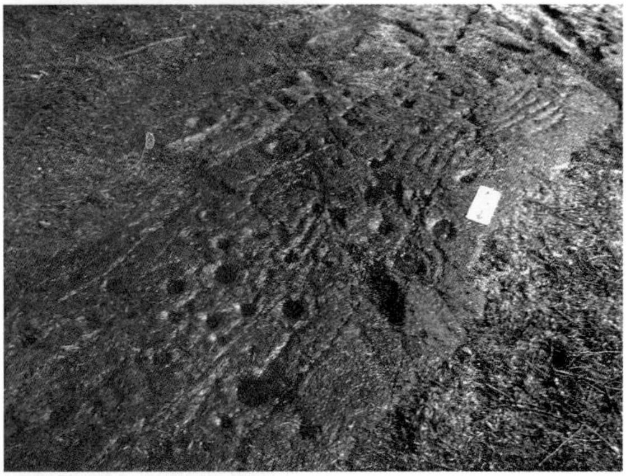

Figure 2

图 2

Figure3

图 3

Figure 4

图 4

Figure 5

图 5

Figure 6

图 6

史前岩画：保护与展示

Dr. Stan Beckensall 撰
倪禧凤 译

保护岩画的首要前提在于了解自己要保护什么以及为什么要保护。一旦决定保护，或许你会继而想通过向人们提供了解岩画的途径以及合理地展示一些岩画等方式来帮助人们了解其含义，从而分享自己的发现。要让人们更好的了解岩画，就得确定需要保护的岩刻范围有多大。岩刻并不是孤立的、彼此毫不相关的存在，而是存在于人们曾经生活、劳作，或者经过的地区，所有史前已知的文化及自然因素都应该考虑在内。

多年来英国的岩画研究一直将重心放在发展精确且无伤害的记录技术。在此之前，许多地区的岩画表面本身就很坚固，比如诺森伯兰郡和西北约克郡，后来人们采用激光扫描和摄影测量法等新技术对这两个地区的部分岩画进行了再一次记录。这次记录工作虽然资金充足，但并不全面，调查团队由专家领导，还有考古学家志愿加入，考古学家带来了许多田野考古中应用的技术使得这次记录更为完善。这次记录活动对培养众多的调查人员起到了很大的作用，但是许多这样的团队都解散了。然而，许多人接受了调查记录岩画的训练，很有希望他们会继续探索并提升其技术。(Barnett and Sharp 2010)

尽管记录过程通常很顺利，然而仅仅通过岩画所在地点、岩画点描述以及单个的岩画，仍然不能解决自岩画发现之初就一直存在的年代、内涵，以及用途问题，(Beckensall 2009)。通常情况下，尽管人们极力强调岩画的图像、发现地点及其管理的必要性，但是在全国范围内对岩画遗址的管理仍然没有明显的进展。这或许是因为无法确定哪些应该展示出来以及该如何保护。人们经常解释为资金匮乏，但另一方面，大量资金用于岩画的记录而不是别的更容易的项目。

未来我们应当将更多的资金有效地用于科技工作，而不是把钱丢向记录这一“无底洞”，比如，探索什么样的物理环境最适合岩画的保护。详细地了解矿物学知识便是一个好的开始。我们应当考虑各种各样的地衣植物对裸露的岩石表面会造成怎样的影响。北欧国家曾做过有趣的研究，值得其他国家效仿。（比如2006年 Bjelland 和 Edberg 在挪威卑尔根大学所做的研究）。有关地衣植物的问题有以下几个方面：地衣植物是否会损害岩石以及怎样损害？是否有一些植物通过保持矿物质和阻止地表风化从而起到保护岩石表面的作用？清除地衣植物会伤害岩石吗？只要有地衣植物的存在，这些问题就是不可回避的。有些比其他植物更具侵蚀性的地衣应及时清除以避免造成更大的损害，但是一般的地衣植物应该保留下来，在不得不清除的地方则应该喷上乙醇，这样岩画可以保存两年，此后每年都要重新喷上乙醇。

有些国家（比如瑞典）将岩画遮盖住使其不受到影响，再在其遮盖面上绘出被遮盖的岩画图像以供参观（Adoranten 2006)。

识别地衣植物是一项专业工作，优秀的植物学家和生物学家也应该参与进来出谋划策。今年（2013）英国阿盖尔郡内一种黑色地衣植物正开始逐渐覆盖一些精美的、暴露在外的岩刻，需要尽快对其进行评估和治理。

欧梅格（Ormaig）地衣（图1）

欧梅格地区（阿盖尔郡）除了地衣之外还有其他植物。该地大量人工种植的松树已经被移走，这些松树附近有一些令人叹为观止的刻于坚固的变质岩表面的岩画，酸性的松叶覆盖了大面积的岩画。树根已经导致一些岩石产生裂缝。地衣植物尚未对变质岩表面造成损害，相反具有防潮和隔热的作用。（Ellis, Webb 2007)

欧梅格（Ormaig）针叶覆盖物（图2）

其中一处岩画区表面生长的黑色地衣植物，在经过长期暴露之后，变得很不美观，另外， 这些植物同样出现在英国阿盖尔郡 Achnabreck 最大的一处岩画区上。

Achnabreck（图 3）

把岩画置于一个整体环境下考量至关重要，我们要在周边地区寻找史前人类活动的其它遗迹。可以事先假设周边或许存在其它未经登记的岩画，这样的假设通常比较容易被人接受。举一个最近的诺森伯兰郡的例子：Ravensheugh一处丘陵放牧地区的四块岩石上有一些杯形岩画，不远处或许有一处火葬和围屋遗迹。

Ravensheugh 的杯形“四柱床”（图 4）

在进一步的调查中发现了许多杯形圆石，该区域有大量圆锥形石堆，也许是墓葬或者田地间隙。

Ravensheugh 的杯形圆石（图 5）

有一项称为“公众考古”的考古实践项目，旨在训练考古技能和激发公众的考古兴趣，有一对经过该项目训练的夫妻独立调查过该地区，发现了更多杯形圆石，并在该地区完成了出色的调查。诺森伯兰郡国家公园管理局视其为一个训练更多的调查登记技术人员的机会，该地区的最大优势在于其已经发现了许多迄今为止“最新”的岩刻、石冢以及其它的圆屋。该项目引发了人们对有关岩画保护与展示等重大问题的思考。所有的这些发现都已经有了最新的资料记录，可是，接下来呢？（Stewart 2003 forthcoming）

Ravensheugh：一块最近揭露的杯形岩石。尽管数量不少，但是简单的杯形圆石仍不足以像大面积岩画那样引起公众的兴趣。哪怕对研究人员来说把岩石雕琢成杯形意味着该地区对于4000年前留下这些遗迹的古人具有重要意义。并非所有岩画都能安全展出。

出于研究需要，我们应该对岩画点的一些周边遗迹进行发掘，以便了解是否有其它因素导致了这些独特的岩刻点的形成。岩刻与周边遗迹彼此之间是存在联系的，比如，杯形符号与石冢（或者石棺）的结构之间或许存在某种联系。在这么大一片区域内却没有发现杯状环形物是颇不寻常的，Ravensheugh 地区岩刻数量相比其它地区来说更为丰富，这就让我们不得不思考为什么会产生这样的现象。古人通过在许多散乱的砂岩石块上雕刻图像这种方式从而将自己的情绪表现出来，这说明古人坚信雕刻岩画是非常重要的活动。但是，尽管这些遗迹已被发掘，我们仍然不能决定是否应该对公众开放。就个人而言，我不赞同向公众开放，目前最首要的任务是保护这些岩刻不受进一步侵蚀，将岩刻埋起来或许是个不错的方法。

近日在西北约克郡斯坦布尔山项目（Stanbury Hill Project）进行的调查发掘中发现了一处相似的杯形岩刻遗迹（Brown，Boughey et al，2013），该岩刻点的高地环境与 Ravensheugh 类似。在此之前没有做过具体的研究，部分原因在于各个时期的遗迹规模很小，不易引人注意。这次调查发掘训练了当地人的考古技术，包括古环境分析和放射性碳素断代。发现了史前时期一些小型岩刻、石冢和尚未完工的墙体。这只是史前人们生活景观的一部分，千百年来，人们在这块土地上繁衍生息，放牧耕种，汲取力量。由于在这样的高度和贫瘠的环境里，生存极为不易。所以，在经过发掘登记之后，发掘者并未找到曾经文化繁荣的证据，可是已经留下的遗迹必须小心保存。

按理来说，Ravensheugh 遗址的发掘，就如斯坦布尔山的发掘那样，不会有任何激动人心的发现。然而，考古的乐趣在于发现这里到底有些什么，最终的结果或许不是“展陈”的遗迹，而仅仅是一篇发掘报告。

并非所有的岩画点最终都得大规模地向公众开放。因为有许多暴露在外的岩画表面已经遭到侵蚀，有些损害来自于自然力、人为无意识损害、酸雨、采石、不利的植被生长以及动物活动。一旦这些岩画被完整的记录，就应将其遮盖起来以利于保护。尽管有些遗迹必须部分或者完全覆盖，这仍是属于全人类的文化遗产，一旦决定开放，就必须小心且合理的展示岩画。

在保护和展示方面做得很好的一个范例是苏格兰阿盖尔郡的 Kilmartin Glen。其中一些岩画具有极为突出的重要性（Beckensall 2005）。The Glen 有大量的史前景观，集中在一片平坦的山谷里，从西北地区的海域一直延伸到东北的山地，长长的山谷里排列着一系列庞大的石冢，还有刻有岩画的巨石，以及两处石圈。

克尔玛汀（Kilmartin）的巨石（图 6）

山区周边的许多路线具有很大的纪念意义，很容易引人注目，这些路线四通八达。在结冰的山谷四周的高地上有许多露天的变质岩岩刻区，上面有丰富多样的图像组合，大部分仍清晰可见。约在公元前 2000 年先人们在这块土地上祭祀。该祭祀点由于气候变化导致一片毡状泥炭覆盖在岩刻上，从而得以保存，直到 19 世纪这些毡状泥炭才被清除。

这处价值重大的祭祀点现在已可以进入并且得到很好的管理，克尔玛汀（Kilmartin）博物馆对其设有一处管理中心。进入祭祀点是有限制的：设有栅栏既能防止动物进入，同时也可引导人们参观重要的地点。包括岩刻在内的整个遗迹都设有路标和信息牌，在博物馆、书籍以及小册子上还可以了解到更多的信息。英国最大的一处岩画点高居于峡谷之上且居于主要的视角点，可以看到大海和很远的景观。岩刻被栅栏围了起来，但在周围设有观景台。所有告示牌都是根据对每块岩刻上的图案所做的精确的调查而制作的。

Achnabreck 观景台

像这样管理已相当完善的大规模地区，其优势在于可以迎接人们的参观，引导观众沿着栅栏前行，避免岩刻表面遭到踩踏，而且在经过田野时，也不会打扰到农夫的生活，参观者也可以获取许多实地信息。这样既可满足人们的好奇心，也能引起人们对岩画的尊重，使人们共享过去时代的这些振奋人心的图像，而不是仅供特权人群享有。

然而，保护岩刻遗迹无需运用太多的艺术发挥来重塑过去的活动。重塑圆锥形石堆及石圈、仿制出土文物以及沉浸于幻想纹身的人们举行古怪的仪式这三者之间是有很大区别的。对于岩画的内涵和作用至今仍没有清晰的解释，所以最好不要做出武断的推测。我们需要的是事实而不是臆测。

Kilmartin 标志牌

我曾经建议应该将许多岩刻覆盖起来，但是用于展示的岩刻应该进行合理地保护和释读。笔者在诺森伯兰郡曾做过大量工作，在纽卡斯尔大学的网站上我的工作展示已经吸引了成千上万的点击数，人们可以轻松自由的找到已知的岩刻，然而要让所有的岩刻点都开放则很难实施（Mazell 2005)。尽管目前已有 1000 余块岩刻，并且许多岩画点在 150 多年前就为人所知，英国却仍然没有任何合理的保护和展示计划。另一方面，有更多的重要的遗迹，如哈德良长城，得到了完全不同的对待并且吸引了大部分的游客。英国北部最大的史前岩刻在

Roughting Linn，但直到最近才开始整顿；已经清除了损害岩刻的树根，也设置了限制行人的信息牌和栅栏。

诺森伯兰郡 Roughting Linn

不幸的是，总有些人喜欢破坏岩刻遗迹，比如把东西挂在树上，在图像上绘画，点火，或者刻画名字首字母以作纪念。有些人则时常傲慢地臆测史前时期所发生的事，仅仅依靠条例无法阻止这些人的行为。一般说来，当地的土地所有者和农民才是最好的保护者，他们应该为此得到报酬。当局距离这些遗迹通常很远，出力甚少。

目前尚没有一种有效的化学试剂可以阻止岩石表面所遭受的自然、动物和人为威胁。我们必须寻找其他方法来保护岩画这一文化遗产。幸运的是雕刻者们选择岩画来表达他们的信念，许多岩刻都经受住了时间的考验，但是我们必须不断发展新的科技来保护岩刻。

【倪禧凤】中央民族大学中国岩画研究中心2014级专业硕士研究生。

后　记

《中外岩画保护论文集》原是我本人申请的国家社科基金《中国西部岩画资源的保护、利用与开发研究》（2010—2014，项目编号 10bm2030）项目规划里的中期研究成果。2012 年开始组稿，中间一度因为各种原因耽搁，进入 2014 年之后，事情不能再拖了。恰逢 2014 世界岩画组织联合会中国岩画年会即将在贵阳召开，作为向 2014 中国国际岩画年会的一个献礼，我们匆匆编撰了这部专题性的论文集。岩画保护的紧迫性与重要性无需赘言，读过这部论文集，相信人们能够获得清晰的概念。

论文集收录了 8 篇国内作者的岩画保护论文，8 篇国外作者的相关论文，由于每篇外文论文均需译文，又有了 8 篇译文，如此构成论文集内收录的 24 篇文章。

国内部分除了我与撰写岩画调查流程与方法初探的石泽明来自中央民族大学中国岩画研究中心之外，所有作者均是长年工作在岩画保护与管理岗位上的考古或岩画研究者，他们将长期工作中的体会与思考总结出来与我们分享，实践出真知，他们的探讨更是对中国岩画管理保护、开发利用的现状的客观归纳。遗憾的是，内蒙古、珠海等地岩画保护的部分没能收进，尤其要道歉的是关于阿拉善曼德拉山岩画保护，原是有阿拉善盟右旗文物管理所范荣南所长的专门采访录音，没想到因录音手机丢失而最终没能成文。是故国内部分留有不少遗憾。

值得庆幸的是，这次国外邀请的论文作者都是国际岩画学界的重要人物，罗伯特．贝纳里克是世界岩画组织联合会召集人；保罗．塔肯教授是澳大利亚岩画保护协会主席；麦维斯．格丽尔博士长期担任美国岩画研究学会主席；高里．吐米．艾彻瓦里亚．罗伯兹目前虽然还只是博士研究生，却已是秘鲁岩画学会会长；马提亚斯．斯特雷克是玻利维亚岩画研究学会主席；达里奥．司格尔则一直担任世界岩画组织联合会（IFRAO）与联合合教科文组织的联络官；马吉德．汉是沙特阿拉伯岩画学会秘书长等等，他们关于岩画管理与保护的论文颇能反映当今国际岩画界在管理与保护方面的最新研究成果以及世界岩画保护的基本趋势。

8 篇外国岩画学者论文的译者，都是我们中央民族大学中国岩画研究中心在读的博士或硕士研究生，翻译同样也是学习，我欣喜地看到同学们因此而收获丰硕。

这里还要特别感谢中国岩画学会会长王建平先生为我们这部论文集所撰写的序。建平会长在内蒙古巴彦淖尔市工作期间，长期致力于阴山岩画的保护与管理，为推动阴山岩画申遗功劳显著，近年组建中国岩画学会则更能见出他在中国岩画事业上的雄心壮志。

最后要向在极短的时间内辛勤且踏实工作的中国藏学出版社的各位领导及编辑，表达我衷心的感谢，由于本书涉及西藏岩画保护内容，他们欣然为本书的出版提供了有力的支持。

张 亚 莎

2014 年 6 月 22 日凌晨

于北京亚运村